Das Buch

Die deutsche U-Boot-Waffe ist nur noch ein Schatten ihrer selbst, ein tapferer, aber verlorener Haufen, der gegen einen übermächtigen Feind um das nackte Überleben kämpft. Die Alliierten haben die Luftüberlegenheit errungen, die U-Boot-Basen Brest, St. Nazaire, Lorient und La Rochelle sind nicht mehr lange zu halten. Alles deutet darauf hin, daß die Landung der Alliierten in Frankreich unmittelbar bevorsteht. Flottillenchef Arne Thomsen wagt es, ohne Rückendeckung durch den BdU Dönitz, alle einsatzbereiten U-Boote seiner Flottille zunächst auf Warteposition in See zu schicken, und als ihnen die Luft abgeschnürt zu werden droht, nach Norwegen zu verlegen. Als letzter will er selbst Brest an Bord von U 115 verlassen, um sich ein Bild von der Invasionsküste zu verschaffen und nach diesem Einsatz Bergen anzulaufen. Es sind nur noch Minuten, bis U 115 die Leinen endgültig loswirft, Arne Thomsen steht schon auf der Mole vor dem Bunker, kehrt noch einmal ins Büro zurück – da bebt der Bunker unter ohrenbetäubenden Detonationen. Beschuß mit großkalibrigen Granaten geht auf die Bunkeranlage nieder ...

Der Autor

Erik Maasch, gebürtiger Berliner, absolvierte die Marineschule Flensburg-Mürwik, nahm als Seeoffizier und U-Boot-Fahrer am Zweiten Weltkrieg teil und war als *Kapitän auf großer Fahrt* auf deutschen Kauffahrteischiffen zugelassen. Es folgten 30 Jahre als Lehrer und Schulleiter, bevor er sich ganz der Schriftstellerei widmete und zu einem der erfolgreichsten Autoren maritimer Spannungsliteratur wurde.

Von Erik Maasch sind in unserem Hause ferner bereits erschienen:

Auf Seerohrtiefe vor Rockall Island · Duell mit dem nassen Tod · Im Fadenkreuz von U 112: English Harbour · Tauchklar im Atlantik · U-Boote vor Tobruk · Die U-Boot-Falle · U 112 auf Feindfahrt mit geheimer Order · U 115: Jagd unter der Polarsonne · U 115: Die Nacht der Entscheidung · U 115: Operation Eisbär

Erik Maasch

Letzte Chance: U 112

Roman

Ullstein

Besuchen Sie uns im Internet:
www.ullstein-taschenbuch.de

Umwelthinweis:
Dieses Buch wurde auf chlor- und säurefreiem Papier gedruckt.

Originalausgabe im Ullstein Taschenbuch
3. Auflage 2006

Umschlaggestaltung: Buch und Werbung, Berlin
Titelabbildung: Viktor Gernhard
Satz: Buch-Werkstatt GmbH, Bad Aibling
Gesetzt aus der Sabon
Druck und Bindearbeiten: Ebner & Spiegel, Ulm
Printed in Germany
ISBN-13: 978-3-548-25731-0
ISBN-10: 3-548-25731-3

Es war warm an diesem Junimorgen an der Biskaya, viel wärmer schon jetzt, als es die Wetterfrösche für den ganzen Tag vorausgesagt hatten. Daran änderten auch die weit geöffneten Fenster nichts, durch die der warme Südwestwind von der Bucht von Brest hereinstrich und kaum Erfrischung brachte, im Gegenteil. Mit ihm wehte zugleich auch der stechende Brandgeruch der von zahllosen alliierten Fliegerangriffen zerbombten Stadt zu uns herein.

Bomben, die besonders dem U-Bootstützpunkt gegolten hatten und doch nur die umliegenden Häuser der französischen Zivilbevölkerung zerstört hatten. Nicht eines der U-Boote meiner Flottille war von ihnen getroffen worden, denn die lagen sicher und geborgen in der riesigen Bunkeranlage, geschützt durch sieben Meter dicken Stahlbeton.

Ich rümpfte die Nase. »Es stinkt noch immer, als schwelten ganze Häuserzeilen.«

»Das kenne ich von zu Hause. Es ist die Hitze.« Kapitän zur See Roloff wischte sich den Schweiß von der Stirn und griff nach dem Glas mit der eisgekühlten Limonade. »Die reinste Schwitzkur. Trotzdem, mein lieber Thomsen, ich würde jetzt viel lieber hier an der Biskaya bleiben, als mich auf den Weg nach Paris zu machen, wo vermutlich nur neues Ungemach auf mich wartet.«

»Ungemach, Herr Kapitän?« Ich nahm einen Schluck aus meinem Glas. »Vielleicht ist die neue Aufgabe, für die Sie der BdU ausersehen hat, viel interessanter als das, was Sie hier bisher gemacht haben. Meinen Sie nicht?«

Er sah mich einen Augenblick forschend von der Seite an, als wollte er sich nochmals vergewissern, ob er offen mit mir sprechen könne. Er konnte. Ich war zwar nur Korvettenkapitän, aber wir kannten uns seit dem Anfang dieses Krieges und hatten trotz des Rangunterschiedes ein fast freundschaftliches Verhältnis zueinander, so daß man kein Blatt vor den Mund zu nehmen brauchte.

»Glauben Sie das wirklich?« Er schüttelte ungläubig den Kopf. »In dieser verfahrenen Situation? Was soll dabei noch herauskommen? Unsere U-Bootwaffe ist nur noch ein Schatten ihrer selbst, ein tapferer, verlorener Haufen, der gegen einen übermächtigen Feind um das nackte Überleben kämpft. Das wissen Sie als Flottillenchef genauso wie ich, Thomsen.«

Ich nickte. Weil ich jedoch nicht sofort antwortete, fuhr er fort: »Und Sie wissen auch, was sich jetzt auf der anderen Seite des Kanals gegen uns zusammenbraut. Nun rächt sich das, was wir 1940 nach dem Sieg über Frankreich versäumt haben. Damals hätte die Landung in England den Krieg noch zu einem schnellen Ende bringen können. Jetzt aber steht Amerika mit seiner ganzen wirtschaftlichen und militärischen Macht auf der anderen Seite des Kanals zum Sprung auf den Kontinent bereit. Und der wird den Amis und Briten gelingen. Der ist ihnen ja auch schon in Afrika und Italien gelungen. Oder sehen Sie das anders?«

Natürlich sah ich das nicht anders. Auch ich war der

Meinung, daß wir für eine längst verlorene Sache kämpften, doch was änderte das an meiner Situation? Ich war Berufsoffizier und hatte mich – wie viele meiner Generation – in einer Zeit durch den Fahneneid gebunden, als an Krieg überhaupt nicht zu denken gewesen war. Wer von uns hätte damals auch ahnen können, in welche Katastrophe Deutschland Jahre später hineinsteuern werde?

Das war auch Kapitän Roloff nicht anders ergangen, allerdings mit einem Unterschied: Im Gegensatz zu mir war er Reserveoffizier. Zu dem Zeitpunkt, als wir uns vor fünf Jahren vor Norwegen kennengelernt hatten, war er noch der Kapitän des großen Passagierschiffes *MONTE CRISTALLO* gewesen. Eines KdF-Dampfers, der von der *Deutschen Arbeitsfront*, der Einheitsgewerkschaft der NSDAP, für deren Mitglieder gechartert worden war.

Die *MONTE CRISTALLO* war während einer Norwegenkreuzfahrt vom Kriegsausbruch überrascht worden. Um den Briten nicht in die Hände zu fallen, hatte Roloff sein Schiff zunächst nach Murmansk in Sicherheit gebracht und war dann entlang der norwegischen Drei-Meilen-Zone heimwärts geschlichen. Dort hatte ich ihn seinerzeit gestoppt und ihm die Besatzung der britischen U-Boot-Falle *Flying Lady* als Kriegsgefangene zur Mitnahme nach Deutschland übergeben, die wir in einem spektakulären Handstreich gekapert hatten.[1]

»Ich sehe das selbstverständlich auch nicht anders, Herr Kapitän«, gab ich zu. »Der Krieg scheint verloren. Denn setzt sich der Zusammenbruch im Osten weiter so rasant fort, stehen die Sowjets schon bald an der ost-

[1] Maasch, Erik: *Die U-Boot-Falle*. Ullstein Taschenbuch 24770

preußischen Grenze. Vom Balkan und Italien möchte ich gar nicht erst reden.«

»Richtig! Und selbst wenn der Atlantikwall hält, was uns die optimistische Propaganda so lautstark verspricht, ist das nur ein Aufschub für den Anfang vom Ende für unsere U-Boote.« Roloff trank sein Glas aus und verzog skeptisch das Gesicht. »Die Alliierten haben ja längst die Luftüberlegenheit errungen. Gegen diese Übermacht werden unsere U-Bootbasen Brest, St. Nazaire, Lorient und La Rochelle nicht mehr lange zu halten sein, will man sie nicht zu einem Grab der U-Bootwaffe machen.«

Auch das stimmte. Die Stützpunkte hatten ja trotz der U-Bootbunker schon jetzt ihren strategischen Wert verloren. Außerhalb der Bunker lauerte der Tod. Jedes U-Boot, das seine Nase aus dem U-Bootstützpunkt und hinaus in den Atlantik zu stecken wagte, sah sich der Verfolgung durch die nicht nur technisch, sondern auch zahlenmäßig überlegenen alliierten See- und Luftstreitkräfte ausgesetzt. Kam es trotzdem durch, war das bei seiner Rückkehr nicht anders.

»Wollen wir überhaupt noch einmal richtig zum Zuge kommen, müssen wir unsere Flottillen wieder nach Norwegen verlegen. Ich werde mich jedenfalls dafür einsetzen.« Roloff sah auf seine Uhr und erhob sich. »Ich muß, sonst verpasse ich noch den Zug nach Paris. Wir bleiben in Verbindung. Machen Sie es gut, und halten Sie die Ohren steif. Mast- und Schotbruch!«

»Ich werde mich bemühen, Herr Kapitän.« Wir schüttelten einander lächelnd die Hände. »Im Namen meiner Flottille wünsche ich auch Ihnen alles Gute und vor allen Dingen einen guten Start in Ihrer neuen Aufgabe.«

Als ich ihn zur Tür brachte, blieb er plötzlich abrupt

stehen. Er drückte die Tür wieder ins Schloß und sagte leise: »Und noch etwas, Herr Thomsen. Aber das behalten Sie gefälligst für sich, klar? Das Oberkommando der Wehrmacht geht davon aus, daß an der britischen Kanalküste gegenüber von Calais gegenwärtig die von den Alliierten geplante Landung in Frankreich vorbereitet wird, weil dort eine auffallende militärische Betriebsamkeit herrscht. Man glaubt, das Ziel der Landung werde die Küste zwischen Boulogne und Dünkirchen sein, denn das ist bekanntlich die schmalste Stelle zwischen England und Frankreich.«

»Was denn, ausgerechnet dort, Herr Kapitän?« fragte ich verwundert. »Das ist doch gegen jede militärische Vernunft, weil das unsere am stärksten befestigte Verteidigungslinie ist, und das dürfte den Alliierten kaum verborgen geblieben sein.«

»Eben! Außerdem ist so eine Operation nur unter dem Schutz einer gewaltigen Schlachtflotte möglich. Davon abgesehen, daß sich so ein Aufmarsch gar nicht verheimlichen ließe, ist aus der Sicht der Kriegsmarine dieser Teil des Kanals auch für so ein Flottenaufgebot gänzlich ungeeignet. Deshalb ist das möglicherweise nur ein ganz plumpes Ablenkungsmanöver, und die wollen ganz woanders landen. Diese Möglichkeit müssen wir daher in die Planungen einbeziehen. Fordern Sie darum Ihre Kommandanten eindringlich auf, von ihnen beobachtete Flottenzusammenballungen westlich des Kanals unbedingt sofort zu melden, klar?«

Ich verzog skeptisch das Gesicht und setzte zu einer Entgegnung an, denn das gefährdete die Boote und deren Besatzungen.

Er kam mir jedoch zuvor. »Ja, ja, ich weiß um das Risiko, dadurch eingepeilt und verfolgt zu werden. Aber das ist ein Befehl, denn dieses Risiko müssen wir eingehen, Thomsen!« Er öffnete die Tür und trat hinaus. »Ich verlasse mich da ganz auf Sie und Ihre Männer.«

Ich sah ihm hinterher, wie er über den Vorplatz zu seinem wartenden Dienstwagen eilte, der ihn zum Bahnhof bringen sollte. Der Fahrer riß die Autotür auf. Doch bevor Roloff einstieg, drehte er sich noch einmal um und winkte mir zu, um wohl seinen schroffen Befehlston zu entschärfen.

*

Kopfschüttelnd kehrte ich in das Besprechungszimmer zurück. Roloff konnte gut von dem Risiko reden, eingepeilt zu werden, der saß ja hoch und trocken an Land. Für meine Kommandanten auf See sah das jedoch ganz anders aus. Die Briten lauerten ja bloß darauf, daß einer von ihnen die Funkstille brach. Dann ging die Jagd auf ihn los, und der entkamen nach Lage der Dinge die wenigsten ungeschoren.

Ich räumte meine Unterlagen zusammen, die ich für die Unterredung mit Roloff vorsorglich aus der Befehlszentrale im Bunker mit in die stinkvornehme Villa genommen hatte, die ich vor zwei Jahren von meinem Vorgänger als Dienstsitz übernommen hatte. Die Zeiten waren nämlich längst vorbei, als sich die Befehlszentrale der Flottille noch in dieser requirierten Villa befunden hatte. Wir hatten sie in den Bunker verlegen müssen, gezwungen durch die ständig zunehmenden Fliegerangriffe.

Die Papiere hatte ich allerdings gar nicht gebraucht. Der als dienstlich angekündigte Besuch Roloffs hatte sich im nachhinein als rein privat erwiesen. Er war eigentlich nur gekommen, um sich von den Flottillenchefs in seinem bisherigen Dienstbereich persönlich zu verabschieden. Brest war die letzte Station in dieser Reihe gewesen. So war er nun einmal, und das unterschied ihn wohltuend von so manchem anderen Vorgesetzten in seiner Position.

Es klopfte.

Mein Adjutant, Oberleutnant zur See Wollenweber, trat aus dem Nebenzimmer ein, gefolgt von Schreibermaat Knobloch. Beide salutierten.

»Die übliche Luftlagemeldung, Herr Kapitän. Die FuMO-Station auf der Ile d'Ouessant hat über See einen starken Flugzeugverband mit Südsüdost-Kurs geortet. Das seien keine von uns, wird gemeldet, also Tommies oder Amis. Der Angriff könnte uns oder Lorient gelten. Es ist vielleicht besser ...«

Der Fliegeralarm ließ Wollenweber abrupt verstummen. Sein Arm wies aus dem Fenster hinaus auf die Bucht von Brest. Heftiges Flak-Feuer setzte ein. Die Marineartillerie auf beiden Seiten der Ausfahrt aus der Bucht in den Atlantik nahm einen Schwarm zweimotoriger Jagdbomber unter Feuer. Fünfundzwanzig mochten es sein, die über der Halbinsel Crozon auf die Bucht einkurvten und im Tiefflug Kurs auf den im strahlenden Sonnenschein scheinbar völlig ungeschützt liegenden U-Bootstützpunkt nahmen.

Noch schwiegen nämlich die Flak-Batterien rund um den Hafen. Deshalb glaubten wohl die Piloten, sie hätten das Überraschungsmoment und damit das Glück auf ihrer Seite. Dabei war das ein ganz simpler, aber sehr bewährter Trick der Flak, der den Piloten eine vermeintliche Sicherheit vorgaukeln sollte. Kamen sie erst einmal in den Schußbereich der schweren Geschütze, gab es für sie ein böses Erwachen. Wer dann in das geballte Abwehrfeuer aus allen Waffen geriet, mußte schon ganz großes Glück haben, um halbwegs ungeschoren davonzukommen.

Es klappte auch diesmal wieder, sie fielen prompt darauf herein. Anstatt von mehreren Seiten anzugreifen, um die eventuell doch vorhandene Abwehr zu zersplittern, blieben sie in einem Pulk zusammen. In Keilform gestaffelt und aus allen Bordwaffen feuernd, stürzten sie sich auf die Tore des U-Bootbunkers, ohne den Schiffen an den Kais im Kriegshafen auch nur die geringste Beachtung zu schenken. Dabei waren diese Schiffe eine weitaus lohnendere, da leichter zu bombardierende Beute. Allerdings ging von den U-Booten eine größere Bedrohung für die Schiffe der Alliierten aus, sie waren mithin die wertvollere Beute. Trotzdem, ihre Angriffstaktik war mehr als ungewöhnlich und sprach letztlich nicht für eine gewisse Kriegserfahrung.

»Irgend etwas läuft da anders, als wir es von den Angriffen der Tommies gewohnt sind, Herr Wollenweber! Aber Sie haben recht, den Feuerzauber sollten wir lieber nicht abwarten«, sagte ich. »Vorsicht ist der bessere Teil der Tapferkeit. Los, nehmen wir die Beine in die Hand!«

Bevor wir jedoch die dicken Panzertüren erreichten, tat sich mit einem gewaltigen Donnerschlag für die Angreifer die Hölle auf. Überfallartig eröffneten die schweren Kaliber der Hafenbatterien gleichzeitig das Feuer. Wenig später fielen auch die 3,7 cm-Schnellfeuergeschütze, die 2 cm-Flak und die Schiffsartillerie in das konzentrierte Abwehrfeuer ein.

Der wolkenlose Himmel war plötzlich mit unzähligen Puffwölkchen bedeckt, wie Wattebällchen aussehend. Doch die hatten es in sich, sie waren alles andere als harmlos. Von ihnen ging vielmehr ein lebensgefährlicher

Hagel messerscharfer, gezackter Granatsplitter der detonierenden Geschosse aus. Ehe die überraschten Jagdbomberpiloten reagieren konnten, steuerten die ersten Maschinen schon genau in diese explodierenden Sprenggranaten und in die Garben der leichteren Maschinenwaffen hinein.

Der Tod hielt reiche Ernte. Vor unseren Augen verwandelten Volltreffer die Maschinen mit ihrer Bombenlast in zerplatzende Feuerbälle, ihre brennenden Teile weit nach allen Seiten verstreuend. Wie lodernde Fakkeln troffen ihre Trümmer vom Himmel. Zerschossene, von Granatsplittern zerhackte Tragflächen taumelten, sich wieder und immer wieder überschlagend, durch die Luft. Hohe Wassersäulen stiegen auf, wo die Reste der getroffenen Bomber auf der Wasseroberfläche aufschlugen und ihre Bomben explodierten.

»Keine Tommies, Herr Kapitän! Das sind Amis!« überschrie Wollenweber den Geschützdonner; denn überdeutlich hoben sich auf den Tragflächen Kennzeichenreste ab, ein Kreis mit einem weißen Stern in der Mitte.

Das erklärte alles, die Menge der Angreifer und ihre Taktik. Was sich da vor meinen Augen abspielte, war kein Gefecht. Es war ein Gemetzel, und es war ein totales Fiasko für die wild in das Sperrfeuer hineinstürmenden Maschinen der Amerikaner.

Die Tommies hatten sich über Brest viele blutige Nasen geholt und daraus ihre taktischen Lehren gezogen. Die Amerikaner noch nicht. Sie waren nicht weniger todesmutig, aber offensichtlich noch gänzlich unerfahren. Die bittere Lehre bezahlten die ersten des Pulks jetzt mit ihrem Leben.

Keinem der Flugzeuge gelang es nämlich zunächst, bis

zum U-Bootbunker vorzudringen. Gnadenlos holte das Abwehrfeuer eins nach dem anderen vom Himmel. Doch dann war für die folgenden Piloten der Augenblick der Überraschung vorüber. Aufgeschreckt durch das Schicksal ihrer Kameraden, zog ein großer Teil des Pulks im letzten Augenblick vor diesem schier undurchdringlichen Sperrgürtel hoch in den Himmel und drehte ab. Der Schwarm stob auseinander und versuchte, dem konzentrierten Feuer zu entkommen.

Das war jedoch nur ein Aufschub. Die Leuchtspurgeschosse der 3,7 cm-Kanonen und der 2 cm-Feuerspitzen folgten den auseinanderstiebenden Maschinen und bissen sich bei der einen oder anderen an dem ungeschützten Heck und den Tragflächen fest. Da und dort flogen Leitwerkstücke durch die Luft! Die getroffene Maschine begann zu torkeln und lief dem Piloten aus dem Kurs. Sie geriet ins Trudeln. Ihr Ende kam schnell. Unsteuerbar geworden, stürzte sie immer schneller der Erde entgegen.

Fallschirme hingen plötzlich am Himmel, pendelten sanft zur Erde herab. Sofort machte die Flak Zielwechsel auf eine andere Maschine. Geschosse trafen einen der beiden Motore und schossen ihn in Brand. Qualm wehte im Fahrtwind über die Tragfläche, wurde zu einer dikken schwarzen Wolke, die sie wie eine lange Schleppe hinter sich her zog. Flammen schlugen plötzlich aus dem Motor, züngelten über die Tragfläche. Ein untrügliches Zeichen für ihr nahendes Ende.

Griff das Feuer auf die Tanks in den Flügeln über, war das Schicksal der Besatzung besiegelt. Im Notwurf entledigten sich die Männer schleunigst der scharfen Bomben. Verzweifelt schlug der Pilot Haken, um dem Granatfeuer zu entkommen. Doch das ließ den Bomber nicht aus seinen Fängen. Im Gegenteil, eine Geschoßgarbe durchsiebte die Tragfläche, traf einen der Tanks. Sprit stiebte über den Flügel, fing Feuer und setzte ihn in Brand. Einen Feuerschweif nachziehend, setzte die Maschine im Sturzflug zu einer Notwasserung auf der Bucht an.

»Viel zu steil!« schrie der Schreibermaat. »Das schafft der nie! Das wird 'ne Bruchlandung!«

Und in der Tat, der Pilot hatte sich verrechnet. Die Maschine stieß zu schnell und viel zu steil herunter. Statt weich aufzusetzen und über die Wasserfläche der Bucht zu gleiten, um die Geschwindigkeit herabzusetzen, schlug sie wie ein Stein auf. Sie wurde so stark abgebremst, daß sie sich überschlug und zerbarst. Brennender Sprit breitete sich um die Trümmer auf dem Wasser aus. Im Nu stand die Absturzstelle in hellen Flammen.

Wir waren von diesen Vorgängen so gefesselt gewesen, daß uns ganz entgangen war, daß sich indessen das Geschehen am Himmel gewandelt hatte. Die Bomber, die unbeschädigt bis über die Halbinsel Crozon entkommen waren, hatten ihre Taktik geändert. Sie flüchteten nicht mehr und warfen auch ihre Bomben nicht ziellos in die Bucht. Wie auf Kommando drehten sie plötzlich wieder auf die Bucht ein und steuerten im Sturzflug die Schiffe im Kriegshafen an. Nicht mehr im Pulk, sondern als Einzelkämpfer über die Bucht verteilt, um damit das konzentrierte Sperrfeuer zu zersplittern.

Einer von ihnen stieß auf die großen ehemaligen Passagierschiffe herunter, die hier in unmittelbarer Nähe des Bunkers am Kai lagen. Rasend schnell kam er näher. Unschwer war zu erkennen, wen der Pilot aufs Korn genommen hatte. Das Prachtstück von einem Passagierdampfer hob sich von den anderen allein schon durch seine enorme Größe und modernen Formen ab. Selbst der graue Tarnanstrich vermochte beides nicht zu verschleiern. Außerdem war er im Verhältnis zu seiner Größe geradezu erbärmlich bewaffnet.

»Verdammt, dieser Sauhund nimmt ausgerechnet die *Santa Cruz* auf die Hörner!« fluchte ich, denn damit wurde es auch für uns kritisch.

Seltsamerweise schwiegen die Bordkanonen des angreifenden Bombers noch. Aber wir gerieten unweigerlich in seine Schußlinie, wenn er erst einmal das Feuer auf die Männer der 2cm-Vierlings-Flak und der 3,7cm-Doppellafette an Deck der *Santa Cruz* eröffnete.

Ich fluchte jedoch nicht nur aus diesem Grund. Die komfortable *Santa Cruz* diente als Wohnschiff für die U-Bootbesatzungen meiner Flottille, während ihre Boote im Bunker überholt wurden. Ich war sicher, daß auch jetzt wieder ein Teil der Männer nicht in den Bunker geeilt war, sondern – ungeachtet des Fliegerangriffs – an Bord geblieben war.

Das war immer so. Mochte der Teufel wissen, warum sie sich unter Deck dem trügerischen Sicherheitsgefühl hingaben, die Aufbauten und dicken Bordwände des Dampfers würden sie schon gegen den Bordwaffenbeschuß schützen. Wasserbomben brauchten sie ja hier nicht zu fürchten. Und die Fliegerbomben? Da vertrauten sie voll und ganz auf die Treffsicherheit der Hafenbatterien.

Warum sollten sie da noch in den Bunker gehen? Das sah doch nach Feigheit aus. Also ignorierten sie ganz einfach die Gefahr, die ihnen durch die Fliegerangriffe drohte. Eine Einstellung, die für U-Bootbesatzungen nach einer glücklichen Heimkehr von der Feindfahrt an Land geradezu typisch war. Vernunftgründe kamen dagegen nicht an, sie ließ sich auch durch drakonische Strafen nicht vollkommen ausrotten.

Mir krausten sich bei diesen Gedanken die Haare unter meiner Mütze. Erreichte der Bomber sein Ziel, dann verlor meine Flottille durch diesen bodenlosen Leichtsinn zu den ohnehin hohen Verlusten auf See ausgerechnet im Hafen auch noch diesen Teil der fronterfahrenen Männer. Damit fiel ihr Boot aus, denn nach Lage der Dinge waren die kaum noch zu ersetzen.

Die Männer an Deck der *Santa Cruz* wußten, was ihnen und ihrem Schiff blühte, wenn sie sich gegen den heranjagenden Feind nicht zur Wehr setzten. Trotz der geringen Effektivität ihrer kleinkalibrigen Maschinenwaffen nahmen sie den anstürmenden Bomber furchtlos unter Feuer. Wollten sie damit überhaupt etwas erreichen, mußten sie die Motoren und die Tanks in den Tragflächen treffen, denn von der gepanzerten Pilotenkanzel sprangen ihre Leuchtspurgeschosse wie harmlose Knallfrösche ab.

Der Ami blieb ihnen die Antwort nicht schuldig. Seine Bordkanonen spieen Feuer und stanzten eine aufspritzende Geschoßspur durch das Wasser des Hafenbeckens auf die *Santa Cruz* und den Kai zu. Nur noch wenige Sekunden, dann gerieten die Flakbedienungen und damit auch wir in die Schußlinie. Ich sah mich vorsichtshalber schon nach einer Deckung um.

Aber noch ehe seine Geschosse das Schiff erreichten, machte der Minensucher, der in unmittelbarer Nähe des Passagierdampfers lag, Zielwechsel auf den Bomber und griff mit seinem Schnellfeuer in den Kampf ein. Und er hatte Glück. Eine Sprenggranate aus seiner 8,8cm-Kanone durchschlug die Pilotenkanzel des Bombers und detonierte in der Maschine.

Es mochte ein Zufallstreffer sein, an der Wirkung änderte das jedoch nichts: Der Jagdbomber zerplatzte wie ein zu prall gefüllter Luftballon und schleuderte seine brennenden Teile nach allen Seiten. Rumpf- und Flügeltrümmer wurden zu gefährlichen Geschossen. Ein Teil stürzte ins Wasser der Hafenbecken des Kriegshafens, die meisten jagten jedoch mit unverminderter Geschwindigkeit auf die *Santa Cruz* und den Kai zu.

Sie traf es am schlimmsten. Die Masse der Trümmer ging auf ihr nieder, bohrte sich in das Oberdeck und die Aufbauten und setzte den trockenen Außenanstrich in Brand. Andere Teile, darunter ein Triebwerk an einem großen um die eigene Achse rotierenden Tragflächenfragment, fegten über die Brücke hinweg, rasierten dabei Signalmast und Schornstein ab und stürzten auf unseren Standort neben dem Bunker zu.

Mit ein paar schnellen Sätzen brachten wir uns in der Gasschleuse des Bunkers in Sicherheit, der Schreibermaat knallte die Panzertür zu und trieb gerade noch rechtzeitig die Vorreiber vor. Nur Sekundenbruchteile später krachten die Trümmerteile gegen die Bunkerwand und preßten den aufgewirbelten Staub durch die angeblich gasdichten Türritzen.

»Mein lieber Mann!« atmete mein Adjutant auf. »Das war aber verdammt knapp, Herr Kapitän!«

»Kann man wohl sagen, Herr Wollenweber.« Ich hielt mir ein Taschentuch gegen den Staub vor die Nase, denn der breitete sich in dem engen Durchgang schnell aus und reizte die Nasenschleimhäute. »Von wegen gasdicht! Nischt wie raus hier! Diese Gasschleuse ist auch nicht das, was sie sein soll! Pfusch an allen Ecken und so auch hier wieder!«

*

Bevor ich in die Befehlszentrale ging, warf ich einen Blick in den Bunker, in dem die Boote lagen. Für die

Männer hier war der Luftangriff überhaupt kein Thema. Man nahm zwar zur Kenntnis, daß es dort draußen wieder einmal rund ging, aber daran war man inzwischen gewöhnt. Die Fliegerangriffe gehörten zum Tagesablauf. Geschützt durch die dicken Mauern, gingen die Arbeiten an den Booten ungestört weiter. Einige der überholten Boote waren bereits frontklar. Die Besatzungen übernahmen Proviant und Munition und machten ihre Boote seeklar. Auf den anderen überwachten Offiziere und Unteroffiziere den Fortgang der Arbeiten.

Auch in meiner Befehlszentrale verlief der Dienstbetrieb in ganz normalen Bahnen. Ich konnte also zufrieden sein, war es jedoch nicht. Mir lag der Befehl Roloffs im Magen und auch die *Santa Cruz*.

»Ich brauche den Standort unserer Boote, die jetzt noch in See sind, Knobloch«, befahl ich dem Schreibermaat. »Und dann schicken Sie mir den Funkmeister rein.« Der salutierte und verschwand. Ich wandte mich an meinen Adjutanten. »Veranlassen Sie, daß die Kommandanten aller Boote umgehend die Anwesenheit ihrer Besatzungen feststellen lassen, Herr Wollenweber. Ich bin sicher, daß da bestimmt wieder so ein paar unbelehrbare Idioten nicht im Bunker, sondern trotz des Fliegerangriffs auf der *Santa Cruz* geblieben sind. Die möchte ich zum Rapport haben, klar?«

Wollenweber lächelte. »Ich habe das schon veranlaßt, Herr Kapitän, als Sie einen Blick in den Werftbetrieb geworfen haben.«

»Danke, Herr Wollenweber.« Ich nahm hinter meinem Schreibtisch Platz und machte eine einladende Handbewegung zu dem Sessel davor. »Bitte, nehmen Sie Platz. Das war übrigens kein dienstlicher Besuch Kapitän Roloffs, wie wir zuerst angenommen haben. Er kam, um sich von der Flottille zu verabschieden, hat aber wegen der französischen Werftarbeiter keine offizielle Verabschiedung haben wollen. Das hätte nur unnötigen Staub aufgewirbelt, der den Tommies sehr schnell bekannt geworden wäre.«

Mein Adjutant horchte auf und bekam ganz schmale Augen. »Eine Ablösung beim gegenwärtigen Stand des Krieges? Gibt es dafür bestimmte Gründe, Herr Kapitän?«

Eine verständliche Frage. Wenn ein verdienter und bei seinen Untergebenen beliebter Offizier wie Kapitän Roloff zum gegenwärtigen Zeitpunkt, in dem sich der Krieg in seiner wohl kritischsten Phase befand, von seinem Posten abberufen wurde, dann war das kein gutes Zeichen. Und das nicht nur für ihn, sondern erfahrungsgemäß auch für seinen bisherigen Dienstbereich.

Ich lächelte. »Natürlich gibt es die, aber nicht solche, wie Sie befürchten. Er wird nicht abserviert, im Gegenteil. Er geht zum BdU, um dort im Stab eine neue Aufgabe zu übernehmen. Was es sein wird, hat er mir nicht verraten. Er hat's wohl selbst noch nicht gewußt oder wollte es nicht sagen.«

Wollenweber atmete erleichtert auf. »Na, Gott sei Dank! Ich dachte schon ...«

Er stockte. Ich wußte aber auch so, was er meinte. Bei einer Ablösung aus negativen Gründen rollten meist auch noch in den unteren Führungspositionen die Köpfe, und dieser Kahlschlag traf dann auch gleich die jeweiligen Adjutanten.

»Schade ist es trotzdem, und er selber wäre auch viel lieber hier an der Biskaya geblieben. Vermutlich hängt seine neue Position mit einem möglicherweise bevorstehenden Landungsversuch der Alliierten an der französischen Küste zusammen«, lenkte ich zu Roloffs letztem Befehl über. »Er sagte mir jedenfalls, das Oberkommando der Wehrmacht erwarte so einen Versuch und sei darauf vorbereitet. Dieses Landungsunternehmen setzt bekanntlich eine massive Flottenunterstützung voraus. Ich werde also die Kommandanten unserer in See stehenden Boote auffordern, uns jede beobachtete größere Flottenkonzentration um England sofort zu melden.«

Ich verschwieg ihm, welche pessimistischen Gedanken Roloff und mich hinsichtlich des zu erwartenden Landungsunternehmens bewegten, und das hatte seinen guten Grund. Oberleutnant Wollenweber war ein guter Adjutant und ein junger ehrgeiziger Offizier mit hervorragenden dienstlichen Beurteilungen. Außerdem war er kein Heimatkrieger, sondern hatte sich auch als U-Bootoffizier auf mehreren Feindfahrten bewährt. Etwas machte mich jedoch im Umgang mit ihm vorsichtig.

Er war Zögling einer Nationalpolitischen Erziehungsanstalt gewesen, in der der künftige Führungsnachwuchs der NSDAP herangezogen wurde, bevor er als Offiziersanwärter in die Kriegsmarine eingetreten war. Das war für seine Offizierslaufbahn kein Mangel, eher ein Vorteil; er war der jüngste Oberleutnant, der mir bisher untergekommen war. Andererseits hatte diese elitäre Ausbildung auf einer Napola einen gravierenden Nachteil.

Diese Absolventen waren zumindest auf einem Auge politisch völlig blind, wenn etwas geäußert wurde, was im Widerspruch zur Parteidoktrin der NSDAP stand oder auch nur zu stehen schien. Ich hatte die Erfahrung machen müssen, daß man mit ihnen kein Gespräch führen konnte, in dem auch nur die geringste Spur einer Kritik anklang oder gar Zweifel an der Politik herauszuhören waren.

Ob das auch bei Wollenweber der Fall war, vermochte ich allerdings nicht zu sagen. Dafür kannte ich ihn noch nicht lange genug. Ich wollte es auch gar nicht erst auf einen Versuch ankommen lassen. Es hätte unser bisher gutes Verhältnis nur belastet.

»Die Invasion also«, nahm er den Faden auf. »Rechnet man denn schon sobald damit, Herr Kapitän?«

Ich dachte an den Befehl des FdU (West), der mir in der vergangenen Nacht zugegangen war. Er ordnete für alle seeklaren Boote in den Stützpunkten eine Sechs-Stunden-Bereitschaft an und unterlag einer so strengen Geheimhaltungsstufe, daß die Kenntnis seines Inhalts nicht über den Kreis der Flottillenchefs hinausgelangen durfte. Der Grund dafür lag auf der Hand. Deshalb zuckte ich nur die Schultern.

»Scheint so. Viel Zeit bleibt ja den Alliierten nicht mehr.«

Sein Gesicht strahlte Zuversicht aus. »Sie werden sich an unserem Atlantikwall genauso blutige Köpfe holen, wie die Amis bei ihrem Fliegerangriff auf unseren Kriegshafen, Herr Kapitän. Das sind doch alles nur verwöhnte Salonsoldaten.«

Na, na, dachte ich, wenn du dich da man nicht irrst, mein Lieber! Dennoch nickte ich. »Richtig! Hören Sie sich doch mal um, wie dieser Angriff ausgegangen ist.«

Dienstbeflissen sprang er auf. »Das werde ich, Herr Kapitän! Bin selbst gespannt, wie viele heruntergeholt worden sind!«

Er gab dem Schreibermaat und dem Funkmeister Bergmann buchstäblich die Türklinke in die Hand. Die beiden traten ein und salutierten.

»Die Liste!« meldete Knobloch und legte die Aufstellung vor mir auf den Tisch. »Sie enthält allerdings nur das Operationsgebiet der Boote, Herr Kapitän. Genaue Standortangaben sind nicht möglich, da sich die Kommandanten an die Anweisung halten, Funkstille zu wahren.«

»Danke, Knobloch, das genügt mir auch. Sie können gehen.« Ich wandte mich an den Funkmeister. »Nehmen Sie Platz, Bergmann. Ich muß die Liste erst noch durchgehen, dann sehen wir weiter.«

Schreibermaat Knobloch hatte gründliche Arbeit geleistet. Seine Aufstellung der Boote, die sich zum gegenwärtigen Zeitpunkt noch im Einsatz auf See oder auf dem Rückmarsch befanden, machte es mir leicht, die herauszufinden, die in einem Seegebiet operierten, in dem eine solche Mahalla von Kriegsschiffen und Truppentransportern, wie sie für ein groß angelegtes Landungsunternehmen die Voraussetzung war, ihrer Aufmerksamkeit nicht entgehen konnte. Es waren eigentlich nur vier Boote, die vor den britischen Häfen an der südlichen Irischen See und westlich des Kanals im Einsatz waren.

Den anderen Booten konnte so ein Flottenaufgebot bestenfalls auf dem Rückmarsch nach Brest vor den Bug laufen, wenn die Biskayaküste das Ziel der Landung war. Dieses Ziel hielt ich jedoch für unwahrscheinlich, denn dagegen sprach allein schon der lange Anmarsch- und Nachschubweg. Außerdem erschien mir die gefährliche Küste für eine Landung auch kaum geeignet.

»Da haben wir's ja schon, Bergmann. Eine doppelt verschlüsselte Anweisung an U 113, U 115, U 492 und U 495, auf starke Flottenverbände in ihrem Seegebiet zu achten und deren Aufkommen sofort zu melden.«

Funkmeister Bergmann verzog skeptisch das Gesicht. »Ist das nicht zu riskant, Herr Kapitän? Ich fürchte, die werden eingepeilt, und dann geht's ihnen an den Kragen. Der B-Dienst hat heute früh BBC abgehört. Die haben in den Morgennachrichten wieder die Vernichtung zweier deutscher U-Boote durch *hunting groups* gemeldet. Und das passiert garan ...«

»Ich weiß, Bergmann, ich habe ja selbst die größten Bedenken. Aber die Anweisung kommt von oben. Die brauchen diese Meldungen, um reagieren zu können, falls ...« Ich brauchte nicht weiterzureden, der wußte auch so, daß ich damit die drohende Invasion meinte. »Ändern Sie ›sofort‹ in ›sobald wie möglich zu melden‹. Dann bleibt die Entscheidung den Kommandanten überlassen.«

Bergmann klappte die Hacken zusammen und wollte gehen. »BBC hat also die Vernichtung zweier deutscher U-Boote gemeldet?« hielt ich ihn auf. »Keine näheren Angaben über die Identität der Boote oder das Seegebiet?«

»Weder noch, Herr Kapitän.«

Das war böse, denn das bedeutete Totalverlust. Die Tommies nannten nämlich normalerweise die taktischen Nummern der Boote oder die Namen der Kommandanten, wenn sie Männer der Besatzung aufgefischt hatten.

»Verdammt, da kann man nur hoffen, daß keins von unseren zu den von der BBC als vernichtet gemeldeten Booten gehört. Hat auch Radio Dublin nichts dazu gebracht? Die Iren sind doch sonst immer bestens informiert?«

Die waren im allgemeinen nicht nur bestens informiert, die machten sehr zum Ärger der Briten auch gar keinen Hehl aus ihrer Deutschfreundlichkeit. So waren in den irischen Nachrichten oftmals ganz gezielte Meldungen enthalten, die sich für die deutsche Kriegsführung als außerordentlich wertvoll erwiesen. Deshalb hörte unser B-Dienst regelmäßig neben den Sendungen der BBC auch Radio Dublin ab.

Irland hatte sich in diesen Krieg nicht hineinziehen lassen, obwohl es die Briten versucht hatten. Zu tief saß der Haß auf die Briten, die die Iren jahrhundertelang unterdrückt hatten. Sie waren neutral geblieben. Dennoch war es bei uns ein offenes Geheimnis, daß es an der Westküste der irischen Republik abgelegene Fjorde gab, in denen deutsche U-Boote vollkommen unbehelligt die Schäden reparieren konnten, die ihnen *hunting groups* oder Flugzeuge im Kampf zugefügt hatten.

Das war einer der wenigen Lichtblicke in diesem Krieg; denn von unseren ehemaligen Verbündeten waren mit unserem sinkenden Kriegsglück inzwischen die meisten abgesprungen und hatten sich anschließend mit unseren Kriegsgegnern gegen uns verbündet.

Bergmann schüttelte bedauernd den Kopf. »Kein Wort darüber, um welche Boote es sich handelt, Herr Kapitän. Aber das will nichts heißen, der Weg von Nordirland in die Republik ist weit. Wir bleiben jedenfalls dran.«

*

Es war wie verhext. Ich konnte machen, was ich wollte; was Kapitän Roloff über die drohende Landung in Frankreich gesagt hatte, ging mir einfach nicht aus dem Sinn. Meine Gedanken kreisten unentwegt um die Frage, wenn nicht im Raum Calais und an der Biskayaküste, wo dann? Um dem ein Ende zu bereiten, holte ich die Großraumkarte der französischen Atlantikküste, den sogenannten Übersegler, aus dem Kartenschapp und breitete sie auf dem Tisch aus.

Ich lag richtig, wie mir die Karte bestätigte. Calais und die Biskayaküste schieden als Landungsplätze aus, blieben nur noch die Bretagne und die Normandie. Die Bretagne? Unwillkürlich schüttelte ich den Kopf, denn ich kannte die zerklüftete bretonische Küste von St. Malo über Roscoff und die Ile d' Ouessant bis Brest. Unwahrscheinlich, daß ein so maritimes Volk wie die Briten ausgerechnet diese gefährliche Küste wählen sollten, die im Laufe der Jahrhunderte unzähligen Schiffen zum Verhängnis geworden war. Und dann der enorme Tidenunterschied, der selbst im Hafen von St. Malo im Durchschnitt dreizehn Meter betrug und bei ungünstigen Windverhältnissen bis auf achtzehn Meter ansteigen konnte!

An diesem Punkt meiner Überlegungen angekommen, platzte mein Adjutant in meine Grübeleien. Sein Gesicht strahlte.

»Wie ich gesagt habe, Herr Kapitän!« triumphierte er. »Die Amis haben ihren Angriff teuer bezahlen müssen!«

»Sooo?« bremste ich seine Begeisterung. »Und was heißt das genau, Herr Wollenweber?«

»Neun von ihnen hat die Flak vom Himmel geholt, von den anderen, die entkommen sind, zogen fünf so dicke Rauchfahnen hinter sich her, daß sie England wohl kaum noch erreichen werden.«

»Hmmm«, brummte ich. »Und wie sieht es mit unseren Verlusten aus? Die Amis sind doch nicht bloß zum Vergnügen hier gewesen.«

Die Frage schmeckte ihm nicht, schmälerte seinen Triumph, das sah ich seinem Gesicht an. »Nun ja, es hat ein paar Treffer im Hafen gegeben, aber die Verluste halten sich in Grenzen.«

»Sie halten sich in Grenzen?« Das war eine Formulierung, wie sie typisch für seine Napola-Generation war, die nach dem Motto: ›Was uns nicht umwirft, macht uns nur stärker!‹ erzogen worden war. Gegen solche leichtfertigen Beurteilungen hatte ich etwas. »Was heißt denn das nun wieder?«

»Die Amis haben ihre Bomben nicht anbringen können. Verluste gab es nur durch Bordwaffenbeschuß und durch umherfliegende Trümmer«, spielte er prompt die deutschen Verluste weiter herunter.

Das war ein Spielchen, das ich nicht länger mitzumachen gedachte. Unwillig runzelte ich die Stirn und fuhr ihn an: »Was sollen diese vagen Angaben, Herr Wollenweber? Werden Sie gefälligst konkreter! Was ist beispielsweise aus der *Santa Cruz* geworden? Halten sich da Ihrer Meinung nach die Verluste auch in Grenzen?«

Mein grober Ton wirkte. Er zuckte regelrecht zusammen. »Es hat auf allen angegriffenen Schiffen Verwundete gegeben, ihre genaue Zahl und die Schwere ihrer Verletzungen sind aber noch nicht bekannt. Die *Santa Cruz* hat es aber am schwersten getroffen. Ihr Aufbaudeck war ja in Brand geraten. Das Feuer konnte jedoch gelöscht werden. Unter Deck ist alles intakt geblieben.«

»Waren Männer von uns an Bord der *Santa Cruz?*«

»Nein, Gott sei Dank nicht. Vier unserer Leute waren zum Zeitpunkt des Angriffs gerade im Schlunz zum Verbandswechsel, wo die Revierstunde abgehalten wurde. Sie sind noch rechtzeitig rausgekommen. Zwei Krankenschwestern hat es erwischt, ebenso den Stabsarzt vom Dienst und einen der Sanitäter, alle tot durch Rauchvergiftung. Mehr habe ich im Augenblick nicht in Erfahrung bringen können, Herr Kapitän.«

Der Schlunz, das Krankenrevier, befand sich im ehemaligen Musiksalon auf dem Aufbaudeck der *Santa Cruz*. Kein Wunder, daß es dort Tote gegeben hatte, als es von den brennenden Trümmern des abgeschossenen Bombers in Brand gesetzt worden war.

»Das ist schlimm genug, finden Sie nicht auch? Was hat die Anwesenheitskontrolle im Bunker ergeben?« hakte ich nochmals nach.

»Vollzähligkeit, Herr Kapitän.« Er rang sich ein Grinsen ab. »Die Strafen haben genügt, die Männer sind durch Schaden klug geworden.«

»Ich will hoffen, daß es anhält!« Ich rollte die Karte zusammen und schob sie in das Kartenfach.

»Da bin ich ganz sicher, Herr Kapitän. Außerdem glaube ich nicht, daß die Amis so schnell wiederkommen.«

»Ihr Wort in Gottes Ohr, Herr Wollenweber. Dessenungeachtet, veranlassen Sie eine Bestandsaufnahme über unseren Torpedo-, Munitions-, Öl- und Verpflegungsvorrat. Wie ich aus dieser Liste hier ersehe, liegen die letzten Bestandsmeldungen schon gute vier Wochen zurück. Wenn es wirklich zu einem Landungsversuch der Alliierten kommt, möchte ich in dieser Hinsicht keine Engpässe haben. Sie wissen so gut wie ich, daß die französische Widerstandsbewegung unseren Nachschub zunehmend zu stören versucht. Also?«

»Jawohl, Herr Kapitän, das werde ich sofort veranlassen!« Wollenweber knallte die Hacken zusammen. Aber anstatt den Raum zu verlassen, um meinen Befehl auszuführen, blieb er stehen und trat von einem Fuß auf den anderen, als habe er noch etwas auf dem Herzen, was keinen Aufschub duldete.

»Was ist, gibt es noch etwas, was wir in diesem Zusammenhang durchsprechen sollten?«

»Ich weiß nicht, wie ich das sagen soll, ohne ... äh ... in den Ruf zu kommen, ich wolle ... äh ... jemanden denunzieren«, druckste er herum. »Ich habe gestern in der Offiziersmesse Bemerkungen aufgeschnappt, die mir ein bißchen ... äh ... befremdlich erscheinen.«

»Du lieber Himmel, Herr Wollenweber, schleichen Sie nicht wie eine Katze um den heißen Brei herum! Wer oder was erscheint Ihnen befremdlich? Heraus mit der Sprache, oder lassen Sie es!«

»In der Messe wurde über die letzten Meldungen des Wehrmachtsberichtes gelästert. Dabei haben einige der Herren in einer Form Kritik geübt, die mich an ihrem Kampfwillen und ihrer politischen Zuverlässigkeit zweifeln läßt.«

Mir blieb die Spucke weg. »Was sagen Sie da? Die Herren hätten in einer Form Kritik geübt, die Sie an deren Kampfwillen und politischer Zuverlässigkeit zweifeln läßt?« wiederholte ich indigniert. »Das ist ja ein geradezu ungeheuerlicher Vorwurf! Worum ging es da?«

»Um die Meldungen von der Ostfront. Da war von Frontbegradigungen, von erfolgreichen Gegenstößen und schweren Verlusten der Bolschewisten die Rede. Über diese Formulierungen hat Korvettenkapitän Wildenow höhnisch gelacht und gesagt, das kenne man ja zur Genüge, das sei wieder einmal typisch Rumpelstilzchens Märchenstunde, pure Volksverdummung! Dabei wisse doch jeder inzwischen, wie es um uns steht. Warum dieser Kerl nicht endlich mal die Dinge beim richtigen Namen nenne. Das pfiffen doch die Spatzen längst von den Dächern, daß die Krim verloren sei. Es ginge doch an allen Fronten zurück, und dieser Kerl schwindle sich nur noch in die eigene Tasche. Wir stünden ja auch auf verlorenem Posten. Niemand hat widersprochen, im Gegenteil. Das kann man doch nicht einfach so hinnehmen, auch wenn die Herren schon gehörig einen in der Krone hatten.«

Mir verschlug es die Sprache, denn das war starker Tobak. War denn Kuddel Wildenow, Kommandant von U 114, von allen guten Geistern verlassen, so etwas im großen Kreis zu äußern?

»Menschenskind, Wollenweber, legen Sie doch solche im Suff gesprochenen Worte nicht auf die Goldwaage!« versuchte ich den Worten Wildenows die Brisanz zu nehmen, denn Kuddel war nicht nur mein Crewkamerad, wir waren Freunde.

Mit ihm verbanden mich auch eine ganze Reihe gemeinsamer Unternehmungen, die bewiesen hatten, daß es ihm nicht an Kampfgeist fehlte. Er hatte seinerzeit zu den Kommandanten meiner Kampfgruppe gehört, die mit ihren Booten in das Mittelmeer kommandiert und dem Führer der U-Boote (Mittelmeer) unterstellt worden waren. [1]

Weil die U-Bootstützpunkte in Italien inzwischen aufgegeben werden mußten, war er trotz starker Verfolgung durch *hunting groups* am Vortag mit seinem Boot glücklich aus dem Mittelmeer nach Brest zurückgekehrt.

Meine mahnenden Worte kamen bei Wollenweber nicht an, das sah ich seiner verkniffenen Miene an. Er schwieg verstockt.

»Die sind vermutlich sternhagelvoll gewesen. Haben Sie denn vergessen, wie es auch bei Ihnen nach einer glücklichen Heimkehr von Feindfahrt zugegangen ist? Ich wette, da haben Sie sich doch auch die Nase gründlich begossen, um den Frontkoller abzureagieren! Da darf man doch solchen unqualifizierten Äußerungen nicht solche Bedeutung beimessen. Und daß der Propagandaminister Goebbels den Spitznamen Rumpelstilz-

[1] Maasch Erik: *U-Boote vor Tobruk*. Ullstein Taschenbuch 25333

chen weg hat, kann doch auch Ihnen nicht verborgen geblieben sein – oder wollen Sie das bestreiten?«

Er kaute auf meinen Worten herum, während ich im stillen den Besuch Roloffs verfluchte, der mich daran gehindert hatte, an dem sogenannten Willkommenstrunk für Kuddel und seine Offiziere teilzunehmen. Ich hätte ihn schon daran gehindert, so etwas in aller Öffentlichkeit zu äußern, wo es jemand wie Wollenweber prompt in den falschen Hals bekommen mußte.

Jetzt konnte ich nur noch zu verhindern versuchen, daß mein Adjutant das an die große Glocke hängte. Gelang mir das nicht, war Kuddel geliefert. Dann retteten ihn nicht einmal seine Tapferkeitsauszeichnungen, zu denen das Ritterkreuz mit Eichenlaub gehörte, seine bisher makellosen Führungszeugnisse und sein Ruf als erfolgreicher Kommandant. Vermutlich traf es dann auch noch seine Offiziere, weil die ihm an jenem Abend nicht widersprochen hatten.

»Natürlich kenne ich diesen Spitznamen, Herr Kapitän«, raffte sich Wollenweber endlich zu einer Antwort auf. »Um den geht es mir ja auch gar nicht. Es geht um die Wortwahl in diesem Zusammenhang. Angesichts der Tatsache, daß es jetzt im Schicksalskampf unseres Volkes auf die Mobilisierung aller Kräfte für den Endsieg ankommt, fällt es mir schwer, so etwas nicht als ...äh ... defätistisch anzusehen. Wenn das ...«

»Sie haben recht, so muß sich das natürlich für einen Außenstehenden fast anhören«, unterbrach ich ihn, um zu verhindern, daß er sich mit Phrasen aus der öffentlichen Propaganda wie »Schicksalskampf und Endsieg« in seiner Empörung noch höher hangelte. »Hier sollte man doch aber wohl berücksichtigen, welche Rolle der ungewohnte Alkohol bei diesem Leistungssaufen gespielt hat.

Aber selbst dann ist das unentschuldbar, und das werde ich unterbinden! Veranlassen Sie, daß sich Herr Wildenow umgehend hier bei mir einfindet. Die übrigen Herren Offiziere möchte ich in fünfzehn Minuten zu einer Dienstbesprechung im Lageraum haben. Genügt Ihnen das?«

Damit nagelte ich ihn fest. Wollte er es nicht auf die Spitze treiben, blieb ihm jetzt nur ein Jawohl, oder es kam zu einem totalen Bruch zwischen uns. Dann konnte er sich an fünf Fingern abzählen, daß seine Tage als mein Adjutant gezählt waren und er bei der ersten Gelegenheit wieder auf einem Frontboot landete. Aber gerade daran konnte ihm gar nicht gelegen sein. Bei der gegenwärtigen Kriegslage waren nämlich selbst die meisten linientreuen Absolventen einer Napola heilfroh, wenn sie auf einem sicheren Posten möglichst weitab vom Schuß saßen.

So sah er das wohl auch. Er knallte jedenfalls die Hakken zusammen und salutierte. »Jawohl, Herr Kapitän!«

Raus war er.

*

Er ließ mich mit einem unguten Gefühl zurück. Am Ende war das nur ein Aufschub. Er brauchte nur in einem Kreis gleichgesinnter Freunde seiner Empörung über die Vorgänge bei diesem Saufgelage Luft zu machen, und schon kam die Sache ins Rollen. Dabei waren solche Unmutsäußerungen über die Wehrmachtsberichte in Offizierskreisen durchaus nicht ungewöhnlich. Ich hatte mich doch selbst schon mehrmals ähnlich geäußert, allerdings in einem wesentlich kleineren Kreis und in gänzlich anderer Umgebung. Aber wie hätte Wildenow auch ahnen können, daß sich unter den Zuhörern ausgerechnet ein Napola-Absolvent befand, den man mir vor knapp sechs Wochen als neuen Adjutanten untergejubelt hatte?

Jetzt zermarterte ich mir den Schädel, wie ich diese gefährliche Klippe umschiffen konnte, ohne daß einer von uns Schaden nahm. Bei dem Gedanken an die möglichen Folgen, wenn mir das nicht gelang, wurde mir regelrecht übel. Ich hatte plötzlich einen ganz unangenehmen Geschmack im Mund. Darum stand ich auf, um mir einen Calvados einzuschenken.

Das war ein Fehler, denn genau in diesem Augenblick trat, ohne vorher anzuklopfen, Korvettenkapitän Wildenow ein. Das war immer so, denn wir waren letztlich Freunde. Angesichts der Flasche in meiner Hand verklärte sich sein Gesicht zu einem erwartungsvollen Lächeln.

»Da komme ich ja genau richtig! Mir auch einen, Arne! Ich hab' zwar noch immer einen gewaltigen Brummschädel von gestern abend, aber man soll ja bekanntlich damit wieder anfangen, womit man aufgehört hat. Das hilft immer.«

»Vielleicht ist das gar kein schlechter Gedanke, Kuddel, denn den Schnaps wirst du brauchen. Ich glaube allerdings nicht, daß der eine ausreichen wird, um deinen Kater zu besänftigen, und noch weniger, um das runterzuspülen, was ich dir jetzt sagen werde, mein Lieber.« Ich nahm noch ein zweites Glas aus dem Schrank und schenkte ihm ein. »Nimm Platz, damit du nachher nicht aus den Latschen kippst! Aber erst einmal: Prost!«

»Prost!« sagte er und trank. »Teufel, das klang ja eben fast wie 'n Grabgesang! Das kann einem ja glatt deinen schönen Calvados vermiesen.«

»Eine Grabrede kannst du ganz schnell haben, wenn es mir nicht gelingt, den Scheiß geradezubiegen, den du gestern im Suff verzapft hast.« Ich reichte ihm das Blatt, auf dem ich mir die Angaben Wollenwebers notiert hatte. »Welcher Teufel hat dich denn bloß geritten, in der allen Offizieren zugänglichen Messe solche saublöden Reden loszulassen? Die reichen glatt fürs Kriegsgericht, und da wirst du wohl kaum milde Richter finden, geschweige denn, deinen Grabgesang bekommen. Ich habe nämlich noch nie davon gehört, daß bei einer standrechtlichen Erschießung gesungen worden ist.«

Er starrte mich völlig perplex an. Seine Hand zögerte, mir das Blatt abzunehmen. »Kriegsgericht ... standrechtliche Erschießung ...was soll das denn? ... Das finde ich aber gar nicht lustig, Arne! Mit so etwas macht man in diesen lausigen Zeiten keine Witze, schon gar nicht als Freund!«

»Eben! Darum solltest du das hier mal lesen! Das ist nämlich kein Witz, sondern eine todernste Angelegenheit, die dich das Leben kosten kann. Nun nimm schon, verdammt noch mal!«

Er sah mich total verunsichert an. »Das Leben kosten kann? Das meinst du doch nicht im Ernst?«

»Und ob, mein Lieber! Nun lies das endlich!« Ich sah auf die Uhr. »Du hast genau noch zehn Minuten für unser Gespräch unter vier Augen Zeit. Dann finden sich hier nämlich auch alle anderen Offiziere der Flottille ein, die möglicherweise deine Suada gehört, aber dich nicht daran gehindert haben. Bis dahin sollten wir uns klar darüber werden, wie wir diese beschissene Angelegenheit aus der Welt schaffen, bevor sie noch größere Kreise zieht, klar? Ich möchte da nämlich nicht auch noch mit hineingezogen werden.«

Endlich begriff er. Er überflog meine Notizen und wurde totenbleich. »Du meine Fresse, hab' ich das wirklich so gesagt? Ja, ja, ich weiß, ich hatte einen ganz gewaltigen Zacken in der Krone. Ist doch verständlich, wenn du die ganze Zeit auf See abstinent gelebt hast. Da kann einem das schon herausrutschen, wenn man so einen Scheiß im Wehrmachtsbericht hört, der den wirklichen Ereignissen hinterherhumpelt und nur zugibt, was sich beim besten Willen nicht mehr verheimlichen läßt. Da gehen die Briten viel offener auch mit ihren Niederlagen um.«

»Grundgütiger Himmel, bist du denn völlig von allen guten Geistern verlassen, so etwas als Entschuldigung anzuführen? Damit gießt du ja noch mehr Öl ins Feuer, Mensch! Natürlich weiß ich, daß auf See alle BBC hören, um Schlüsse aus den Meldungen für ihren Einsatz zu ziehen, obwohl das offiziell bei Strafe verboten ist. Habe ich ja auch gemacht. Aber wenn du das jetzt äußerst, schmiedest du dir den letzten Nagel zu deinem Sarg selber.«

»Aber woher weißt du überhaupt davon? Du bist doch gestern abend gar nicht dabei gewesen?«

Er war noch immer ganz verdattert, sonst hätte er mir so eine Frage nicht gestellt. Vermutlich war sein Kater daran schuld, der in seinen Gehirnwindungen noch immer sein Spiel trieb. »Es wurde mir zugetragen. Von wem? Die Frage kannst du dir schenken. Von einem, der sich verpflichtet gefühlt hat, mich davon in Kenntnis zu setzen, und zwar mit dieser Begründung da unten in der letzten Zeile. Die lies man, am besten laut, damit du endlich begreifst, daß es jetzt um Leben oder Tod geht.«

Halblaut las er den Satz: »Angesichts der Tatsache, daß es jetzt im Schicksalskampf unseres Volkes auf die Mobilisierung aller Kräfte für den Endsieg ankommt, fällt es mir schwer, so etwas nicht als defätistisch anzusehen.« Ihm fiel die Kinnlade herunter, denn ihm ging plötzlich auf, auf wie dünnem Eis er sich bewegte.

»Na, ist dir nun klar, in was du dich da hineingeritten hast?«

»Mensch, Arne, wenn das ... Was mach' ich denn jetzt?« Die Verzweiflung stand ihm ins Gesicht geschrieben.

In diesem Augenblick funkte es in meinem Kopf. Die Erinnerung holte mich ein. Er hatte damals den Tommy mit Mann und Maus zu den Fischen geschickt, der mir im Nacken saß und uns schon waidwund gebombt hatte. Jetzt war ich dran, ihm den Wollenweber oder wen sonst noch vom Hals zu schaffen.

»Das will ich dir sagen, Kuddel! Unter den Tisch kehren können wir das nicht, das dürfte auch dir klar sein. Wenn der Verein hier versammelt ist, werde ich vom Leder ziehen, ohne Namen und Einzelheiten zu nennen. Dann bist du dran. Du spielst den reuigen Sünder, bekennst dich zu deiner Schuld und schwörst bei allen heiligen und unheiligen Geistern, daß es ein einmaliger Ausrutscher im Suff gewesen ist. Dann bin ich wieder dran, klar? Und du versprichst mir, nie wieder solchen Scheiß zu fabrizieren, wenn du dich deiner Zuhörer nicht sicher sein kannst!«

»Worauf du einen lassen kannst!«

*

Mich empfing erwartungsvolle Stille, als ich kurz nach Wildenow den Lageraum betrat. Wie es das militärische Zeremoniell verlangte, sprangen meine Offiziere auf und nahmen Haltung an. Ich wußte nicht, was in ihren Köpfen vorging, es war mir letztlich auch egal. Vermutlich rätselten sie über den Anlaß dieser so kurzfristig einberufenen Dienstbesprechung, denn solche Zusammenkünfte waren in einem so großen Kreis selten und ungewöhnlich.

Oberleutnant Wollenweber trat vor und salutierte. »Melde gehorsamst, alle Herren Offiziere wie befohlen zur Stelle, Herr Kapitän!«

»Danke, Herr Wollenweber!«

Ich gedachte nicht, sie lange auf die Folter zu spannen; denn ich war sicher, daß Wollenweber kein Wort über den Grund für diese Zusammenkunft hatte verlauten lassen, hätte er sich doch damit möglicherweise nur selbst verraten.

»Nehmen Sie Platz, meine Herren. Ich will es kurz machen. Der Anlaß, deretwegen ich Sie hier habe zusammenrufen lassen, ist alles andere als erfreulich und außerdem geeignet, denkbar schlechtes Licht auf den Geist des Offizierscorps der Flottille zu werfen. Mir ist zugetragen worden, daß gestern abend bei dem ... nennen wir es mal ... Leistungssaufen in der Offiziersmesse in einer Form Kritik an dem Inhalt des Wehrmachtsberichtes geübt worden ist, die berechtigte Zweifel an unserer Kampfmoral und unserer politischen Zuverlässigkeit aufkommen läßt. Ich will Ihnen nicht verhehlen, daß ich darüber zutiefst empört wäre, wenn ich's nicht besser wüßte.« Ich machte eine Pause, um meine Worte wirken zu lassen. »Wir wissen alle, daß es angesichts des Schicksalskampfes unseres Volkes auf die Mobilisierung aller Kräfte für den Endsieg ankommt. Da müssen solche kritischen Äußerungen ausgesprochen defätistisch klingen, zumal sie sich auch gegen den Minister für Propaganda gerichtet haben. Darum bringe ich dafür nicht das geringste Verständnis auf.«

Ich konnte mit der Wirkung meiner Worte zufrieden sein, wie ich an den betroffenen Mienen meiner Offiziere ablesen konnte. Defätismus, das war bei der gegenwärtigen Kriegslage so ungefähr der schlimmste Vorwurf, dem man sich aussetzen konnte, noch dazu, wenn er im Zusammenhang mit Phrasen aus dem Propagandawortschatz vorgebracht wurde.

Nach ein paar Minuten bedrückten Schweigens hob Kapitänleutnant Possehl, Kommandant von U 775 und ebenfalls Ritterkreuzträger, auch prompt die Hand und stand auf, als ich nickte.

»Ich bitte um Entschuldigung, Herr Kapitän. Ich hab' zwar bei dem sogenannten Leistungssaufen nicht mitgemacht, habe aber die sogenannten defätistischen Äußerungen gehört, die Ihnen zugetragen worden sind. Um das herauszuhören, muß man schon ein total vernageltes Gehirn haben. Ich wäre jedenfalls nie im Leben auf die Idee gekommen, darin auch nur eine Spur von Defätismus zu entdecken, geschweige denn zu solchen Schlüssen über unsere Kampfmoral und politische Zuverlässigkeit zu kommen. Beides ist doch wohl bei uns über jeden Zweifel erhaben. Es waren Worte, die im Suff geäußert worden sind, mehr nicht.«

Ich konnte mit der Wirkung meiner Worte vollauf zufrieden sein. Eine bessere Reaktion hätte ich mir gar nicht wünschen können.

Aber Possehl war noch nicht fertig. Er zuckte die Schultern und grinste. »Na schön, Herr Kapitän, ich gebe zu, daß Rumpelstilzchen zwar nicht die richtige Bezeichnung für den Herrn Minister für Propaganda ist, aber daß der von keinem mehr ernst genommen wird, pfeifen doch nicht nur die Spatzen von den Dächern. So …«, er sah sich im Kreis der Offiziere um, »… nun wird der Hundsfott unter uns, der Kapitän Wildenow 'nen Bonbon ans Hemde zu kleben versucht, jetzt bestimmt auch aus meinen Worten etwas heraushören, woraus er mir ebenfalls einen Strick drehen kann.«

Possehl ließ sich befriedigt auf seinen Stuhl fallen. Ich hätte ihm als Anerkennung für seine mutigen Worte am liebsten spontan auf die Schulter geklopft, doch das war nicht möglich.

Die Anerkennung bekam er dafür von einer anderen Seite. Einen Augenblick herrschte noch tiefes Schweigen, dann begann sein I WO, Oberleutnant Marquardt, demonstrativ auf der Tischplatte Beifall zu trommeln. Sofort fielen die übrigen Offiziere ein. Hatte ich erwartet, Wollenweber werde zu seinen Vorwürfen stehen, so sah ich mich enttäuscht. Er brauchte dazu ja nicht einmal aufzustehen und Possehl zu widersprechen. Es hätte genügt, wenn er sich dem Beifallsgetrommel der anderen versagt hätte. Er tat genau das Gegenteil und trommelte mit. Besonders eifrig, wie mir schien, und das nahm ich ihm übel.

Ich hob beschwichtigend die Hand, um das Getrommel zu stoppen. Sofort trat Ruhe ein. »Ich entnehme aus Ihrem Beifall, daß Sie den Vorfall, ähnlich wie Herr Possehl, für einen einmaligen Ausrutscher im Suff ansehen, meine Herren. Nun gut, dann möchte auch ich der Angelegenheit keine größere Bedeutung beimessen. Ich möchte jedoch keinen Zweifel darüber aufkommen lassen, daß ich, sollte sich so etwas wiederholen und sei es auch nur im Suff, den FdU davon in Kenntnis setzen werde. Und was das zur Folge hat, brauche ich Ihnen wohl nicht näher zu erläutern. Ich hoffe, ich habe mich unmißverständlich genug ausgedrückt.«

Jetzt war Kuddel an der Reihe, seinen Lapsus als reuiger Sünder vollends zu Grabe zu tragen; denn Possehl hatte ihn als den Offizier benannt, dem mein Informant einen Bonbon ans Hemd zu kleben versucht habe.

Er meldete sich zu Wort und stand auf. »Ich möchte Ihnen für Ihre Klarstellung danken, Herr Possehl. Ich bedauere, daß meine unbedachten Worte so viel Staub aufgewirbelt haben. Um ehrlich zu sein, ich habe offenbar aus Freude über die glückliche Heimkehr so tief in die Schnapsbuddel geguckt, daß mir der ungewohnte Alkohol die mir angelasteten Formulierungen gründlich aus dem Bewußtsein gewaschen hat. Ich kann mich nämlich nicht einmal erinnern, so etwas überhaupt geäußert zu haben. Wer sich besäuft, ist bekanntlich selbst daran schuld. Deshalb stehe ich jetzt als bußfertiger Sünder vor Ihnen und möchte mich dafür entschuldigen. Sie, meine Herren, bitte ich, mir ohne Ansehen der Person und meines Dienstranges übers Maul zu fahren, sollte ich es jemals wieder zu einer so leicht mißzuverstehenden Äußerung auch nur aufzumachen versuchen. Ich danke Ihnen schon im voraus dafür.«

Er deutete eine Verbeugung an und setzte sich. Das zustimmende Gelächter bewies, daß er genau den richtigen Ton getroffen hatte. Den Rest besorgte der Corpsgeist der Offiziere. Es gab keine weiteren Wortmeldungen.

Mit ein paar mahnenden Worten schloß ich die Zusammenkunft; denn Kuddel mochte – dank Possehl – noch einmal mit einem blauen Auge davongekommen sein. Für mich war diese gefährliche Affäre jedoch längst noch nicht aus der Welt. Jedem von uns war inzwischen durch unzählige abschreckende Urteile vor Augen geführt worden, daß die nahezu hysterische Jagd auf sogenannte Volksfeinde, Vaterlandsverräter und Defätisten längst nicht mehr vor der kämpfenden Truppe haltmachte. Wollenweber hatte eine blamable Abfuhr einstecken müssen. Konnte ich da sicher sein, daß nicht doch noch Glut unter der Asche schwelte, die bei der nächsten Gelegenheit zu einem offenen Feuer auflodern und alles verschlingen konnte?

Mit Wollenwebers Vorgängern hatte mich ein vertrauensvolles Verhältnis verbunden. Jetzt nistete sich nagendes Mißtrauen in meinem Hinterkopf ein, die denkbar schlechteste Basis für eine gedeihliche Zusammenarbeit zwischen meinem Adjutanten und mir. Und dieses Mißtrauen wuchs in mir, je länger ich über dieses Damoklesschwert nachdachte, das über unseren Häuptern schwebte. Egal, was Oberleutnant zur See Wollenweber ansonsten für Qualitäten besaß, für mich hatte er sich mit seinem Verhalten an diesem Vormittag selbst disqualifiziert. Ich wollte keinen Adjutanten an meiner Seite haben, bei dem ich und meine Offiziere jedes Wort auf die Goldwaage legen mußten, bevor es ausgesprochen wurde.

Wollenweber war deshalb für diesen Posten denkbar ungeeignet. Mehr noch, ich wurde auf einmal den Verdacht nicht los, daß er aus einem ähnlichen Grund »weggelobt« worden war. Das war die gängige Praxis, wenn man jemanden nicht anders loswerden konnte. Seine dienstlichen Beurteilungen, die ich mir bei seinem Dienstantritt durchgelesen hatte, waren allerdings durchweg makellos, enthielten keine der ausgeklügelten Formulierungen, hinter denen sich in solchen Fällen versteckte Hinweise auf irgendein Fehlverhalten verbargen. Ein vorbildlicher Offizier, ein echter Gewinn für die Flottille hatte ich deshalb gedacht.

Jetzt sah das für mich ganz anders aus. Ich hatte die

Kehrseite seiner Medaille gesehen, deshalb setzte ich ihn im stillen als Kandidaten auf die Abschußliste, den ich bei der erstbesten Gelegenheit abzuschieben gedachte.

*

In den Folgetagen kam ich jedoch nicht dazu, meine Absichten in die Tat umzusetzen. Der Luftkrieg über Brest ließ mir keine Zeit. Der hatte plötzlich ganz andere Dimensionen angenommen. Es gab keinen Tag und keine Nacht, in denen nicht alliierte Bomberpulks über die Halbinsel Crozon einflogen, weil ihnen dort eine schwächere Flak-Abwehr als an anderen Stellen entgegenschlug. Geschützt von unzähligen umherschwärmenden Jagdflugzeugen, warfen sie ihre Bomben ab und verwüsteten die Hafenanlagen.

Ihre neuartigen schweren Kettenbomben vermochten zwar die schützende Decke der Bunkeranlage nicht zu durchschlagen, doch jede Schiffsbewegung außerhalb des Bunkers wurde selbst in der Nacht zu einem unkalkulierbaren Vabanquespiel. An Fallschirmen herabpendelnde Leuchtbomben tauchten die nächtliche Bucht von Brest in ihr grelles Magnesiumlicht und machten jedes U-Boot zu einer leichten Beute, auf die sich die Jäger sofort mit ihren Bordkanonen stürzten.

So war es wahrlich kein Wunder, daß einige meiner nach draußen verlegten Boote gleich wieder mehr oder weniger beschädigt in den Bunker zurückflüchten mußten. Aber auch wer trotz nicht abreißender Verfolgung durch die zwischen dem Pte. de Mathieu und Camaret-sur-Mer lauernden *hunting groups* glücklich von See in die Bucht von Brest gelangt war, kam vom Regen in die Traufe.

»Es sieht verdammt danach aus, als stehe eine Landung in Frankreich unmittelbar bevor«, sagte ich beim gemeinsamen Abendessen mit einigen meiner Kommandanten. »Wie sollte man sonst dieses pausenlose Bombardement deuten?«

»Die machen das, was sie im Mittelmeer vor der Landung in Italien auch schon gemacht haben.« Kuddel Wildenow nahm einen deftigen Schluck aus seinem Rotweinglas. »Sie schalten die Stützpunkte aus, von denen eine Bedrohung ihrer Landungsflotte ausgehen könnte, und zerstören systematisch alle Nachschubwege. Hier haben sie allerdings Pech, die U-Bootbunker können sie nicht knacken.«

»Ja, aber dafür machen sie die Hafenanlagen samt den dort noch liegenden Überwassereinheiten völlig platt«, versetzte Kapitänleutnant Lindner, Kommandant von U 797. »Liegen erst einmal die Minensucher auf Grund, dann brauchen sie nur noch die Ausfahrt nach See zu verminen, um auch uns auszuschalten.«

»Daran aber wird sie unsere Luftwaffe hindern!« widersprach Wollenweber optimistisch. »Die neuen Jäger werden sie das Fürchten lehren!«

»Die neuen Jäger?« Kapitänleutnant zur Mühlen, Kommandant von U 796, bedachte ihn mit einem mitleidigen Blick. »So, das glauben Sie? Auf welchem fremden Stern leben Sie eigentlich, Herr Wollenweber? Sie reden von neuen Jägern, und ich frage mich, ob es unsere Luftwaffe überhaupt noch gibt. Oder haben Sie in der letzten Zeit auch nur einen alten oder neuen deutschen Jäger am Himmel über Brest gesehen? Ich nicht!«

Wollenweber war pikiert. Er verzog das Gesicht, als habe er soeben auf eine saure Zitrone gebissen. »Die werden eben an anderer Stelle dringender gebraucht, Herr Kaleu, um beispielsweise unsere Jagdbomber zu schützen, die sich auf britische Flottenbewegungen stürzen und Jagd auf die *hunting groups* machen, die hinter unseren U-Booten her sind.«

»Ach nee!« Kuddel lachte auf. »Gott erhalte Ihnen Ihren Glauben, Herr Wollenweber! Wie kommt es dann, daß ich von Gibraltar bis Brest kein einziges deutsches Flugzeug entdeckt habe, das mir die verdammten *hunting groups* vom Hals geschafft hätte? Oder zählen Sie die nicht zu den britischen Flottenbewegungen?«

»Und da wir gerade bei den Flottenbewegungen sind, Herr Wollenweber, ist es nicht seltsam, daß bisher keines der in See stehenden Boote eine außergewöhnliche Flottenbewegung entlang der Atlantik- und Biskayaküste gemeldet hat? Auch die heimgekehrten Boote haben keine entsprechenden Beobachtungen gemacht«, stichelte zur Mühlen erneut. »Haben Sie dafür vielleicht auch wieder so eine flotte Erklärung?«

Ich horchte auf.

Der Ton war nämlich unüberhörbar schärfer geworden. Das hörte sich ja in meinen Ohren so an, als erfreue sich mein Adjutant bei ihnen keiner besonderen Zuneigung! Hatte es da etwa schon vor der Sache mit Wildenow irgendwelche ähnlich gelagerten Vorfälle gegeben, wobei sich Wollenweber den Mund verbrannt hatte und ich wußte nichts davon?

»Das will doch gar nichts sagen!« ereiferte sich mein Adjutant und lief im Gesicht rot an. »Der Grund dafür kann die Sorge sein, von den Briten eingepeilt zu werden! Und ...«

»Oder die Landung erfolgt gar nicht an der nördlichen Küste, sondern an der weit weniger befestigten französischen Mittelmeerküste«, unterbrach ihn Possehl und kam damit zu meiner Erleichterung wieder auf das ursprüngliche Thema zurück. »Wie Herr Kapitän Wildenow berichtet hat, befinden sich doch kaum noch deutsche U-Boote im Mittelmeer im Einsatz.«

»Weil wir nicht mehr nach Toulon hineingekommen und so von jeglichem Nachschub abgeschnitten worden sind. Ich säße ja sonst nicht hier«, bekräftigte Wildenow. »Darum interessiert es mich, wie es damit hier bei uns aussieht. Ich möchte nämlich gern wieder nachbunkern und so weiter.«

»Da gibt es keine Engpässe, Herr Kapitän«, antwortete der Versorgungsoffizier. »Das können Sie jederzeit tun, aber ...«

»Aber?« fragte Kuddel irritiert. »Was heißt aber?«

»Sollten Sie damit nicht lieber warten, bis auch ihr Boot mit einem Schnorchel versehen ist? Unser Ing.-Offizier sagte mir, bei den IX C-Booten sei das leichter als bei den VII C-Booten zu bewerkstelligen. Ihres ist doch ein IX C-Boot und wird sowieso noch überholt, nicht wahr?«

Kuddel nickte. »Wenn das so ist, dann warte ich natürlich noch damit, dann ist das ein Aufwaschen.«

Kapitänleutnant Schrader, der Chef des Flottillenstabes, erschien an der Tür der Messe und eilte auf unsere Back zu. »Meldung von der Signalstation, Herr Kapitän. U 115 hat die Durchfahrt in die Brester Bucht passiert und läuft den U-Boothafen an. Hat um einen Liegeplatz im Bunker gebeten. Ich habe das inzwischen veranlaßt. U 115 hat Glück, im Augenblick sind keine feindlichen Anflüge auf Brest gemeldet. Das Boot dürfte in etwa zwanzig Minuten festmachen.«

»Danke, Herr Schrader.« Ich schob meinen leeren Teller zurück und stand auf. »In zwanzig Minuten? Gut, dann werde ich mich mal auf die Socken machen. Bin ich ja gespannt, was der Störmer für Nachrichten von See mitbringt.«

*

Wollenweber dackelte hinter mir her, als ich mich in den Bunker begab, um U 115 zu begrüßen. Meine Neugier war jedoch nicht der einzige Grund. Es war vielmehr die übliche Höflichkeitsgeste, die einem Boot zustand, das von einer Feindfahrt heil in den Stützpunkt zurückkehrte. Bei den hohen Verlusten der U-Bootwaffe war diese Geste noch dringender notwendig denn je, um die Moral der Besatzung zu stärken.

Außerdem verband mich mit U 115 und seiner Besatzung noch immer ein ganz besonderes Verhältnis. U 115 war mein erstes Boot gewesen, das ich vor vier Jahren als Kommandant übernommen und auf mehreren erfolgreichen Feindfahrten geführt hatte. Ihm verdankte ich das Ritterkreuz.

Vieles hatte sich seitdem auch bei einem solchen Empfang verändert. Noch immer fanden sich zwar Marinehelferinnen mit Blumen zur Begrüßungszeremonie ein, die Militärkapelle, die das Boot auf dem Außenkai mit schmetternden Marinemärschen begrüßte, hatten wir jedoch aus naheliegenden Gründen inzwischen gestrichen. Wegen der ständigen Fliegerangriffe liefen die heimkehrenden Boote sofort in den Bunker ein und machten dort fest. Schmetternde Marschmusik hätte aber dort wegen der Akustik jede Begrüßung schlichtweg unmöglich gemacht.

Ich war überrascht. Außer mir hatte sich bereits fast der gesamte Flottillenstab an dem langgestreckten Bunkerbecken eingefunden. Unwillkürlich mußte ich lächeln, denn in der Gruppe der Frauen mit den Blumen entdeckte ich auch ein vertrautes Gesicht. Es gehörte der Ärztin aus dem Marinelazarett Brest, Frau Dr. med. Erika Kappelsberger, die dort seit zwei Wochen Dienst tat. Sie verbanden ähnliche Erinnerungen mit U 115 wie mich, das heißt, sie eigentlich weniger mit der gesamten Besatzung als mit dem Kommandanten, Kapitänleutnant Bernd Störmer.[1]

Wir hatten sie seinerzeit bei der Operation Eisbär an Bord nehmen müssen, um sie mit einer Meteorologengruppe auf Spitzbergen abzusetzen, wo eine Wetterstation eingerichtet werden sollte. Ich war von ihrer Anwesenheit an Bord anfangs gar nicht beglückt gewesen und hatte sie das fühlen lassen. Ich fürchtete nämlich, die ausgemacht hübsche, attraktive junge Frau werde den Hormonspiegel meiner Männer in der engen Eisenröhre so in die Höhe treiben, daß es Komplikationen geben könnte.

Eine unnötige Sorge.

Der einzige, dem sie den Kopf verdreht hatte, war mein damaliger II WO, Leutnant zur See Bernd Störmer, gewesen, und der hatte sich zusammenzunehmen gewußt. Ich war gespannt, wie er jetzt auf ihre Anwesenheit in Brest reagierte, wenn er sie in der Menge entdeckte. Übersehen konnte er sie nicht, war sie doch noch hübscher geworden und stach deutlich von den anderen Frauen ab. Verheiratet war sie noch immer nicht, wie sie mir bei einem Glas Wein in der Offiziersmesse mit einem Lächeln anvertraut hatte.

Ich ging zu ihr hinüber. »Hallo, Doktorin, Sie hier? Das überrascht mich. Kaleu Störmer wird Augen ma-

Maasch, Erik: U 115: *Operation Eisbär.* Ullstein Taschenbuch 24651 chen, wenn er Sie hier unter den Marinehelferinnen ausmacht.«

Sie verzog zweifelnd das aparte Gesicht. »So, meinen Sie, Herr Kapitän? Glaube ich nicht. Vier Jahre sind eine lange Zeit, da hat er mich längst vergessen und sich anderweitig getröstet. Marine! Das kennt man ja: Aus den Augen, aus dem Sinn!«

»Vergessen? Eine Frau wie Sie?« Ich schüttelte den Kopf, denn ich wußte es besser. »Wenn Sie sich da nur nicht irren.«

Ihr Vorwurf war nämlich ungerecht, er traf den Falschen. Sie war es gewesen, die die Verbindung irgendwann hatte einschlafen lassen. Das war kein Einzelfall, das wußte ich aus eigener Erfahrung. War es für Seeleute schon in Friedenszeiten schwierig genug, eine dauerhafte Zweierbeziehung aufzubauen, so machte es der Krieg gerade für U-Bootfahrer durch den nahezu pausenlosen Einsatz auf See fast unmöglich, wenn man nicht großes Glück hatte. Ich hatte es letztlich dann doch gehabt, er nicht. Ihn hatte das Scheitern dieser Beziehung schwer getroffen. Und so geisterte die Erinnerung an die Doktorin noch immer durch seinen Kopf und ließ ihn nicht los.

»Wir werden sehen«, tat sie leichthin ab, als sei es ihr egal. Dabei sprach allein ihre Anwesenheit dagegen. Ich kam jedoch nicht mehr dazu, sie zu fragen, woher sie überhaupt wußte, daß U 115 just in diesem Augenblick von Feindfahrt zurückkehrte.

Das Tor zum Bunkerbecken öffnete sich. In die wartende Menge auf dem Kai kam Bewegung. Während U 115 mit geringer Fahrt aus der Dunkelheit in den hellen Bunker schor, glitt mein Blick prüfend über das Boot. Mir fiel ein Stein vom Herzen. Gott sei Dank, es war äußerlich unbeschädigt. An seinem Angriffssehrohr flatterten sogar fünf Wimpel. Siegestrophäen, jede einzelne für ein versenktes Schiff.

Das Leinenkommando stand in Habt-Acht-Stellung auf dem Vor- und Achterdeck bereit. Kommandos ertönten. Wurfleinen flogen durch die Luft. Das Leinenkommando des Bunkers holte damit die vordere und achtere Spring und die Festmacher an Land und streifte sie über die Poller. Wenig später lag U 115 fest vertäut am Kai. Das Rumpeln der Diesel verstummte. Hinter dem Boot schloß sich das Beckentor. Eine Stelling wurde zum Oberdeck hinübergeschoben. Das Kommando: »Front nach Steuerbord!« ließ die Männer an Deck erstarren.

Begleitet vom Seite-Pfiff der Bootsmannsmaatenpfeife turnte Störmer die Turmklampen zum Oberdeck hinunter und kam mit dem typischen Seemannsgang, den ihm der lange Seetörn aufgezwungen hatte, über die Gangway an Land geschlingert. In militärischer Haltung baute er sich vor mir auf und meldete, die Hand salutierend an die ehemals weiße Kommandantenmütze gelegt: »Melde gehorsamst – U 115 von erfolgreicher Feindfahrt wohlbehalten zurück, Herr Kapitän!«

»Danke, Herr Störmer! Freue mich, Sie und Ihre Männer heil und gesund wiederzusehen!« Ich schüttelte ihm die Hand und wandte mich an die Besatzung. »Herzlich willkommen auf festem Boden, Männer!«

»Danke, Herr Kapitän!« hallte die Antwort von den dicken Bunkerwänden zurück.

Mit einem kunstvollen Triller brach das Seite-Pfeifen ab und hob damit auch die strenge militärische Ordnung für die Freiwache auf.

Die Männer strömten an Land. Die Marinehelferinnen nahmen sie lachend in Empfang und begrüßten sie mit einem Blumensträußchen und einem Kuß. Den größten Strauß bekam natürlich der Kommandant, groß genug, um das Gesicht der Frau zu verbergen, die ihm den Strauß überreichte.

»Danke, Mädchen! Ein perfekter Empfang! Fehlt bloß noch die Wochenschau!« lästerte Störmer. Er beugte sich vor und ließ den Strauß sinken, um das Mädchen zu küssen. »Nun lass' mal sehen, wer du ...«

Das Wort blieb ihm im Halse stecken. Jede Bewegung erstarb. Vorgebeugt zum Kuß, starrte er ungläubig in das lächelnde Gesicht vor sich. Die Überraschung war perfekt.

»Was ist los, Herr Störmer? Worauf warten Sie?« Ich gab ihm einen aufmunternden Stups. »Auf die Kameras der Wochenschau? Die kommt nicht. Wir haben sie nicht rechtzeitig benachrichtigen können.«

Sein Mienenspiel war sehenswert, als sich seine Überraschung löste. »Erika? Träum' ich? Oder bist du's wirklich?«

»Soll das ein Kompliment sein? Wer denn sonst?« Die Doktorin verzog enttäuscht das Gesicht. »Habe ich mich denn so schrecklich verändert?«

»Verändert?« Achtlos ließ er den Blumenstrauß fallen und nahm sie in die Arme. »Schon! Du bist noch schöner geworden, als ich dich in meinen Träumen immer wieder vor mir gesehen habe!«

*

Der Begrüßungstrubel war vorüber. Das Empfangskomitee verlief sich. Die Hafenwache zog auf. Die übrige Besatzung verließ das Boot, um das Wohnschiff aufzusuchen. Nur die beiden hielten sich noch immer an den Händen und sahen sich selbstvergessen in die Augen. Was sie einander sagten, hörte ich nicht.

Ich wandte mich ab und trat zu den Offizieren, die wartend abseits standen und sich leise unterhielten.

»Wir sehen uns ja nachher noch bei mir zu einer kurzen Besprechung, meine Herren. Eins interessiert mich aber vorab. Haben Sie eigentlich meinen letzten Funkspruch mit der Bitte um Rückmeldung nicht bekommen, Herr Lehmann?«

Oberleutnant zur See Hugo Lehmann war der I WO, ein überaus fähiger Offizier. Ich kannte ihn schon aus seiner Fähnrichzeit, als er als Wachoffizierschüler zu mir an Bord kommandiert worden war und mehrere Feindfahrten mitgemacht hatte. Nach Dienst auf anderen U-Booten der Flottille war er im zeitigen Frühjahr auf U 115 kommandiert worden, um dort den von schwerer See über Bord gespülten I WO zu ersetzen.

»Doch, Herr Kapitän! Wir sahen jedoch keine Möglichkeit, das FT zu beantworten. Wir sind durch *hunting groups* unter Wasser gedrückt worden, und dann hat unser Funkgerät bei einem der letzten schweren Wabo-Angriffe den Geist aufgegeben. Wir haben es bis jetzt nicht reparieren können.«

»Und? Haben Sie stärkere Flottenkonzentrationen beobachtet, die auf eine unmittelbar bevorstehende Unternehmung hindeuten?«

Er zögerte einen Augenblick. »Daran hat uns die auffallend starke Überwachung des Seegebietes vor dem Englischen Kanal zwischen den Scilly-Inseln und der französischen Ile de Batz durch Jagdgruppen und Flugzeuge gehindert. Die haben eine ganz hundsgemeine neue Methode der U-Bootjagd entwickelt, daß es uns ein paarmal in der Falmouth Bay beinahe erwischt hätte.«

»Was heißt das?« In meinem Kopf läuteten die Alarmglocken. »Ein anderes Ortungssystem?«

»Wir haben die ganze Zeit unter Wasser geschnorchelt, und trotzdem hatten wir ohne Vorwarnung plötzlich ganz gezielt *hunting groups* im Nacken. Es gab nur eine Erklärung dafür, die waren offenbar von Flugzeugen alarmiert worden, die uns irgendwie aufgestöbert hatten.«

Das war für mich nicht neu und kein Hinweis auf ein neuartiges Ortungsgerät. Dafür gab es viele Gründe. Meist genügte ein geringer Ölverlust, ausgelöst durch einen schweren Wabo-Angriff, und das Boot schleppte eine Ölspur nach. Schon fielen Bomben.

»Und? Haben Sie herausgefunden, wie man Sie entdeckt hat?«

Er schüttelte den Kopf. »Wir haben uns darüber vergeblich den Kopf zerbrochen, bis Kaleu Störmer, als er den Himmel mit dem Luftzielsehrohr nach feindlichen Flugzeugen absuchte, rein zufällig mitbekam, daß ein Aufklärer irgend etwas hinter uns abwarf. Wir hielten es zuerst für eine Schreckbombe, mit der er uns zu unvorsichtigen Manövern verleiten wollte. Doch die Detonation blieb aus, dafür hatten wir wenig später eine *hunting group* auf dem Hals, die uns zielstrebig ansteuerte und mit Wabo-Teppichen bepflasterte. Es kann nur so sein, daß der Aufklärer ein Gerät abgeworfen hat, welches getauchte U-Boote ortet und den Flugzeugen meldet.«

Ich brauchte ein paar Minuten, um diese Mitteilung zu verarbeiten. Abwurf eines Gerätes, das die U-Boote ortete, die durch irgendeinen Umstand ihre Anwesenheit verraten hatten? Durch den Schnorchel vielleicht, der ein Kielwasser nachzog? War das die Erklärung für die starken U-Bootverluste der letzten Monate?

Ich war alarmiert. Die Beobachtung war so wichtig, daß ich der Angelegenheit unbedingt nachgehen mußte, um den FdU und den BdU davon in Kenntnis zu setzen. Ich mußte herausfinden, ob andere Boote ähnliche Erfahrungen gemacht hatten. Aber dazu war es hier auf dem Bunkerkai weder der richtige Ort noch die richtige Zeit. Ich mußte Störmer wieder aus dem siebenten Himmel auf die Erde zurückholen, zum Süßholzraspeln hatten die beiden ja noch in den nächsten Tagen genügend Zeit, während sein Boot überholt wurde.

»Ich will Sie hier nicht länger aufhalten, meine Herren. Wir sehen uns in einer halben Stunde bei mir. Bis dahin ...« Ich entließ sie mit einer Handbewegung und drehte mich zu der Doktorin und Kapitänleutnant Störmer um.

Aber ich brauchte die beiden nicht auf die Erde zurückzuholen, das besorgte allein schon der Abgang der Offiziere. Sie nahmen plötzlich wahr, daß sich der Kai inzwischen geleert hatte, sah man einmal von mir und der verständnisvoll grinsenden Hafenwache vor U 115 ab.

»Sie hatten recht, Herr Kapitän«, gab sich die Doktorin mit einem Lächeln geschlagen. Sie warf Störmer einen zärtlichen Blick zu. »Meine Prognose war falsch, und ich muß Ihnen gestehen, daß mich das ungemein freut.«

Der erwiderte ihren Blick und strich sich über seinen sechs Wochen alten Bart. »Und ich muß mich entschuldigen, daß meine Begrüßung so ausgeufert ist, Herr Kapitän. Aber die Anwesenheit Eri ... äh ... der Doktorin hat mich einfach überwältigt, damit habe ich in meinen kühnsten Träumen nicht gerechnet.«

»Das war nicht zu übersehen, Herr Störmer.« Ich deutete der Doktorin gegenüber eine Verbeugung an und verzog bedauernd das Gesicht. »Tut mir leid, Fräulein Doktor, daß ich an diesem Abend noch einmal dienstlich werden und Ihre Wiedersehensfreude für eine kurze Zeit trüben muß. Herr Störmer, Ihr I WO hat mir von einer Beobachtung berichtet, die ich für so wichtig halte, daß ich Sie und Ihre Offiziere bitte, sich bei mir in einer halben Stunde zu einer Besprechung einzufinden. Alles andere können wir morgen regeln.«

Störmer klappte die Hacken zusammen und salutierte. »Alles klar! Dürfen wir Sie danach in der Offiziersmesse zu einem Begrüßungsumtrunk einladen, Herr Kapitän?«

»Sie dürfen, und ich komme gern.«

*

Die Mitteilung des I WO hatte mich aufgescheucht. Bevor ich die Offiziere von U 115 zu mir hereinbat, überflog ich noch einmal die Kopien der Kriegstagebucheintragungen der in der letzten Woche in den Stützpunkt zurückgekehrten Boote, um mich zu vergewissern, ob schon ähnliche Beobachtungen gemacht worden waren. Nichts, in keinem fand sich darüber auch nur eine Zeile.

Das konnte nur heißen, daß einige Boote dieser neuen Waffe möglicherweise schon zum Opfer gefallen waren, und die anderen, die noch einmal davongekommen waren, eine solche Ortung gar nicht bemerkt hatten. Wahrscheinlich war aber auch, daß U 115 durch einen puren Zufall den ersten Einsatz dieses neuartigen Ortungssystems beobachtet hatte. Egal, es war jedenfalls eine Beobachtung von eminenter Bedeutung für unsere weiteren Einsätze.

»Ich weiß, daß Sie jetzt nach der glücklichen Heimkehr alles Militärische zur Hölle wünschen und lieber einen ordentlichen Schluck zur Brust nehmen möchten, meine Herren. Machen wir es daher kurz«, sagte ich, als die Offiziere Platz genommen hatten und mich erwartungsvoll ansahen. »Äußerlich sieht U 115 unbeschädigt aus, ich weiß aber aus Erfahrung, daß nach den sechs Wochen auf See doch einiges angefallen ist, was überholt oder repariert werden muß. Das hat Zeit, darüber und alles andere können wir morgen früh reden. Ich möchte jetzt nur möglichst genau alles über dieses ominöse Gerät wissen, dessen Abwurf Sie, Herr Störmer, beobachtet haben. Das ist wichtiger als alles andere und duldet keinen Aufschub. Bitte, Herr Störmer!«

»Das ist das, worüber wir uns noch immer den Kopf zerbrechen, Herr Kapitän. Das Ding hing an einem Fallschirm und pendelte so langsam herab, als sei es zerbrechlich. Das war mein Glück, vermutlich wäre es mir sonst entgangen. Eine Schreckbombe war es nicht, und eine Mine machte auch keinen Sinn, die wäre der wenig später heranpreschenden Jagdgruppe zum Verhängnis geworden. Also konnte es nur ein neuartiges Ortungsgerät für die U-Bootbekämpfung sein, das dem Flugzeug unseren Standort verraten hat. Aber wie funktioniert es?«

»Haben Sie ASDIC-Kontakte gehabt?«

Er schüttelte den Kopf. »Nein, erst als uns die Jagdgruppe in der Mangel hatte, und die hat uns verloren, als dichtere Salzwasserschichten sie mit Geisterechos narrten.«

»Keine ASDIC-Kontakte?« wiederholte ich nachdenklich. Dann schied diese Art der Ortung aus, die uns durch ihre auf die Außenhaut eintrommelnden Strahlen warnte. Aber was dann?

Der I WO meldete sich zu Wort. »Wir haben keine ASDIC-Kontakte mitbekommen, also kann es nur ein bisher unbekanntes Ortungssystem sein, das sich nicht durch seine auftreffenden Strahlen verrät. Oder aber es ist ein ganz simples, aber hochempfindliches Horchgerät, mit dem man uns selbst in Schleichfahrt aufstöbern kann.«

Du lieber Himmel, ein Horchgerät, fuhr es mir durch den Kopf, dann konnten wir den Schnorchel glatt vergessen! Das hörte unsere Diesel, wenn wir sie getaucht benutzten, weil wir uns vor Verfolgern sicher fühlten, denn wir hörten ihre Schrauben nicht.

Der LI, Kapitänleutnant Becker, konnte offenbar meine Gedanken lesen, denn er kam zu einem Schluß, zu dem auch ich schon gekommen war. »Bei der U-Bootjagd mit Flugzeugen ist der Schnorchel ohnehin ein zweischneidiges Schwert. Er erlaubt uns zwar eine wochenlange Tauchfahrt mit den Dieseln, schützt uns aber nur bedingt vor Entdeckung. Ich glaube, daß der Aufklärer uns überhaupt nur durch den Schnorchel entdeckt hat, Herr Kapitän. Der hat möglicherweise ein von oben deutlich sichtbares Kielwasser nachgezogen oder hat gequalmt, was ja mitunter beim Gebrauch der Diesel vorkommen kann. Öl haben wir nämlich nicht verloren.«

»Und wenn es gar kein neuartiges Ortungsgerät, sondern nur eine Markierungsboje mit einem Peilsender gewesen ist, der die Jagdgruppe herbeigerufen hat?« wagte sich Leutnant zur See Krüger, II WO auf U 115, mit einem ganz neuen Gedanken vor. »Das würde doch auch den Fallschirm erklären – oder?«

»Da ist was dran, Herr Krüger«, sagte ich erleichtert, denn diese Deutung erschien mir einleuchtend. »Das erklärte natürlich den Fallschirm, damit der Sender nicht beschädigt wird. Und auch, daß Sie einen ASDIC-Kontakt erst gehört haben, als die Jagdgruppe angerauscht kam. Ich werde mich trotzdem umhören, ob bei den anderen Flottillen ähnliche Beobachtungen gemeldet worden sind.«

Störmer hob die Hand. »Ich habe da noch etwas, was von Bedeutung sein kann, Herr Kapitän. Wir haben uns trotz der starken Überwachung der Falmouth Bay bis an die Einfahrt von Plymouth heranschleichen können. Der Hafen ist wie üblich stark gesichert, aber so viel haben wir trotzdem ausgemacht, daß er voller Dickschiffe steckt. Mich wundert, daß unsere Luftwaffe die noch nicht auf die Hörner genommen hat.«

»Mich nicht, Herr Störmer. Die Luftüberlegenheit der Alliierten ist inzwischen so groß, daß es schwierig ist, überhaupt bis in die Nähe des Hafens vorzustoßen«, versuchte ich, das Ausbleiben der Luftwaffe herunterzuspielen. Ich konnte ihm ja schlecht auf die Nase binden, daß es meines Wissens in der Versorgung der Luftwaffe mit Sprit so erhebliche Engpässe gab, daß sie gezwungen war, damit äußerst sparsam umzugehen. »Sei es, wie es sei, ich möchte mir trotzdem ein Bild von der Situation machen. Der Hafen steckt also voller Dickschiffe. Was schließen Sie daraus?«

»Ich möchte ja die Pferde nicht scheu machen, Herr Kapitän, aber für uns sieht es ganz so aus, als stünde eine Landung in Frankreich unmittelbar bevor.« Störmer zögerte. »Andererseits steht dem wohl die Großwetterlage entgegen. Wenn die spanische Seewetterprognose für die nächsten acht Tage zutrifft, dann dürfte in dieser Zeit das Wetter mit Regen und Sturm wohl kaum für eine Invasion geeignet sein.«

»Hmmm«, brummte ich. »Auch wenn das unsere Wetterfrösche so ähnlich sehen, brauche ich einen schriftlichen Bericht über Ihre Beobachtungen, Herr Störmer.«

Der war wichtig, denn in jeder Vorhersage gab es immer einen gewissen Unsicherheitsfaktor. Zwischen den Wetterfronten konnte sich nämlich das Wetter beruhigen, wenn auch nur für eine kurze Zeit. Eine Schwachstelle, geradezu typisch für solche Langzeitprognosen. Für einen zu allem entschlossenen Gegner konnte aber gerade das reichen, und entschlossen waren die Alliierten. Denen lief inzwischen die Zeit davon, wollten sie den bereits fortgeschrittenen Sommer noch für den Angriff nutzen.

Ich stand auf. »Ich danke Ihnen, meine Herren. Es macht wenig Sinn, sich über etwas den Kopf zu zerbrechen, was wir doch nicht beeinflussen können. Warten wir also ab und machen uns einen schönen Abend.«

*

Am Morgen hingen mir wohl noch immer die Folgen jenes schönen Abends mit den Offizieren meines ehemaligen Bootes an. Es bedurfte nämlich erst der routinemäßigen Meldung des Offiziers vom Dienst, um mir in Erinnerung zu rufen, daß die Nacht diesmal ungewöhnlicherweise »ohne besondere Vorkommnisse«, also auch ohne die sonst üblichen Fliegerangriffe, verflossen war. Das war mehr als seltsam. Bisher hatte selbst das schlechteste Wetter die Briten und Amerikaner nicht davon abhalten können, unseren Stützpunkt auch nächtens mit Bomben und Bordwaffen anzugreifen. Und diesmal war das Wetter keineswegs schlecht gewesen.

»Ich hab' da ein ganz saublödes Gefühl im Bauch«, sagte Störmer beim gemeinsamen Frühstück in der Offiziersmesse. »Sieht verdammt danach aus, als ob sich jetzt auf der anderen Seite die Kräfte tatsächlich zum entscheidenden Schlag gegen uns sammeln.«

»Nun malen Sie bloß nicht gleich den Teufel an die Wand, Herr Störmer!« mahnte ich und goß mir Kaffee ein. »Solche Aussetzer hat es doch vorher auch schon ein paarmal gegeben, und passiert ist danach nichts. Außerdem gießt es jetzt draußen in Strömen und weht junge Hunde, wie die Engländer sagen, da ist sowieso alles ungewiß!«

»Komisch ist es aber trotzdem, wie sich die Bilder gleichen«, pflichtete ihm Kuddel Wildenow zwischen zwei Happen bei. »So fing das in Italien auch an. Die Angriffe auf die Kriegshäfen blieben auf einmal aus, weil die Alliierten auf Sizilien zuschlugen und dort landeten, ohne auf nennenswerten Widerstand zu stoßen.« Dann grif er zur Kaffeetasse.

»Das lag doch aber nicht an unseren Truppen, Herr Kapitän!« ereiferte sich Wollenweber mit vorwurfsvollem Ton. »Die Itaker haben den Arsch zusammengekniffen und sind getürmt. Diesmal holen sich die Alliierten aber blutige Köpfe, sollten sie den Sprung über den Kanal wirklich wagen.«

Wildenow sah ihn spöttisch von der Seite an. »Ach nee, was Sie nicht sagen! Ich möchte Ihnen Ihren Optimismus ja nicht rauben, aber haben Sie sich mal ausgerechnet, was für eine geballte Kraft uns da mit den Amis auf der anderen Seite des Kanals gegenübersteht?«

»Pah!« Wollenweber machte eine wegwerfende Handbewegung. »Die Japaner haben es uns doch vorgemacht, wie man mit diesen verwöhnten Salonsoldaten umgehen muß! Bei denen macht's doch bloß die Masse! Amerika ist weit, wir jedoch kämpfen für unsere bedrängte Heimat! Die sollen nur kommen! Keinen Fuß werden die in Frankreich an Land setzen können!«

»Amen!« versetzte Kapitänleutnant Possehl mit verächtlich herabgezogenen Mundwinkeln. »Klingt ja fast so, als wollten Sie am Atlantikwall selbst mitmischen. Nur zu, junger Mann! Den Kommandeuren dort ist jeder kampffähige Mann hochwillkommen, habe ich mir sagen lassen. Und das ist doch für einen so strammen großdeutschen Berufsoffizier wie Sie sicher auch viel erstrebenswerter als so ein Druck ... äh ... so ein hoch und trocken gelegener Posten als Adjutant hier an Land. Oder sehen Sie das anders?«

Wollenweber verschlug es die Sprache, mir aber auch. Angesichts dieser nahezu beleidigenden Formulierungen Possehls gab es für mich keinen Zweifel mehr. Die beiden waren sich nicht grün. Mehr noch: Auch die übrigen anwesenden Offiziere gönnten meinem Adjutanten diese provokante Abfuhr, denn sie grinsten. Wollenweber hatte sich bei ihnen ganz offensichtlich durch seinen durch nichts gerechtfertigten Dünkel als Berufsoffizier und vielleicht auch mit seinen verquasten Propagandaphrasen in die Nesseln gesetzt.

Possehl war praktisch nur das Sprachrohr, und er konnte sich solche Provokationen leisten. Er war nicht nur der älteste, sondern zugleich auch einer der erfolgreichsten Kommandanten meiner Flottille. Ein mit dem Deutschen Kreuz und dem Ritterkreuz hochdekorierter Reserveoffizier, dem aber in den Augen der Berufsoffiziere vom Schlage Wollenwebers noch immer der Makel eines Halbsoldaten oder Halbzivilisten anhaftete. Eine geradezu idiotische Einstellung, denn seit dem Kriegsbeginn bestand das Offizierscorps der Kriegsmarine zu mehr als sechzig Prozent aus Reserveoffizieren, die den Berufsoffizieren weder in Einsatzbereitschaft noch in Tapferkeit nachstanden.

Das Gesicht Wollenwebers verzerrte sich vor Wut. Für

mich ein Signal, in diesen Disput einzugreifen und einen Riegel vorzuschieben, bevor noch mehr Porzellan zerschlagen wurde.

»Vorsicht, Herr Possehl, ich hoffe nur, Ihre Anregung, als Kämpfer an den Atlantikwall zu wechseln, gilt nicht auch mir. Ich bin bekanntlich ebenfalls Berufsoffizier und sitze auch hoch und trocken an Land.« Ich kniff lächelnd ein Auge zu. »Was aber Ihre sogenannten Salonsoldaten anbelangt, Herr Wollenweber, so muß ich Ihnen widersprechen. Man soll seine Gegner nicht unterschätzen, und das tun Sie ganz offensichtlich. Der Krieg im Mittelmeer und im Pazifik zeigt doch wohl inzwischen mehr als deutlich, daß die Amis durchaus ernstzunehmende Gegner sind. Also – was soll dieses Gerede? Konzentrieren wir uns lieber auf das, was im Augenblick für uns wichtiger ist, und dazu gehören Beobachtungen, wie sie Herr Störmer gemacht hat.«

Der Rüffel saß. Mein Adjutant legte die Ohren an und schwieg mit verkniffenem Gesicht. Possehl jedoch quittierte mein Eingreifen mit einem treuherzigen Lächeln und legte die Hand auf das Herz. »Nichts liegt mir ferner, als Ihnen solche Ratschläge zu erteilen, Herr Kapitän. Sollte dennoch der Eindruck entstanden sein, so bitte ich gehorsamst um Entschuldigung.«

Ich nickte. »Angenommen, Herr Possehl.«

Dennoch nahm ich mir vor, Possehl nach dem Frühstück auf den Zahn zu fühlen, warum er auf die Äußerungen Wollenwebers so aggressiv reagierte hatte.

*

Der beobachtete Abwurf eines Peil- oder Ortungsgerätes erschien mir jedoch so wichtig, daß ich mich zunächst mit den Chefs der anderen U-Bootflottillen an der Biskaya in

Verbindung setzte, um zu hören, ob von ihren Booten eine ähnliche Beobachtung gemeldet worden sei. Meine Gesprächspartner fielen aus allen Wolken, denn davon hörten sie, ihren Aussagen nach, zum ersten Mal.

Meine Nachfrage beim FdU (West) führte zum gleichen Ergebnis und löste dort eine erhebliche Aufregung aus. Es schien tatsächlich so zu sein, daß Störmer auf eine gänzlich neue und überaus gefährliche Methode der U-Bootjagd gestoßen war, deren Tragweite für den weiteren U-Bootkrieg gar nicht abzusehen war. Und das zog Kreise.

Ich kam nicht dazu, Possehl auf den Zahn zu fühlen, denn keine halbe Stunde später meldete sich Kapitän zur See Roloff telefonisch aus Paris. »Was höre ich da, Herr Thomsen? Ihr Kaleu Störmer hat den Abwurf eines neuartigen Ortungsgerätes beobachtet? Warum erfahre ich erst jetzt auf Umwegen davon?«

Unwillkürlich mußte ich lächeln. »Aus drei Gründen, Herr Kapitän. Erstens, weil ich erst gestern abend davon erfahren habe, zweitens, weil ich mich erst bei den anderen Flottillenchefs sachkundig machen wollte, und drittens, weil Sie mir leider keine Rufnummer hinterlassen haben. So mußte ich den Dienstweg über den FdU (West) wählen. Ich bitte das zu entschuldigen.«

»Mmm«, brummte er, »dann bin ich also das Karnickel, was? Nun gut, dann unterrichten Sie mich mal etwas genauer darüber!«

Meinen Bericht quittierte er zunächst mit einem nachdenklichen Schweigen. Ich fuhr deshalb fort, ihn auch noch über die Zusammenballung von Dickschiffen im Hafen von Plymouth zu informieren, die Störmer beobachtet und mir gemeldet hatte.

»Ist er sich dessen sicher, Herr Thomsen? Der Hafen

ist doch alles andere als leicht einsehbar, wie ich aus eigener Erfahrung weiß!« hakte er aufgeregt nach, als ich endete. »Das würde ja bedeuten, daß das ... Seine Beobachtungen können für unsere Planung von entscheidender Bedeutung sein! Ich brauche deshalb für den BdU seinen ausführlichen schriftlichen Bericht! Sorgen Sie dafür, daß der uns umgehend per FT erreicht, Thomsen! Klar?«

Es fiel mir nicht schwer, seinen angefangenen Satz zu ergänzen. Störmers Beobachtungen lieferten der deutschen Seekriegsleitung einen ernstzunehmenden Hinweis, daß die Betriebsamkeit gegenüber von Calais möglicherweise nichts anderes als ein ganz raffiniert aufgezogenes Täuschungsmanöver war, um die deutschen Abwehrkräfte zu zersplittern. Ein Strohhalm nur, aber immerhin einer, den es in der Planung zu berücksichtigen galt.

»Und noch etwas: Auch wenn es jetzt draußen stürmt und wie aus Kannen gießt, müssen wir mit allem rechnen. Versetzen Sie darum Ihre Flottille in Alarmbereitschaft! Jede Form von Urlaub ist gestrichen! Ab sofort gilt für alle seeklaren Boote eine Drei-Stunden-Bereitschaft! Alle von Feindfahrt zurückkehrenden Boote sind sofort wieder frontklar zu machen! Notwendige Reparaturen sind zu beschleunigen, damit auch sie wieder eingreifen können. Wir brauchen jedes Boot, wenn der alliierte Angriff erfolgt, klar?«

»Vollkommen klar, Herr Kapitän! Ich werde das umgehend veranlassen!«

*

Während die Schreibergasten meine Befehle schriftlich ausfertigten, trommelte ich, um das Verfahren abzukürzen, den Flottillenstab und die Kommandanten sämtlicher Boote zum Befehlsempfang zusammen. Es hatte keinen Zweck, mich noch länger an die Vorgabe Roloffs zu halten, die er durch die Alarmbereitschaft selbst aufgehoben hatte.

»Ich bin sicher, daß sich inzwischen herumgesprochen hat, welche Beobachtungen Herr Störmer auf seiner Feindfahrt gemacht hat. Sie wissen auch, meine Herren, daß die Alliierten eine Landung in Frankreich planen. Die setzt einen gewaltigen Flottenaufmarsch voraus, um den Atlantikwall zu überwinden. Flottenaufmarsch – jetzt sind wir gefragt. Aus diesem Grunde habe ich Befehl, in Erwartung dieses Landungsversuches die Flottille in Alarmbereitschaft zu versetzen. Ab sofort ist jede Art von Landgang oder gar Urlaub gestrichen. Alle seeklaren Boote warten in Drei-Stunden-Bereitschaft weitere Befehle ab. Die reparaturbedürftigen Boote sind umgehend wieder einsatzfähig zu machen.«

Ich blickte den zuständigen Werftoffizier, Kapitänleutnant Ing. von Bückwitz, an. »Das wird Ihre Aufgabe sein, Herr von Bückwitz. Ich gehe davon aus, daß Ihnen inzwischen bekannt ist, welche Reparaturen bei welchen Booten anstehen und in welcher Zeit die Boote wieder einsatzbereit sein werden. Es kommt auf jedes Boot an, wenn wir den Landungsversuch zu einem Fiasko für die Alliierten werden lassen wollen. Ich möchte allerdings mehr darüber wissen. Deshalb erwarte ich Ihren schriftlichen Bericht noch vor dem Mittagswachwechsel, klar?«

»Den Bericht habe ich bereits unterschrieben, Herr Kapitän. Er sollte eigentlich schon in Ihrem Posteingang liegen. Darf ich dem Bericht mit mündlichen Informationen vorgreifen?«

»Ich bitte darum, Herr von Bückwitz.«

»Bis auf U 114 und U 115 sind bei allen anderen Booten die Reparatur- und Überholungsarbeiten bereits in vollem Gange beziehungsweise stehen vor dem baldigen Abschluß. Der Einbau des Schnorchels bei U 114 wird noch einige Zeit in Anspruch nehmen, weil dabei zahlreiche Veränderungen vorgenommen werden müssen. Ähnlich zeitraubend gestalten sich die Arbeiten bei U 115, da trügt der äußere Schein.« Von Bückwitz hob die Schultern und verzog um Entschuldigung heischend das Gesicht. »Tut mir leid, Herr Störmer. Aber so ist das nun mal, der Teufel steckt eben im Detail. Das Boot ist schließlich seit 1940 im Einsatz und bedarf nach diesen vier Jahren einer gründlicheren Überholung, bevor ich es mit gutem Gewissen wieder einsatzfähig erklären kann.«

Kapitänleutnant Störmer grinste. »Keine Sorge, Herr von Bückwitz! Um ehrlich zu sein – meine Männer und ich können damit leben.« Sein Lächeln verschwand schlagartig, als er die Miene meines Adjutanten sah. »Ist was, Herr Wollenweber? Warum verziehen Sie denn so das Gesicht? Sollte ich Ihrer Meinung nach jetzt lieber in Tränen ausbrechen, weil wir dadurch vielleicht das große Finale verpassen? Dann man los, sagen Sie, was Ihnen an meiner Einstellung nicht paßt!«

Teufel, ging das schon wieder los? Ein Blick in die Runde genügte. Nicht nur die Kommandanten, auch die Stabsoffiziere feixten. Kein Zweifel, alle gönnten es Wollenweber, daß ihm jetzt auch Störmer die Pistole auf die Brust setzte, obwohl der gerade eben erst mit seinem Boot in Brest festgemacht hatte. Junge, Junge, was mußte mein unglückseliger Adjutant in der Zwischenzeit für Porzellan zerschlagen haben, wenn ihm sogar der ansonsten friedfertige Störmer derart auf die Pelle rückte.

Ehe ich eingreifen konnte, reagierte Wollenweber, und

er reagierte auch jetzt wieder prompt falsch. »Mit Verlaub gesagt, Herr Kaleu, ich wäre jetzt jedenfalls todunglücklich, wenn ich dadurch vielleicht tatsächlich das große Finale, wie Sie es nennen, verpaßte.«

»Das nehme ich Ihnen auch unbesehen ab, Herr Wollenweber. Aber was heißt das nun genauer?«

»Ich hielte es für meine vaterländische Pflicht, in dieser entscheidenden Phase des Schicksalskampfes unseres Volkes alle persönlichen Ambitionen hintanzustellen und mein Leben für Führer, Volk und Vaterland in die Schanze zu schlagen. Das heißt es, Herr Kaleu.«

Die Gesichter der Zuhörer versteinerten. Überrascht sog einer von ihnen sogar hörbar laut die Luft ein.

So etwas dem Kommandanten von U 115, einem Ritterkreuzträger, an den Kopf zu werfen, war eine gewaltige Provokation. Er spielte dabei ja nicht nur auf die Wiedersehenszene mit der Doktorin an. Er bezichtigte ihn damit auch noch kaum verhüllt der persönlichen Feigheit vor dem Feind, und das war ein starkes Stück.

»Vaterländische Pflicht, Leben für Führer, Volk und Vaterland in die Schanze schlagen ...« Störmers Miene verhieß nichts Gutes, als er diese Schlagworte wiederholte. »Dieses Vokabular könnte glatt aus dem *Völkischen Beobachter* stammen. Vom sicheren Port läßt sich's eben leicht schwadronieren! Wir dagegen haben sechs Wochen hinter uns, in denen wir dem Tod unzählige Male nur knapp von der Schippe gesprungen sind. Da vergeht einem der Wunsch nach dem sogenannten ehrenvollen Heldentod, den Sie nur allzu gerne im Munde zu führen scheinen.«

»Aber meine Herren!« fuhr ich dazwischen. » Sie werden ...«

Doch Störmer ließ sich dadurch nicht bremsen. Seine Stimme wurde schneidend. »Ich frage mich allerdings, warum Sie sich dann nicht schon längst um ein Bordkommando bemüht haben, Herr Oberleutnant Wollenweber, wenn Ihnen wirklich so viel daran liegt, Ihr Leben für Führer, Volk und Vaterland in die Schanze zu schlagen, ehe Sie mir sonst was zu unterstellen versuchen! Ihr Gesuch fände bei Herrn Kapitän Thomsen sicher offene Ohren.«

Wollenwebers Gesicht lief angesichts dieses Affronts vor den versammelten Offizieren puterrot an. »Das hat ... das hat mir noch keiner ... Ich werde ...«

»Es reicht, Herr Wollenweber!« bullerte ich los. »Sie werden jetzt gar nichts! Es sei denn, Sie wollten sich auf der Stelle bei Herrn Störmer für Ihre Entgleisung entschuldigen und mich um Ihre Versetzung auf ein Frontboot ersuchen, damit Sie Ihre Worte in die Tat umsetzen können! Diesem Ersuchen werde ich nämlich sofort stattgeben. Habe ich mich deutlich genug ausgedrückt?«

Wollenweber schaute mich völlig verdonnert an. Mit dieser Wendung hatte er nicht gerechnet. In seinem Kopf überschlugen sich vermutlich die Gedanken, suchten krampfhaft nach einem Ausweg aus dieser Klemme, in die er sich mit seinem hochtrabenden Gefasel selbst gebracht hatte.

»Nun, Herr Wollenweber, ich warte!« funkelte ich ihn aufgebracht an.

»Es ... Es lag mir völlig fern, Herrn Kapitänleutnant irgend etwas zu unterstellen. Ist dieser Eindruck dennoch entstanden, so tut es mir leid, und ich bitte Herrn Kaleu hiermit in aller Form um Entschuldigung«, rang er sich endlich ab. »Zugleich bitte ich Herrn Kapitän um meine Versetzung auf ein frontklares Boot, sobald dort eine Stelle frei wird.«

Kapitänleutnant Lindner, Kommandant von U 797, hob süffisant lächelnd die Hand. »Das trifft sich gut, Herr Kapitän. Mein II WO liegt mit einem durchgebrochenen Magengeschwür im Schlunz und fällt somit für längere Zeit aus. Mein Boot ist ansonsten frontklar. Ich wäre daher froh, wenn Sie Oberleutnant Wollenweber als seinen Ersatz zu mir an Bord kommandieren würden.«

Das war die Lösung, eine allerdings, die meinem Adjutanten gar nicht paßte. Lindner war zwar ein ausgezeichneter Seemann und ein erfolgreicher Kommandant, er stand jedoch in dem Ruf, ein ganz penibler Kommißknüppel zu sein. Gefürchtet besonders deshalb, weil er selbst seinen Offizieren nichts durchgehen ließ.

Das wußte Wollenweber, deshalb stand ihm der Schreck über dieses Angebot ins Gesicht geschrieben. Lindner war ohne Zweifel genau der richtige Mann für ihn, bei dem lief er mit seiner Phrasendrescherei garantiert voll gegen die Wand.

»Ihrer Bitte um Kommandierung auf ein Frontboot steht damit nichts mehr im Wege, Herr Wollenweber. Ich werde die erforderlichen Papiere umgehend ausfertigen lassen.« Ich hatte Mühe, mir meine Erleichterung nicht anmerken zu lassen, daß ich ihn auf diese Weise mit gutem Wind loswurde. »Sie können ihn als Ersatz für Ihren erkrankten II WO haben, Herr Lindner. In diesem Zusammenhang möchte ich noch einmal auf den eigentlichen Anlaß für diese Besprechung zurückkommen, meine Herren. Drei-Stunden-Bereitschaft, das setzt voraus, daß Sie voll gebunkert und munitioniert seeklar bereitliegen müssen, um sofort auslaufen zu können, sobald der Einsatzbefehl eintrifft. Sorgen Sie also dafür. Gibt es dazu noch Fragen? – Nein? – Dann danke ich Ihnen. Die

Herren Störmer und Possehl bitte ich allerdings, noch zu einer kurzen Besprechung zu bleiben.«

*

Nachdem die anderen Offiziere den Raum verlassen hatten, hielt ich mich nicht mit einer langen Vorrede auf.

»Aus Ihren Reaktionen habe ich entnommen, daß sich Oberleutnant Wollenweber bei keinem von Ihnen einer besonderen Sympathy erfreut.

Richtig? Warum, meine Herren?«

»Eine offene Antwort, Herr Kapitän?« ergriff Possehl das Wort.

»Offen und ohne Umschweife, Herr Possehl. Was ist da vorgefallen?«

»Was Sie soeben selbst erlebt haben, Herr Kapitän. Ich bin mit ihm aneinander geraten, weil mir sein anmaßendes Gefasel von der vaterländischen Pflicht, für Führer, Volk und Vaterland sein Leben in die Schanze zu schlagen, auf den Geist gegangen ist. Was tun wir denn anderes, wenn wir auf See sind? Das hält diesen jungen Spund jedoch keineswegs davon ab, uns bei jeder sich bietenden Gelegenheit mit solchen Propagandaphrasen die Ohren vollzusülzen, als wären wir ein Haufen unbedarfter Hitlerjungen, die er über ihre soldatischen Pflichten aufklären müsse! Das kotzt mich einfach an, Herr Kapitän, und nicht nur mich!«

»Sehr richtig!« pflichtete ihm Störmer bei. »Ich bin noch keine vierundzwanzig Stunden an Land gewesen, da habe ich mir schon im Kasino seine missionarischen Hudeleien anhören müssen. Deshalb habe ich so reagiert, Herr Kapitän. Hoffentlich treibt ihm der Lindner sein penetrantes Sendungsbewußtsein aus.«

»Da bin ich sicher, Herr Störmer!« Possehl holte eine

Packung *Jan Maat* und ein Feuerzeug aus der Tasche. »Feuererlaubnis, Herr Kapitän? Danke!«

»Ich hoffe, daß ...« Es klopfte. »Herein!«

Oberleutnant Ahlert, der Nachrichtenoffizier der Flottille, erschien in der Türöffnung. »Ich bitte um Entschuldigung, wenn ich störe, Herr Kapitän, aber ...«

»Sie stören nicht, Herr Ahlert. Was haben Sie denn auf dem Herzen?«

Er zögerte und warf einen Blick auf die beiden Kommandanten. »Ich weiß nicht, ob ...«

Das war ein Wink mit dem Zaunpfahl. Das konnte nur heißen, daß er eine Nachricht hatte, die für Störmers und Possehls Ohren so lange nicht bestimmt war, bis ich sie freigegeben hatte. Ich stand daher auf, um das Gespräch mit den beiden zu beenden.

»Sie sehen, die Pflicht ruft. Ich danke Ihnen für die Information in der Hoffnung, daß sich unsere Probleme jetzt zu unser aller Zufriedenheit lösen werden, meine Herren. Kommen Sie, Herr Ahlert, nehmen Sie Platz!«

Ahlert wartete, bis sich die Tür hinter den beiden geschlossen hatte. »Der B-Dienst hat die Sendungen der BBC in französischer Sprache abgehört, Herr Kapitän. Alles lief wie gewohnt ab, bis am Ende der Sendung plötzlich diese Strophe eines Gedichtes rezitiert wurde.« Er reichte mir das Blatt über den Schreibtisch.

Ich warf nur einen kurzen Blick darauf. Die Strophe sagte mir gar nichts. »Was ist denn daran so ungewöhnlich?«

»Daß diese Strophe nach jedem Sendungsbeitrag wiederholt wird. Das ist offensichtlich eine Nachricht für die französische Widerstandsbewegung, Herr Kapitän.«

Ich wurde hellhörig, trotzdem brummte ich: »Mmmm,

das hat es doch schon öfter gegeben. Was leiten Sie denn jetzt daraus ab?«

»Stimmt, doch da war es bloß eine Kette blöder Sprüche, wie *Meine Schwester hat einen neuen Freund!* oder *Unser Hund hustet!* und so, um Einzelaktionen auszulösen. Das ist jetzt irgendwie anders, nur immer wieder diese Strophe. Wir vermuten, daß es ein Signal für die Résistance ist, um sie zu mobilisieren, weil sich etwas Größeres anbahnt, bei dem sie die massive Hilfe der Franzosen benötigen. Möglicherweise die Landung in Frankreich.«

Die Landung in Frankreich, ein Verdacht, der auf der Hand lag. Wenn das der Grund war, dann stand die Invasion unmittelbar bevor, und wir hatten mit einer mächtigen Welle von Sabotageakten zu rechnen. Sabotageakte, die die deutschen Befehlsstrukturen zerstören und den Nachschub und das schnelle Eingreifen deutscher Verstärkungen an der Front verhindern sollten.

Das traf dann mit Sicherheit auch die deutschen U-Bootstützpunkte an der Biskaya, denn von ihnen ging eine nicht zu unterschätzende Gefahr für die Schiffe der alliierten Landungsoperationen aus, ganz gleich, wo sich diese abspielten.

»Sie haben recht, Herr Ahlert. Das kann ein Signal sein, sich bereit zu halten.« Ich griff zum Telefon. »Bleiben Sie am Ball! Ich möchte sofort informiert werden, sobald sich diese Ansage der BBC irgendwie ändert, klar?«

*

Ich legte den Telefonhörer wieder zurück, sobald Ahlert die Tür hinter sich geschlossen hatte. Was hatte es für einen Sinn, die anderen Flottillenchefs anzurufen? Die hatten die Sendung der BBC sicher ebenfalls abhören lassen und sich darauf ihren Vers gemacht. Anders bei Kapitän Roloff, der wußte vielleicht schon mehr.

Ich ließ mich mit dem Stab des BdU verbinden und verlangte Kapitän zur See Roloff. Der war über meinen Anruf keineswegs überrascht. »Unser B-Dienst hat uns bereits über diesen Vers, oder was das ist, informiert. Wir sind zu dem gleichen Schluß wie Sie gekommen. Es scheint tatsächlich so eine Art Vorsignal zu sein, denn die Abwehr hat bisher keine Erkenntnisse über verdächtige Aktivitäten der Résistance gewinnen können. Das will jedoch nichts heißen. Die Franzosen müßten ja mit dem Klammerbeutel gepudert sein, wenn sie sich jetzt besonders auffällig benehmen würden.«

»Hat die Luftaufklärung wenigstens irgend etwas über einen verdächtigen Flottenaufmarsch ergeben, der die Landung der Alliierten unterstützen wird, Herr Kapitän?«

»Eben nicht! Hermann Meiers glorreiche Schlipssoldaten sind schon weit vor der Küste von Schwärmen alliierter Jäger abgefangen und abgedrängt worden. Sie haben sich auf der ganzen Linie blutige Nasen geholt. So rätselt man höchsten Ortes noch immer herum, wo es die Alliierten versuchen werden.«

»Schade, aber das war ja zu erwarten. Wir hängen also nach wie vor in der Luft. Das kompliziert alles.«

»Nun ja, so ist das nun mal. Wer läßt sich denn vor dem entscheidenden Schlag in die Karten gucken? Wie schon gesagt, der BdU ist nach wie vor davon überzeugt, daß sie es nicht an der Küste bei Dünkirchen, sondern viel weiter westlich versuchen werden. Aber auf ihn hört man ja nicht. Das ist der eine Unsicherheitsfaktor. Der zweite ist das Wetter. Bisher sind wir davon ausgegangen, daß die gegenwärtigen Wetterbedingungen für einen alliierten Landungsversuch alles andere als günstig sind. Nun aber haben unsere Meteorologen auf einmal herausgefunden, daß es jetzt Anzeichen für eine kurzzeitige Wetterberuhigung zwischen den Wetterfronten gibt, die von den Alliierten möglicherweise zur Landung genutzt werden könnte. So gesehen, bekäme dann auch dieser geheimnisvolle Vers als Signal für die Résistance durchaus einen Sinn. Nur wissen wir nicht, was es für eine Botschaft enthält. Deshalb hab' ich ein ganz flaues Gefühl im Magen, Herr Thomsen.«

»Du lieber Himmel, von See her die Alliierten mit ihrer ganzen militärischen Überlegenheit und im Rücken die französische Widerstandsbewegung! Und dann diese Ungewißheit! Da muß einem ja ganz flau im Magen werden, Herr Kapitän!« pflichtete ich ihm bei. »Gelingt es den Alliierten während dieser kurzen Wetterberuhigung auch nur an einem Punkt der Küste Fuß zu fassen, dann kann es anschließend kleine Männer regnen. Die auf See versammelte Flotte wird sich dadurch nicht abhalten lassen, die deutschen Bunker mit einem vernichtenden Granathagel zu überschütten. Im Schutze dieser Armada wird aus diesem Landungspunkt schnell ein Brückenkopf, von dem aus sich der sogenannte Atlantikwall, dank der Material- und Luftüberlegenheit der Alliierten, früher oder später überwinden läßt.«

»Vorsicht, Vorsicht, mein Lieber! Solche pessimistischen Ansichten sollten Sie lieber für sich behalten! Kommen die in falsche Ohren, kann man Ihnen daraus ganz schnell einen Strick drehen! Die passen nämlich ganz und gar nicht zur offiziellen Propaganda«, warnte er. Er machte eine Pause, um seine Worte wirken zu lassen. »Was nicht heißt, daß ich die Situation anders als

Sie beurteile. Mich drücken die gleichen Sorgen. Beginnt die Invasion, wird die Résistance zuerst alle erreichbaren Telefonverbindungen zu kappen versuchen. Darauf sind wir vorbereitet. Alle Einsatzbefehle ergehen dann per Funk. Richten Sie sich darauf ein, Herr Thomsen, und halten Sie Ihre Boote bereit, um schnellstens reagieren zu können! Dann kommt es auf jede Minute ...« Seine Stimme ging in einem Knistern und Knacken unter. » ... sonst ist der Ofen ... möglichst ...«

Knacks! Die Leitung war plötzlich tot. Ich war überrascht. Ging das jetzt los? Oder handelte es sich hier wieder um eine der üblichen Störungen, wie sie auf Grund der Entfernung immer wieder einmal auftraten? Das ließ sich schnell feststellen.

Ich wählte die Zentrale der Flottille an. Funkmeister Bergmann war selbst am Apparat. »Was ist los, Bergmann? Warum ist mein Gespräch mit Paris unterbrochen worden?«

»Wir rätseln selbst noch, woran das liegen könnte, Herr Kapitän. Der erste Gedanke war natürlich Sabotage durch die Widerstandsbewegung, aber dann beträfe das auch die Verbindungen zu den anderen Stützpunkten. Diese Leitungen sind jedoch alle intakt, wie eine schnelle Überprüfung ergeben hat. Scheint also eine lokal begrenzte Störung zu sein.« Er kicherte verhalten. »Um es etwas flapsig auszudrücken, Herr Kapitän, da steht irgendwo jemand auf der Leitung. Hoffentlich nicht bei uns, denn dann kaufe ich mir den, und das wird der nicht mehr vergessen.«

Eine Auskunft, die mich eigentlich hätte beruhigen müssen, sie tat es jedoch nicht. Ich hatte noch immer Roloffs Worte im Ohr, die Résistance werde zuerst alle erreichbaren Telefonleitungen kappen. Deshalb wurde ich das Gefühl nicht los, es könnte mehr dahinterstecken.

*

Es steckte nicht mehr dahinter, wie mir Bergmann wenig später meldete. Die Leitungen funktionierten alle, auch die nach Deutschland, und die wären ja zuerst gekappt worden. Das galt auch für die Leitung nach Paris.

»Ein Schaltfehler, Herr Kapitän, vermutlich in Paris. Da hat irgend so ein Torfkopp den Stöpsel herausgezogen, ohne sich vorher zu vergewissern, ob da nicht noch ein Gespräch über diese Leitung lief. Das darf eigentlich nicht passieren, denn was da läuft, das zeigt doch das Lämpchen am Gerät an.«

»Und sonst keine Reaktion per Funk darauf?«

»Keine, Herr Kapitän. Nur der ganz normale Funkverkehr über die U-Bootwelle.«

Ich gab mich damit zufrieden und wandte mich den Papieren auf meinem Schreibtisch zu. Dennoch ging mir der rätselhafte Vers nicht aus dem Sinn. Ich verstand die U-Bootführung in Paris nicht mehr. Ginge es nämlich nach mir, dann hätte ich jetzt alle einsatzbereiten Boote meiner Flottille auf Wartepositionen in See geschickt, um sofort auf den Beginn der Invasion reagieren zu können.

Schließlich konnte sich jeder an fünf Fingern abzählen, daß der Invasion schwere Fliegerangriffe auf die U-Bootstützpunkte an der Biskaya vorangehen mußten, um die Boote am Auslaufen zu hindern. Und wem das dennoch gelang, auf den warteten bereits die *hunting groups* vor den Häfen.

Das wußte letztendlich auch der BdU. Mir war darum ein Rätsel, warum Dönitz nicht entsprechend handelte. So kannten wir den Löwen gar nicht. War er am Ende bei Hitler in Ungnade gefallen, weil er ihm hinsichtlich des möglichen Landungszieles widersprochen hatte?

Ich schreckte aus meinen Gedanken auf, denn es klopfte. Korvettenkapitän Wildenow steckte seinen Kopf zur Tür herein. »Störe ich, Arne?«

»Du störst nicht, Kuddel. Im Gegenteil, du kommst mir als Gesprächspartner gerade recht. Komm rein und setz dich! Was hast du denn auf dem Herzen?«

»Da geht es mir nicht anders, Arne.« Er nahm auf der anderen Seite des Schreibtisches Platz. »Der Ahlert hat mir unter dem Siegel der Verschwiegenheit etwas von einem geheimnisvollen Vers in französischer Sprache am Ende einer jeden BBC-Sendung erzählt. Er hoffte, ich wüßte, von wem er stammt und was sein Inhalt aussagt. Ich habe ihn enttäuschen müssen, denn meine französischen Literaturkenntnisse reichten dazu nun doch nicht aus. Was hältst du denn davon?«

»Hat er das nicht gesagt? Ich halte es für ein Signal für die Résistance, möglicherweise im Zusammenhang mit der zu erwartenden Invasion. Roloff ist übrigens der gleichen Meinung.«

Kuddel schaute mich verblüfft an. »Was sagst du, ein Signal im Zusammenhang mit der Invasion? Das hat mir der Ahlert nicht verraten, Arne. Aber wenn das so ist, warum schickt man dann nicht alle U-Boote sofort raus auf See? Wenn es erst losgegangen ist, kommt doch keine Sau mehr ungeschoren hier aus Brest raus!«

»Siehst du, das ist das Problem. An dieser Frage knabbere ich schon eine ganze Weile herum. Der BdU weiß das und rührt sich trotzdem nicht. Am Ende darf er nicht, weil seine Ansichten mit denen Hitlers nicht übereinstimmen?«

»Du meinst ...?« Er starrte mich entgeistert an. »Er

darf nicht, weil er aufmüpfig geworden ist? ... Mensch, das wäre ja ein dicker Hund! Aber so abwegig ist der Gedanke gar nicht! Weiß doch inzwischen jeder, daß der GRÖFAZ, seit ihm das Kriegsglück nicht mehr hold ist, kommandierende Generäle glatt in die Wüste schickt, wenn sie ihn bei seinen militärischen Entscheidungen kritisieren oder ihm gar zu widersprechen wagen!«

Unwillkürlich mußte ich über den GRÖFAZ lächeln. Diese Bezeichnung verdankte Hitler dem Reichspropagandaminister Joseph Goebbels, der ihn irgendwann mal bei irgendeiner öffentlichen Gelegenheit als den ***Größten Feldherren Aller Zeiten*** bezeichnet hatte, und das hing dem Führer jetzt in Offizierskreisen an.

Aber Wildenow hatte recht. Generäle – gut! Nur konnte es sich der Führer leisten, seinen kompetentesten Admiral zu feuern, dem er seine größten Seekriegserfolge in den ersten vier Kriegsjahren zu verdanken hatte und dessen militärisches Geschick selbst unseren Gegnern die größte Hochachtung abrang? Unwahrscheinlich.

Ich schüttelte den Kopf. »Nee, Kuddel, das mag ja für Generäle gelten, von denen es eine ganze Menge gibt, die er ersetzen kann, nur nicht für Dönitz. Dazu versteht Hitler als ehemaliger Infanteriegefreiter zu wenig vom Seekrieg. Er wird den Löwen an die Kette gelegt haben, weil der den Landeversuch an einer ganz anderen Küste erwartet als er.«

Wildenow schwieg einen Augenblick nachdenklich. »An die Kette gelegt, das ist schlimm. Das kann uns um den entscheidenden Schlag gegen die alliierte Landungsflotte bringen. Kein Wunder, wenn sich Widerstand gegen die Kriegsführung des Führers aufbaut.«

Diesmal starrte ich ihn überrascht an. »Widerstand

aufbaut? Wie meinst du das, Kuddel? Gemeckert und gemosert wird doch immer, weil jeder es besser zu wissen meint. Das ist doch ganz normal, das kann man doch nicht als Widerstand bezeichnen.«

»Das meine ich auch nicht.« Er sah mich prüfend von der Seite an, als sei er sich trotz unseres freundschaftlichen Verhältnisses nicht sicher, ob er weitersprechen sollte. »Kann ich mit dir als Freund offen darüber sprechen, was mich seit meinem letzten Heimaturlaub quält?«

»Was für eine Frage! Natürlich werde ich dir keinen Strick aus irgend etwas drehen, was dich bedrückt. So gut solltest du mich doch wohl kennen. Schieß los!«

»Bitte, versteh mich nicht falsch, Arne. Ich stehe nach wie vor zu meinem Fahneneid und werde auch weiterhin meine Pflicht als Kommandant tun. Aber denken darf ich doch, und da kommen auch mir berechtigte Zweifel, ob das, was wir tun, gegenüber unserem Volk, gegenüber der in Trümmern versinkenden Heimat mit unserem Fahneneid noch zu vereinbaren ist.«

Ich fiel aus allen Wolken. »Mit unserem Fahneneid nicht vereinbar? Was soll das denn heißen?«

»Du weißt, was sich an der Ostfront, in Italien, auf dem Balkan und und und abspielt. Immer schneller reiht sich an allen Fronten eine Niederlage an die andere, und wir lassen uns sehenden Auges mit dem Gefasel vom bevorstehenden Endsieg besoffen machen, während unser Vaterland von den alliierten Geschwadern in eine Trümmerwüste verwandelt wird. Soll man da nicht zweifeln?«

Ich brauchte einen Augenblick, um seine Argumentation zu verdauen. »Wir sollten uns also vom Gefasel über den bevorstehenden Endsieg nicht besoffen machen lassen. Das sind starke Worte, Kuddel. Das kann nur heißen, wir sollten kapitulieren, weil der Krieg nicht mehr zu gewinnen ist, ja?«

»Zu gewinnen ist er doch schon längst nicht mehr, Arne, das weißt du so gut wie ich. Der ist schon lange verloren, unsere politische Führung will sich das bloß nicht eingestehen. Seit Stalingrad befinden wir uns doch an allen Fronten auf dem Rückzug. Was meinst du, was passiert, wenn die Russen erst auf deutschem Boden stehen? Ihre Rache an der unschuldigen Zivilbevölkerung wird furchtbar sein.«

Heimaturlaub, bei mir fiel plötzlich der Groschen. »Sag mal, Kuddel, bist du zu diesen plötzlichen Erkenntnissen eigentlich von alleine gekommen?«

Er schüttelte den Kopf. »Natürlich nicht. Ich bin bei meinem letzten Urlaub aus Italien ein paar Tage in Berlin versackt, um den Frontkoller loszuwerden. Dabei ist mir im Hotel mein bester Schulfreund über den Weg gelaufen. Hat es weit gebracht, ist jetzt Oberst im Stab des Oberkommandos des Heeres oder der Wehrmacht in Berlin. So genau weiß ich das nicht mehr, denn wir haben uns aus lauter Wiedersehensfreude kräftig die Nasen begossen. Dabei hat er mir dann die Augen geöffnet, wie es wirklich um uns steht. Und er muß es doch wissen.« Er machte ein ganz belämmertes Gesicht. »Seitdem schlage ich mich mit diesen Gedanken herum. Dagegen hilft selbst das Saufen nicht mehr, um den Scheiß zu vergessen. Es ist die Hölle.«

»Mmmm!« brummte ich nur, denn ich erinnerte mich dabei an meine eigenen Zweifel und die, die meinen Schwiegervater, Professor Weber, plagten, wenn er vor seinen Studenten stand. »Du sprachst vom Widerstand gegen die Kriegsführung des Führers. Wie ist das zu verstehen? Hat dein ehemaliger Schulfreund darüber auch gesprochen?«

»Das ist es ja eben. Er meinte, es gebe eine Reihe von hohen Offizieren in den Führungsstäben und in der kämpfenden Truppe, die der Meinung seien, der Krieg müsse umgehend beendet werden, bevor er sich in eine totale Niederlage verwandle. Noch könne man mit den Alliierten aus einer ganz anderen Position verhandeln, als wenn sie erst einmal in Deutschland stünden.«

Ich war nahe daran, laut loszulachen. »Du lieber Himmel, dein Schulfreund ist Oberst und glaubt trotzdem noch an Wunder? Wo lebt denn dieser Traumtänzer? Wer dem Führer mit diesem Vorschlag kommt, muß ein lebensmüder Idiot sein. Der landet nämlich glatt vor dem Kriegsgericht und anschließend vor einem Erschießungskommando, mein Lieber!«

»Das weiß ich doch. Deshalb habe ich ihn gefragt, wie er sich das denn vorstelle. Er ist mir die Antwort schuldig geblieben, hat nur vielsagend gegrinst und gesagt, man werde schon einen Weg finden, es dem GRÖFAZ ganz plausibel zu machen.«

Ich glaubte, mich verhört zu haben, deshalb hakte ich nach. »Plausibel machen? Was meinte er damit? Denkt er an einen Putsch der Offiziere? Ihr müßt euch ja ganz schön besoffen haben, denn nüchtern kann man so etwas Verrücktes wohl kaum ausbrüten. Also auch bloß wieder blödes Gerede und Gemecker, Mensch!«

Er verzog skeptisch das Gesicht. »Na, ich weiß nicht, Arne. Wie blödes Gequatsche und Gemecker klang das aber gar nicht.«

Das Telefon klingelte.

»Vergiß es trotzdem, Kuddel, und sprich um Gottes willen mit keinem anderen darüber!« sagte ich, bevor ich abnahm. »Das sind Gedankenspiele im Suff, mehr nicht. Darum werde auch ich vergessen, worüber wir gesprochen haben!«

*

Das war leichter gesagt als getan. Das Gespräch verfolgte mich den restlichen Tag und geisterte auch am Abend noch in meinem Kopf herum, als ich mich auf den Weg zur Offiziersmesse machte. Es war seltsam. Ich analysierte dabei die Möglichkeit eines Putsches so nüchtern, als säße ich auf einem weit entfernten Stern und wog das Für und Wider gegen einander ab, ohne Partei zu ergreifen.

Dabei gestand ich mir aber ein, daß die Entmachtung Hitlers nach Lage der Dinge tatsächlich der einzige Weg war, dem Krieg ein schnelles Ende zu setzen. Ein Aufstand von hohen Offizieren gegen Hitler, um den Krieg zu beenden, das erschien mir so unwahrscheinlich, daß ich allein schon über den Gedanken nur immer wieder den Kopf schütteln konnte.

Freiwillig würde Hitler das Heft niemals aus der Hand geben. Im Gegenteil, er würde sofort alle regierungstreuen Kräfte mobilisieren, um den Aufstand niederzuschlagen. Gelingen konnte so ein Aufstand also nur, wenn die Putschisten die notwendige Unterstützung durch das Gros der Wehrmacht fänden. Das jedoch bezweifelte ich.

Deshalb hielt ich das Gerede dieses Schulfreundes Kuddels für im Suff ausgebrütetes Wunschdenken, dem jeder Realitätssinn abging. Als ich die O-Messe betrat und mir Stimmengewirr und Gelächter entgegenschlugen, verbannte ich jede weitere Analysierung dieses irrwitzigen Gedankenspieles in die hinterste Ecke meines Gedächtnisses.

Ich fand, ich hatte mich schon viel zuviel damit beschäftigt, und wollte mich jetzt bei einem schönen Glas Rotwein entspannen. Die Gelegenheit dazu war günstig. Durch die Drei-Stunden-Bereitschaft zur Untätigkeit gezwungen, hockten in der Messe fast alle meine Kommandanten und wachfreien Offiziere zusammen und schlugen mit Spielen, dem Lesen eines Buches oder in Gesprächen die Zeit tot.

An einem der Tische ging es allerdings besonders laut und fröhlich zu. Den leeren Flaschen nach zu urteilen, war daher der Wein- und Bierkonsum daran nicht ganz unschuldig. Dort saßen Offiziere von U 114 und U 115, für die die Drei-Stunden-Bereitschaft und das selbstverständliche Gebot der Alkoholabstinenz nicht galten, weil ihre Boote nicht einsatzfähig waren.

Inmitten dieser Runde, umringt auch von Offizieren anderer Boote, entdeckte ich Kuddel Wildenow, der das große Wort führte und offensichtlich Witze erzählte, denn von dort ging das laute Gelächter aus. Danach stand mir jedoch jetzt nicht der Sinn. Ich wollte mein Glas Rotwein in Ruhe trinken und mich, wenn überhaupt, eventuell an einem Kartenspiel beteiligen. Und so visierte ich einen der Tische an, an dem Skatspieler die Karten auf die Tischplatte knallten.

Jäh stockte jedoch mein Fuß, als mein Blick dabei meinen ehemaligen Adjutanten streifte. Oberleutnant Wollenweber stand zwischen den Offizieren, die amüsiert den Worten Korvettenkapitän Wildenows lauschten. Das war nichts Ungewöhnliches. Kuddel war nun einmal berühmt für seine Witze, von denen er eine ganze Menge auf Lager hatte.

Sah man allerdings von den derben Zoten ab, wie sie nicht nur in der Marine kursierten, dann gehörte die

Überzahl in seinem Repertoire zu jenen bissigen politischen Witzen, wie man sie sich vorsichtigerweise lieber nur hinter vorgehaltener Hand erzählte, wollte man sich nicht in Schwierigkeiten bringen. Darum schrillten in meinem Kopf die Alarmglocken.

Im Gegensatz zu den anderen Zuhörern, die sich jedesmal vor Lachen bogen, wenn Kuddel die Pointe aus dem Sack ließ, verzog nämlich Wollenweber keine Miene. In seinen Ohren konnten Witze über die politische Prominenz eine geradezu tödliche Brisanz bekommen. Mich beschlich ein ganz ungutes Gefühl und zwang mich zum Handeln.

Mit ein paar schnellen Schritten gesellte ich mich zu den atemlos lauschenden Zuhörern und sperrte mißtrauisch die Ohren auf. Kuddel, der ganz offensichtlich dem Alkohol schon stärker zugesprochen hatte, um seine Zweifel zu ertränken, holte gerade einen neuen Witz aus seinem Vorrat.

»Kennen Sie den schon? Der dicke Hermann Meier geht in einen Pariser Puff. An der Rezeption empfängt ihn die Kuppelbosten und mustert seinen gewaltigen Bauch mit einem kritischen Blick. Na, isch weiß nischt, mon cher Jeneralfeldmarschall, ob unter mein' Mademoiselles ein' ist, die für ein' Nümmer mit Ihnen ist prepa ...«

Du meine Güte, ein politischer Witz über den Oberbefehlshaber der Luftwaffe, Göring! Das Wort blieb Kuddel prompt im Halse stecken, als er meiner bitterbösen Miene ansichtig wurde. Nach einer verlegenen Schweigeminute räusperte er sich. »Hmm! ... Ich glaube, der ist nun wohl doch nicht für eure keuschen Ohren geeignet, Kameraden. Erzähl' ich euch lieber einen vom ollen Mikusch. Das heißt – nee, nee, den lieber auch nicht, denn der ist ebenfalls nicht stubenrein. Wenn schon, dann den: Kennt ihr den Unterschied zwischen dem Klumpfuß und einer dünnen Scheibe Schwarzbrot?«

Du lieber Himmel, noch ein politischer Witz! Und dann spielte er mit diesem absurden Vergleich auch noch auf den Propagandaminister Goebbels an, wie der wegen seines Klumpfußes von der Bevölkerung genannt wurde. Das war mehr als gefährlich.

Ich drängte mich zu ihm durch. »Der hat doch schon einen kilometerlangen Bart, Herr Wildenow! Da kenne ich einen viel besseren.« Ich beugte mich zu ihm nieder und raunte ihm ins Ohr: »Bist du denn von allen guten Geistern verlassen, in Anwesenheit von Wollenweber politische Witze zu erzählen, du dusseliger Hund? Der wartet doch bloß darauf, dir am Zeuge flicken zu können. Warum, das erzähle ich dir später. Und nun lach' mal und tu' so, als hätte ich dir tatsächlich 'nen Witz erzählt. Und dann laß einen von deinen schweinischsten Witzen los, die sollen ruhig glauben, der stamme von mir. Los!«

Eines mußte man ihm lassen, er mochte noch so viel gesoffen haben, sein Reaktionsvermögen hatte nicht gelitten. Er tat völlig überrascht, schaute mich einen Augenblick verdutzt von der Seite an und pruschte dann laut los: »Deibel eins, Herr Thomsen, das ist aber ein scharfes Geschütz! Den kann ich unmöglich erzählen!« schauspielerte er gekonnt. »Dabei werde ja sogar ich rot! Nee, nee, ich mach' Schluß, Leute! Genug für heute. Ich hab' sowieso noch 'was Dienstliches mit dem Chef ...«

Er stockte und starrte zur Tür, durch die der Kommandant von U 115, Kapitänleutnant Störmer, mit seiner Doktorin die Messe betrat. Das war die willkommene Ablenkung.

Anerkennend pfiff Kuddel durch die Zähne und krakeelte: »Jetzt geht mir ein Licht auf! Das also ist des Pudels Kern, deshalb hat Herr Störmer nichts gegen eine längere Werftliegezeit!« Er rappelte sich von seinem Stuhl hoch und deutete vor der Doktorin eine wacklige Verbeugung an. »Gestatten Sie mir ein Eingeständnis, meine Gnädigste? Ich habe vollstes Verständnis für Herrn Störmer und bedauere aufrichtig, nicht an seiner Stelle in Ihrer Gunst zu stehen.

Wie hat der Kerl, der kaum einen Fuß richtig an Land gesetzt hat, es nur fertig gebracht, in so kurzer Zeit ein so bezauberndes Wesen wie Sie hier einzufangen? Den Trick müssen Sie uns verraten.« Er machte erneut einen Kratzfuß und deutete einladend auf den freien Stuhl neben sich. Fräulein Dr. med. Erika Kappelsberger lachte hell auf. »Herzlichen Dank für das Kompliment, Herr Kapitän! Nach dem Trick fragen Sie man am besten Herrn Kapitän Thomsen, der hat vor vier Jahren miterlebt, wie Herr Störmer und ich uns kennengelernt haben, und war anfangs davon gar nicht begeistert.«

»Kein Trick, Herr Wildenow.« Wegen der Zuhörer blieb ich bei der förmlichen Anrede, obwohl die meisten wußten, daß wir uns duzten. »Alte Liebe rostet eben nicht, das ist das ganze Geheimnis. Vier Jahre sind eine lange Zeit, da kommen Sie eindeutig zu spät.«

»Vier Jahre? Warum passiert mir so etwas nicht?« Er schüttelte den Kopf. »Und Sie wissen Bescheid?«

»Wollten Sie mit mir nicht noch etwas Dienstliches besprechen?« wich ich aus und hakte ihn unter. »Kommen Sie, lassen wir den beiden die traute Zweisamkeit.«

Eine erneute Verbeugung zur Doktorin. »Sehen Sie, so ist die Welt! Keine Liebe mehr unter den Menschen!«

Na warte, Bürschlein, dir werde ich jetzt gründlich den Kopf waschen, dachte ich und zog ihn zu einem der freien Tische mit. Zu mehr kam ich vorerst jedoch nicht mehr.

Kaum hatten wir Platz genommen und ich hatte ein Glas Rotwein geordert, trat der Chef des Flottillenstabes, Kapitänleutnant Schrader, ein und sah sich suchend in der Messe um. Als er mich entdeckte, kam er eilends zu uns an den Tisch. In der Messe trat aufmerksame Stille ein.

»Darf ich stören, Herr Kapitän? Danke! Die neuesten Wetterberichte sagen die erwartete Wetterberuhigung voraus. Der Regen soll in der Nacht nachlassen und der Wind abflauen. Zudem sendet BBC wieder diese albernen Sprüche in französischer Sprache, ganz sicher codierte Hinweise für die Widerstandsbewegung.«

Er reichte mir das Blatt mit der Übersetzung. Es waren tatsächlich albern klingende Sätze. Für Eingeweihte waren sie jedoch ganz sicher alles andere als albern.

»Und was schließen Sie daraus, Herr Schrader?«

Der blickte auf seine Uhr. »Um fünf Uhr ist es hell. Ist bis dahin die Wetterbesserung tatsächlich eingetreten, dürfte es für unsere Verteidigung an der Kanalküste eine ganze Reihe von Problemen geben, nehme ich an, Herr Kapitän.«

»Das ist in sechs Stunden.« Ich stand auf. »Das heißt, die Landungsflotte befindet sich möglicherweise bereits im Anmarsch auf die Küste. Wenn diese Annahme stimmt, werden wir, sobald es auch nur halbwegs hell wird, mit massiven Luftangriffen rechnen müssen, und dann kommt hier keiner mehr ungeschoren raus.«

»Vermutlich wimmelt es zwischen der Ile de St. Mathieu und Camaret-sur-Mer auch schon von *hunting groups*, Herr Kapitän«, setzte Schrader hinzu.

Das stand auch für mich fest. Wartete ich auf die Befehle aus Paris, kamen wir zu spät, um erfolgreich gegen die Landungsflotte operieren zu können. Außerdem setzte ich das Leben meiner Besatzungen noch zusätzlich aufs Spiel, denn die Alliierten würden alles tun, um uns schon am Auslaufen zu hindern. Mir blieb also nur eins: Die Boote mußten raus, bevor der Zauber losging. Den Befehl dazu mußte ich allerdings auf die eigene Kappe nehmen. Aber was machte das schon, wenn später der Erfolg dafür sprach.

»Seeklar für alle frontklaren Boote, Herr Schrader!« sagte ich so laut, daß mich alle hören konnten. »Kommandantenbesprechung in zwanzig Minuten im Lageraum.«

*

Ich nutzte die mir bis zur Besprechung verbleibende Zeit, mit Schrader die Einsatzbefehle für die seeklaren Boote durchzusprechen und ausfertigen zu lassen. Mit langen Vorreden brauchte ich mich bei der Kommandantenbesprechung nicht aufzuhalten, hatte sich doch der Grund für das plötzliche Seeklar bei den vierzehn Kommandanten – dank des Bordfunks – inzwischen mit Sicherheit herumgesprochen.

»Sie wissen, was wir auf Grund der Wetterbesserung und der BBC-Sendung vermuten. Uns erscheint es durchaus möglich, daß die Alliierten die Phase der Wetterberuhigung für eine Landung nutzen werden. Es kann sich allerdings auch um einen Trugschluß unsererseits handeln, das ist natürlich drin. Und dann haben wir auch nicht die geringste Ahnung, an welchem Küstenabschnitt sie zu landen beabsichtigen«, räumte ich ein. Ich trat an die Karte der französischen und britischen Kanalküste, um meine Worte mit dem Zeigestock zu unterstreichen. »Das wird irgendwo zwischen Roskoff im Westen und Calais im Osten sein. Das Oberkommando der Wehrmacht erwartet den Angriff im Raum Calais, weil dort die britische Küste am nächsten ist. Der Löwe tendiert dagegen zu einem Ort weiter westlich, weil sich so die Angriffsvorbereitungen der Alliierten bis zum entscheidenden Tag am leichtesten verschleiern ließen. Eins ist jedoch absolut sicher: Wenn unsere Vermutungen zutreffen, werden sie alle Hebel in Bewegung setzen, um unser Auslaufen zuerst mit schweren Luftangriffen zu verhindern und uns dann auf der freien See mit *hunting groups* zu jagen. Dem müssen wir zuvorkommen.«

Ich gab Schrader einen Wink, fortzufahren.

»Noch regnet es, und es ist dunkel. Aber der Regen wird im Laufe der Nacht nachlassen, und gegen vier Uhr früh setzt die Dämmerung ein. Sie müssen also Brest mit Ihren Booten so schnell und unauffällig wie möglich verlassen und die enge Ausfahrt in den Atlantik passieren, damit die Franzosen keinen Wind davon bekommen und die Alliierten alarmieren können.«

»Die werden mit ihren *hunting groups* ohnehin schon zwischen St. Mathieu und Camaret-sur-Mer Position bezogen haben, um uns abzufangen, Herr Kapitän«, kam Possehl, der alte Fuchs, zum gleichen Schluß wie Schrader und ich. Er grinste. »Wenn wir vierzehn zusammenbleiben, um gemeinsam durchzubrechen, können wir den Spieß glatt umdrehen. Das wär' doch mal was anderes.«

Ich nickte zustimmend. »Genauso lauten Ihre Befehle,

meine Herren. Damit werden die nicht rechnen, denn bisher haben sie, von wenigen Ausnahmen abgesehen, immer nur auslaufende oder heimkehrende Einzelfahrer gejagt. Das ist jetzt die Gelegenheit, sich bei ihnen zu revanchieren. Kann ein böses Erwachen für sie werden. Alles weitere entnehmen Sie Ihren Einsatzbefehlen.«

Schrader begann, die Umschläge mit den Einsatzbefehlen auszuteilen. »Wichtig ist, daß Sie entsprechend Ihrer jeweiligen Befehle möglichst weit in den Kanal und in die südliche Irische See vordringen, klar?«

Ich sah auf die Uhr, denn die Zeit drängte. »Noch Fragen?«

Lindner hob die Hand. »Und wenn sich Ihre Vermutungen als falsch erweisen, Herr Kapitän? Was dann?«

»Auch das finden Sie in Ihrem Einsatzbefehl. Ergeben sich Änderungen, ergehen die wie üblich per Funk. Das wär's dann wohl, meine Herren. Halten Sie bitte die vorgegebenen Ablegezeiten ein, damit es keine Kollisionen gibt. Auf denn, verlieren wir keine Zeit!«

*

Wir verzichteten auf jegliches Abschiedszeremoniell. Ich drückte jedem Kommandanten lediglich die Hand und wünschte gute Jagd und fette Beute! Mehr hätte bei den irgendwo in der Dunkelheit verborgenen Franzosen nur unerwünschte Aufmerksamkeit erregt und Zeit gekostet. Galt es ja nicht nur, die kurze Nacht und den Regen auszunutzen, sondern auch die Tide. Kurz vor Mitternacht kenterte die Flut, dann unterstützte der zunehmende Ebbstrom den Druck der leisen E-Maschinen und zog die Boote aus der Brester Bucht mit hinaus in den Atlantik.

Es klappte wie am Schnürchen. Fast lautlos lösten sich die Boote von der Bunkeranlage und steuerten hinaus in die Bucht. Nacht und Regendunst schluckten schon bald alle Konturen. In wesenlose Schatten verwandelt, nahmen sie Kurs auf die schmale Durchfahrt in die offene See.

Was sich dort normalerweise als natürlicher Schutz für den Brester Hafen erwies, war für uns die kritischste Stelle der Ausfahrt. Hier rückten die hohen felsigen Ufer so dicht zusammen, daß die Boote von spionierenden Franzosen leicht entdeckt und den Alliierten per Funk gemeldet werden konnten. Ich selbst hatte diesen Engpaß noch in unangenehmster Erinnerung, weil wir hier beim Auslaufen sogar von französischen Widerstandskämpfern beschossen worden waren. [1]

Diese Gefahr bestand jedoch heute nicht mehr. Beide Seiten der Durchfahrt waren nach diesem Vorfall zum Sperrgebiet erklärt worden. Außerdem hatte ich veranlaßt, daß mehr schwerbewaffnete Streifen als sonst das Sperrgebiet nach verdächtigen Personen durchkämmten. Mit diesen Streifen hatten die Franzosen die schlechtesten Erfahrungen gemacht. Die fackelten nicht lange. Sie schossen sofort auf jeden, der sich dort bewegte und nicht auf Anruf stehenblieb und die Arme hob.

Hatten die Boote diese Schwachstelle erst einmal unbemerkt passiert, waren sie draußen innerhalb der Reichweite der deutschen Marineartillerie. Dort konnten die Boote in verhältnismäßiger Sicherheit unbehelligt getrimmt werden, denn in den von den FuMO-Geräten überwachten Feuerbereich der Batterien wagten sich die *hunting groups* nur höchst selten.

Ich fand dennoch innerlich keine Ruhe. Stand auf ei-

[1] Maasch, Erik: *Im Fadenkreuz von U 112: English Harbour.* Ullstein Taschenbuch 25209.

ner der Molen vor den Bunkereinfahrten wie auf glühenden Kohlen. Immer wieder blickte ich nervös auf das Leuchtzifferblatt meiner Armbanduhr. Entnervend langsam schien der Zeiger seine Runden zu drehen. Ich lauschte in die Nacht, jeden Augenblick des anschwellenden Geknatters eines heftigen Schußwechsels oder der donnernden Abschüsse der Marineartillerie auf dem hohen Felsufer gewärtig.

Kuddel Wildenow stand neben mir auf der Mole und lauschte ebenso angespannt hinaus in die Dunkelheit und den nachlassenden Regen. Doch es blieb still, so still, daß das leise Glucksen und Gluckern des um die Molenköpfe spülenden Ebbstromes in unseren Ohren wie das lautstarke Rauschen eines angeschwollenen Gebirgsbaches klang.

»Nichts, Arne«, flüsterte Kuddel mir irgendwann ins Ohr und tippte auf das schimmernde Zifferblatt seiner Armbanduhr. »Wir stehen uns hier stundenlang die Beine in den Bauch, und die sind längst draußen und offensichtlich unbemerkt geblieben.«

»Scheint so«, gab ich ebenso leise zurück. »Sie müßten auch die Boote inzwischen längst getrimmt haben. Ungewöhnlich, daß es draußen so ruhig bleibt. Bin ich einem Irrtum aufgesessen, wimmelt es dort doch nicht von *hunting groups?* Kann es sein, daß die Alliierten gar nicht ...«

Das dumpfe Grollen einer Reihe von Detonationen drang von See zu uns herein. Wasserbomben oder Torpedos? Unmöglich zu erkennen, woher sie rührten; denn das ferne Grollen ging mit einmal in einem donnernden Feuerschlag der Küstenbatterien unter. Der ganze Küstensaum zu beiden Seiten der Durchfahrt schien plötzlich in Flammen zu stehen, so stark erhellte der Widerschein der Abschüsse den Himmel, als sich aus dem ersten gemeinsamen Feuerschlag ein geballtes Schnellfeuer entwickelte.

»Mein lieber Mann, die gehen aber kräftig zur Sache, Arne!« schrie Kuddel gegen den Geschützdonner an. »Da möchte ich nicht das Ziel sein!«

»Wenn's unseren Booten Luft verschafft, kann's gar nicht kräftig genug zur Sache gehen!« schrie ich zurück. Batterien anderer Küstenabschnitte fielen in das Schnellfeuer ein. »Scheint ein größerer Verband zu sein, den sie da beharken!«

Der Feuerzauber über der Küste bekam plötzlich eine neue Dimension. In die Abschüsse mischte sich ein widerliches Heulen. Es jagte mir einen Schauer über den Rücken, denn das kannte ich.

»Verdammt, die schießen zurück!« schrie ich. »Und es sind großkalibrige Koffer, Kuddel! Ab in den Bunker!«

Noch bevor wir den schützenden Bunkereingang erreichten, detonierten die Granaten beim Auftreffen auf die Wasseroberfläche der Bucht und schleuderten mit blendendem Feuerschein ihre jaulenden Splitter nach allen Seiten. Das Panzertor schlug hinter uns zu, wir waren in Sicherheit.

Dabei hätten wir uns Zeit lassen können. Das feindliche Artilleriefeuer, behindert durch den Beschuß aus den Bunkern auf dem hohen Felsufer, streute ungezielt die Bucht ab. Auch dort oben detonierten Granaten, prallten jedoch wie Knallfrösche von den dicken Betonwänden ab. Nur ein Glückstreffer in die Schießscharten konnte dort ernstlichen Schaden anrichten.

»Mensch!« atmete Kuddel tief durch. »Das hätte aber echt ins Auge gehen können! Das sind keine Zerstörer und Fregatten, Arne, das sind Dickschiffe! Ist das nur ein *Raid* oder mehr? Der Beginn der Invasion?«

»Invasion? Hier bei uns?« Zweifelnd schüttelte ich den Kopf. »Dafür ist die felsige Küste denkbar ungeeignet. Ein *Raid* mit Dickschiffen, wie schon gehabt, um das Auslaufen unserer Boote zu verhindern, das ist schon eher drin. Es nutzt ihnen nur nichts mehr, die sind schon draußen. Und wenn ich das Grollen richtig deute, dann sind sie auf diesen Verband möglicherweise auch schon zum Schuß gekommen.«

Alles richtig. Dennoch, gerade dieser *Raid* sprach dafür, daß er im Zusammenhang mit der erwarteten Invasion stand. Ich sah auf die Uhr, fünf Uhr. Das war erfahrungsgemäß die richtige Zeit für solche Überfälle, denn im Osten verfärbte die Dämmerung bereits den Himmel. Nicht mehr lange, dann war es taghell. War dieser *Raid* tatsächlich ein Teil der Invasion, dann ging es in Kürze irgendwo an der Kanalküste rund. Ich mußte ans Telefon.

Auf dem Weg zur Zentrale kam mir der Nachrichtenoffizier, Oberleutnant Ahlert, entgegen. »Guten Morgen, Herr Kapitän! Eine Meldung der Marineartillerie: Sie befinde sich mit einem größeren feindlichen Verband im Gefecht. Vor Beginn der Kampfhandlungen seien Torpedotreffer beobachtet worden.«

Ich atmete auf. Also doch Torpedotreffer und keine Wasserbomben. »Dann haben unsere Boote anscheinend Erfolg gehabt. Und ein größerer Verband? Wie groß?«

Ahlert zuckte die Schultern. »Keine Ahnung, Herr Kapitän. Ehe wir nachfragen konnten, brach die Verbindung ab, war die Leitung tot. Wir suchen noch nach dem Grund.«

Ich zuckte zusammen. Die Leitung tot, das klang gar

nicht gut. Grund dafür konnte natürlich ein Treffer sein, der die Leitung unterbrochen hatte. In meinem Kopf formte sich jedoch ein anderer Verdacht. Zählte man zwei und zwei zusammen, dann war es viel wahrscheinlicher, daß die Résistance ihre Hände im Spiel hatte, und zwar nicht dort oben bei den Batterien, sondern hier unten in Brest.

»Haben Sie schon unsere anderen Verbindungen überprüft, Herr Ahlert?«

»Wir sind ...«

Der Fliegeralarm übertönte den fernen Gefechtslärm und schnitt ihm das Wort ab. Im gleichen Augenblick ballerte die Flak los.

»Ein feindlicher Verband vor der Küste, und jetzt auch noch ein Fliegerangriff auf Brest – ein bißchen viel auf einmal, finden Sie nicht? Ich brauche eine Verbindung nach Paris zum BdU! Veranlassen Sie das bitte! Machen Sie es dringend! Ich bin in meinem Dienstzimmer.«

Ahlert starrte mich einen Augenblick sprachlos an, ehe er den Sinn meiner Frage voll erfaßte.

»Sofort, Herr Kapitän!«

*

In meinem Dienstzimmer riß Schreibermaat Knobloch gerade ein Blatt vom Abreißkalender ab. »Guten Morgen, Herr Kapitän! Draußen ist ja wieder mächtig was los.«

Ich nickte, denn der Boden meines Dienstzimmers im Bunker übertrug wieder einmal mehr als deutlich die Schwingungen der Druckwellen detonierender Bomben und Granaten. Der Bunker stand nun mal auf einem sehr labilen Untergrund.

»Morgen, Knobloch!« Mein Blick blieb unwillkürlich an dem neuen Kalenderblatt haften, als ich mich setzte. Es zeigte den 6. Juni 1944. »Ist sogar ein bißchen deftiger als sonst, was? Sagen Sie meinem Aufklarer, er soll mir das Frühstück hierher bringen und dazu eine große Kanne starken Kaffees!«

»Sofort, Herr Kapitän!« Knobloch flitzte hinaus.

Ich rieb mir die müden Augen und wartete, wartete auf die Verbindung mit Paris. Die müßte eigentlich längst stehen, denn Ahlert hatte es bestimmt dringend gemacht.

Ungeduldig trommelte ich mit den Fingern auf meiner Schreibtischplatte. Stand da etwa wieder irgend so ein Fuzzi auf der Leitung oder schliefen die in der Zentrale des BdU noch?

Mein Aufklarer kam mit meinem Frühstück herein und backte mir auf. Ihm folgte Ahlert auf dem Fuße, seine reichlich bedepperte Miene verhieß nichts Gutes.

»Was ist los, Herr Ahlert, sind Sie dem Klabautermann begegnet?« frotzelte ich und griff nach der Kaffeekanne.

»Wenn's der man wäre, Herr Kapitän! Es ist viel schlimmer. Sämtliche Leitungen sind tot. Dafür gibt's nur eine Erklärung: Sabotage. Wie es aussieht, geht jetzt nichts mehr, weder hier in der Stadt noch nach draußen.«

»Ach du Scheiße!« rutschte es mir heraus. Dennoch war ich froh, daß mein Verdacht mich rechtzeitig hatte handeln lassen. »Irrtum, Herr Ahlert, einiges geht doch noch, und zwar über Funk. Lassen Sie alle wichtigen Frequenzen überwachen. Wenn es wirklich die Invasion ist, und davon gehe ich aus, dann werden wir nur über Funk erfahren, wo es brennt. Schicken Sie mir den Bergmann rein. Ich will Kapitän Roloff informieren, was sich hier gegenwärtig abspielt.«

Der Kaffee duftete so verführerisch, daß ich mir die Tasse vollschenkte und gierig trank. Schließlich mußte ich nach dieser durchwachten Nacht wach bleiben. Das Frühstück ließ ich zunächst noch stehen, der Funkspruch war wichtiger. Ich stand auf und trat an die Schlüsselmaschine, um den Text, wie er mir wichtig erschien, zu codieren.

Mit einem kurzen Blick vergewisserte ich mich, daß Knobloch die Walzen auf den neuen Tagescode des Offiziersschlüssels bereits umgestellt hatte. Das war notwendig, weil inzwischen der durchaus berechtigte Verdacht bestand, den Alliierten könnte eine ENIGMA mit dem Schlüssel ›M‹ und allen geheimen Unterlagen unversehrt in die Hände gefallen sein.

»Wenigstens einer, der jetzt noch richtig spurt«, brummte ich und machte mich sofort an die Arbeit. Das Urteil war natürlich ungerecht, entsprach aber genau meiner gegenwärtigen Enttäuschung über die Begriffsstutzigkeit Ahlerts.

Da war seit Tagen immer wieder von der bevorstehenden Invasion die Rede und womit man bei ihrem Beginn rechnen müsse. So auch zuerst mit Sabotageakten gegen die Telefonverbindungen. Nun trat das tatsächlich ein, und bei dem verantwortlichen Offizier fiel nicht sofort der Groschen.

Als der Funkmeister klopfte und eintrat, hatte ich den Text bereits durch meine Codiermaschine gejagt. »Hier, Bergmann, schicken Sie den Text noch einmal durch Ihre Schlüsselmaschine, und dann raus damit! Im übrigen sorgen Sie dafür, daß jeder aufgefangene Funkspruch, mag er auch noch so banal erscheinen, sofort bei mir auf dem Schreibtisch landet. Irgendwo ist jetzt der Teufel los, und ich möchte wissen, wo! Klar?«

Bergmann knallte die Hacken zusammen und salutierte. »Jawohl, Herr Kapitän, völlig klar!«

*

Ich hätte mir den Funkspruch sparen können, denn das, was mir Bergmann wenig später brachte, war lediglich die übliche Bestätigung. Das war seltsam, hatte ich dem BdU doch nicht nur das Auftauchen des feindlichen Schiffsverbandes gemeldet, sondern auch meine eigenmächtige Entscheidung, die Boote auf den bloßen Verdacht hin in See zu schicken. Zumindest das hätte ein Echo haben müssen.

»Und sonst nichts, Bergmann?«

Er schüttelte den Kopf. »Nichts, Herr Kapitän. Nur ein fürchterlicher Wellensalat auf allen wichtigen Frequenzen, aus dem man nicht klug wird, da …«

Er stockte.

Ohne anzuklopfen, kam Ahlert mit allen Anzeichen höchster Erregung ins Zimmer gestürmt. »Bitte um Entschuldigung, Herr Kapitän! Ein FT aus Paris und eine Reihe von Sichtmeldungen.« Er reichte mir eins seiner Blätter, die er in der Hand hielt.

»*Gut gemacht, Thomsen!*« las ich. »*Alle Boote in den Raum Cherbourg / Le Havre beordern! Kapitän Roloff*«

Mir fiel ein Stein vom Herzen. Dennoch fragte ich nach: »Ist das alles? Nur dieser dürftige Text?«

»Aus Paris nur dieses FT. Wir haben jedoch, wie gesagt, eine Reihe von Sichtmeldungen durch U-Boote aufgefangen.« Er blickte auf seine Notizen. »Übereinstimmend melden alle einen stark gesicherten riesigen Flottenverband zwischen der britischen Küste und der

Normandie. Das stimmt mit diesem FT aus Paris und Meldungen der Vorpostenboote der Marinebasen Cherbourg und Le Havre überein. Darüber hinaus habe ich hier eine Alarmmeldung von den Batterien an der Ornemündung, die wir rein zufällig aufgefangen haben: *Starker Beschuß durch einen Flottenverband.*«

»Das klingt nicht nach einem Täuschungsmanöver. Der Löwe hatte also recht, die Normandie. – Bergmann, ein FT an alle unsere Boote: Angriffsziel ist der stark gesicherte Flottenverband vor der Normandie. Angriff, ran, versenken!«

»Offiziersschlüssel, Herr Kapitän?«

Ich schüttelte den Kopf. »Die Alliierten haben die Sichtmeldungen ebenfalls aufgefangen und deuten sie garantiert als solche. Da genügt der Tagescode!«

Mehr konnte ich im Augenblick nicht veranlassen, denn ich hatte keine weiteren seeklaren Boote zur Verfügung. Bergmann gab einem Funkgast buchstäblich die Klinke in die Hand.

Der knallte die Hacken zusammen und salutierte. »Eine Eilmeldung von Radio Dublin, Herr Kapitän! Hier ist die Übersetzung.«

»Und was melden unsere irischen Freunde? Lesen Sie vor!«

»*Wie wir aus gut informierter Quelle erfahren, hat in den frühen Morgenstunden das schon lange erwartete alliierte Landungsunternehmen Overlord, Operation Neptune, gegen die deutschen Befestigungen an der französischen Atlantikküste begonnen. Nach starkem Beschuß durch einen gewaltigen Flottenverband aus unzähligen Schlachtschiffen, Kreuzern und kleineren Kriegsschiffen versuchen amerikanische und britische Invasionstruppen auf dem Küstensaum vor dem soge-*

nannten Atlantikwall in der Normandie Fuß zu fassen. Ihnen schlägt erbitterter Widerstand der deutschen Verteidiger entgegen. Schon jetzt spricht man von schweren Verlusten für die Angreifer. Eine Bestätigung dieser Meldung war von alliierter Seite bisher noch nicht zu erhalten. Auch das deutsche Oberkommando schweigt sich darüber noch aus. Wir werden uns trotzdem bemühen, unsere Hörer über diese Schlacht in der Normandie auf dem laufenden zu halten!«

Der Funkgast schwieg.

»Aus gut informierter Quelle! Nicht zu fassen!« sagte Kuddel Wildenow, der unbemerkt eingetreten war. »Es ist jetzt erst neun Uhr, und die berichten schon darüber! Wie machen die Iren das?«

Ahlert räusperte sich. »Ganz einfach, Herr Kapitän. In den britischen Einheiten dienen auch viele Iren, habe ich mir sagen lassen, da sickert schnell etwas durch. Ein Wunder, daß Radio Dublin nicht schon früher damit herausgerückt hat.«

»Und woher wissen Sie das, Herr Ahlert?« fragte Kuddel.

»Ich bin vor dem Krieg als Schüler in den Sommerferien bei irischen Freunden meines Vaters in Irland zu Gast gewesen. Da habe ich einiges aufgeschnappt. Die Arbeitslosigkeit ist in Irland sehr hoch, da verdingen sich viele Iren in England, obwohl sie für die Briten ansonsten nicht viel übrig haben.«

»Aber das ist doch allgemein bekannt, Herr Wildenow«, sagte ich und wandte mich an meinen Nachrichtenoffizier. »Jetzt geht es dort um alles. Bleiben Sie darum mit Ihren Leuten dran, Herr Ahlert! Ich möchte über alles informiert werden.«

*

An diesem Tage blieben die Sendungen Radio Dublins die einzige Nachrichtenquelle, die von Stunde zu Stunde immer ausführlicher wurde. Der Tagesbefehl des Oberbefehlshabers der Kriegsmarine und BdU, Dönitz, der irgendwann einging, sagte dagegen weit weniger aus. Genaugenommen beschränkte er sich lediglich auf den Befehl, die Invasionsflotte ohne Rücksicht auf Verluste anzugreifen und zu vernichten. Und BBC hielt sich ebenfalls zurück.

»Ein bißchen mager, was?« meinte Störmer mit skeptischer Miene, als wir nach dem gemeinsamen Mittagessen in der Messe noch zusammensaßen. »Und was der Großdeutsche Rundfunk mit seinem Wehrmachtsbericht von sich gibt, das trägt doch die Katze auf dem Schwanz weg.«

»Wundert Sie das?« brummte Wildenow und holte tief Luft. »Mich nicht. Das ist doch ...«

»Moment mal! Bevor uns wieder etwas dazwischen kommt – wollten wir beide uns nicht zusammensetzen, um eine diffizile Angelegenheit durchzusprechen?« bremste ich ihn und stand auf. »Ich schlage vor, wir gehen dazu in mein Zimmer, da sind wir ungestört, ja?«

Das war ein Befehl. Kuddel blieb gar nichts anderes übrig, als aufzustehen und mir zu folgen. Kaum hatte sich die Tür hinter uns geschlossen, nahm ich ihn auf die Hörner.

»Du hast wirklich ein trauriges Geschick, von einem Fettnapf mit beiden Beinen in den nächsten zu springen. Du bringst dich damit noch um Kopf und Kragen, Mensch! Das war doch eben wieder so ein Anlauf dazu.«

»Aber wieso denn, ich wollte doch bloß ...«

»Was du wolltest, das war nicht zu überhören. Paß

auf, Kuddel, und das ist jetzt bitter ernst. Kaum habe ich dir neulich aus der Klemme geholfen, in die du dich bei deinem Leistungssaufen mit deinen despektierlichen Reden gebracht hast, kübelst du dir wieder einen an und erzählst politische Witze, die man sich tunlichst nur in einem absolut vertraulichen Kreise erzählt.«

Er starrte mich offenen Mundes an. »Wie ... Ach das meinst du! Aber das war doch in der Messe und ...«

»... in der Messe, genau!« unterbrach ich ihn. »Was meinst du wohl, warum ich den Wollenweber dazu gebracht habe, bei dem Lindner, diesem Kommißknüppel, als II WO einzusteigen, ha?«

Bei ihm fiel der Groschen wieder einmal pfennigweise. »Den Wollenweber? Was habe ich denn mit dem zu tun?«

»Wollenweber war der, der dir mit deinem dämlichen Gequatsche beim Leistungssaufen bei mir einen Bonbon ans Hemd zu kleben versucht hat, wie es der Possehl so passend auf den Punkt gebracht hat. Und warum hat er das versucht?«

Der Wein vom Mittagessen blockierte in Kuddels Kopf offenbar wieder die entsprechenden Gehirnzellen, denn er schwieg.

»Wollenweber hat sein Abitur an einer Napola gemacht. Was eine Napola ist, weißt du hoffentlich, oder?«

Er nickte völlig verdonnert.

»In dessen Ohren klangen deine Witze geradezu wie eine Majestätsbeleidigung. Der konnte darüber nicht lachen und tat es auch nicht. Der registrierte, du Dussel! Ein leibhaftiger Korvettenkapitän und Ritterkreuzträger kritisiert in aller Öffentlichkeit die Berichterstattung über den Kriegsverlauf und macht sich über die politische Führung lustig! Und das im Endkampf für Führer, Volk und Vaterland! Wehrkraftzersetzung nennt man das, mein Lieber!«

Kuddel ging endlich ein Licht auf. »Du meinst, dieser Scheißkerl ist einer der hundertprozentig Vernagelten? Und der könnte ...?«

»Der könnte nicht bloß, der kann! Und was ist dann das Ergebnis? Du schaust zuletzt in die auf dich gerichteten Gewehrmündungen eines Erschießungskommandos, und das ist kein schöner Anblick!« Ich schwieg, um meine Worte wirken zu lassen. »Und darf ich dich mal an was erinnern, Kuddel? Du gehörst nicht zu meiner Flottille, du unterstehst noch immer der 29. U-Flottille im Mittelmeer, zumindest nominell. Bei aller Freundschaft, mein Lieber, ich bin erst erleichtert, wenn du mit deinem Eimer in See bist. Dann habe ich nämlich solche Probleme nicht auch noch am Hals, kapiert? Die hier reichen mir voll und ganz!«

Das waren harte Worte, und so wirkten sie auch. Es verschlug Kuddel glatt die Sprache. Er rappelte sich von seinem Stuhl hoch, als laste eine Zentnerlast auf seinen Schultern, und schaute mich mit einem Hundeblick an, daß ich mir mit einmal regelrecht gemein vorkam.

»Versteh mich bitte nicht falsch, Kuddel. Aber soll ich zusehen, wie du dir selbst den Strick um den Hals legst?« versuchte ich, meiner Standpauke den Stachel zu nehmen. Schließlich hatte er mir einmal das Leben gerettet. »Was ich eben gesagt habe, wird dir hoffentlich klarmachen, auf welch dünnem Eis wir uns jetzt alle bewegen, wo die Gestapo hinter jeder kritischen Bemerkung gleich einen Volksfeind und Vaterlandsverräter vermutet. Es soll dich vorsichtiger machen. Du kannst denken, was du willst, aber behalte es gefälligst für dich, bevor du damit auf die Schnauze fällst. Wir wollen doch beide das Kriegsende lebend erleben, oder?«

Er nickte. »Du hast ja recht, Arne. Ich bin ein vertrauensseliger Trottel, der die Zeichen der Zeit noch immer nicht erkannt hat, deshalb danke ich dir für deine offenen Worte.«

*

Am Abend dieses ereignisreichen Tages stand für mich und vermutlich auch für die im B-Dienst des Flottillenstabes tätigen Männer fest, daß der Krieg in seine alles entscheidende Phase getreten war. Laut BBC und Radio Dublin war es den Alliierten gelungen, an der normannischen Küste Fuß zu fassen, Brückenköpfe zu bilden und den als unüberwindbar propagierten Atlantikwall an zahlreichen Stellen zu durchbrechen. Dank der erdrückenden Luftüberlegenheit seien Fallschirmjäger und Truppen mit Lastenseglern an strategisch wichtigen Punkten hinter den deutschen Linien abgesetzt und alle Gegenangriffe schon im Ansatz zerschlagen worden. Zugleich habe die französische Widerstandsbewegung die deutschen Nachschubwege und Nachrichtenlinien zerstört.

Der deutsche Wehrmachtsbericht klang völlig anders. Im Feuer der deutschen Batterien und der heldenhaften Verteidigung sei der alliierte Landungsversuch gescheitert. Die Invasoren seien unter schweren Verlusten an Menschen und Material ins Meer zurückgeworfen worden.

Beide Versionen des Kriegsgeschehens in der Normandie machten natürlich durch den sogenannten Bordfunk innerhalb der Flottille schnell die Runde. Unschwer ließ sich an den Gesichtern ablesen, welcher Version man mehr Glauben schenkte.

»Das Vokabular kennt man doch, Herr Kapitän«, urteilte selbst mein Nachrichtenoffizier Ahlert ganz offen, der sich bisher immer jegliche Wertung der deutschen Kriegsberichterstattung verkniffen hatte. »Warum schenkt man uns nicht reinen Wein ein? Man macht sich doch vor dem neutralen Ausland nur lächerlich, wenn man zunächst bestrittene Niederlagen später doch zugeben muß.«

»Reine Taktik, Herr Ahlert«, meinte der Flottilleningenieuroffizier, Oberleutnant Ing. von Bückwitz, und grinste süffisant. »Man will eben dem Gegner keine Hilfestellung leisten. Die Alliierten sind nämlich so dämlich, daß sie zwischen Erfolg und Mißerfolg nicht unterscheiden können. Wissen Sie denn das nicht?«

Die Zuhörer in der Messe schmunzelten. Ich verkniff mir eine Stellungnahme dazu, weil Funkmeister Bergmann mit einem FT-Formular an der Tür auftauchte und sich suchend umsah. Als er Ahlert und mich entdeckte, kam er auf uns zu geeilt.

»Ein FT, Herr Kapitän, eben eingegangen! Offiziersschlüssel.«

»Geben Sie her, Bergmann, ich jage das mal eben durch die ENIGMA«, sagte Ahlert und verließ im Geschwindschritt die Messe.

»Erkennbar, von wem das FT stammt?« fragte ich Bergmann, ehe der ihm folgen konnte.

Eine dumme Frage, denn den Anweisungen entsprechend war das natürlich auch nur mit dem Offiziersschlüssel lesbar.

Prompt zuckte Bergmann die Schultern. »Keine Ahnung, Herr Kapitän. Ich vermute aber, es stammt von einem unserer Boote.«

Und damit lag er richtig, wie ich aus dem Text ersah,

den mir Ahlert wenig später reichte. Das FT war eine Sichtmeldung und kam von U 775.

»*Ungewöhnliche starke gestaffelte U-Jagdgruppen-Massierung 49°N, 3°30' W, unterstützt von Jagdbombern, Durchbruchversuche bisher gescheitert. Zwei Torpedotreffer auf Anmarsch. Possehl.*«

»Mut hat er ja, der olle Possehl, das muß man ihm lassen«, brummte von Bückwitz anerkennend. »Funkt, obwohl es dort von *hunting groups* wimmelt! Hoffentlich geht das nicht ins Auge. Die peilen ihn doch glatt ein.«

»Wird schon nicht, Herr von Bückwitz. Der alte Fuchs weiß genau, was er macht. Und zwei Aale hat er auch schon anbringen können.« Ich gab Ahlert die Sichtmeldung zur weiteren Veranlassung. »Die Positionsangaben lassen Sie halbstündlich erneut verschlüsselt über die U-Bootwelle geben, Herr Ahlert. Kann sein, daß das eine oder andere Boot Possehls Meldung nicht aufgefangen hat und sonst den U-Jägern ahnungslos in die Fänge läuft.«

Bergmann und Ahlert schwirrten ab.

»Seltsam«, sagte Störmer. »Sieht man mal von den unterbrochenen Telefonverbindungen ab, dann ist doch die Résistance im Gegensatz zu den Radiomeldungen bei uns hier in Brest bis jetzt noch nicht so aktiv geworden, Herr Kapitän. Meines Wissens hat es doch auf deutsche Einrichtungen bisher überhaupt noch keine direkten Anschläge oder gar Überfälle gegeben. Dabei gibt es hier weitaus kriegswichtigere Objekte, beispielsweise die Treiböltanks und das Arsenal, deren Zerstörung uns viel empfindlicher träfen.«

Ehe ich antworten konnte, kam mir von Bückwitz zuvor. »Letzteres ist richtig, Herr Störmer. Aber die Widerstandsbewegung ist hier ebenfalls aktiv, und das trifft auch uns. Die französischen Arbeitskräfte sind heute morgen nicht zur Arbeit erschienen, und das lag nicht an dem Fliegerangriff und dem Beschuß in der Morgendämmerung.«

»Woran liegt es dann Ihrer Meinung nach, Herr von Bückwitz?«

»Die haben kalte Füße gekriegt, Herr Kapitän. Ein Teil unserer Arbeiter hat mit ziemlicher Sicherheit der Résistance angehört und uns ausspioniert. Die wußten also, was diese merkwürdigen Sprüche in den Sendungen der BBC bedeuteten und haben daher ihre Landsleute unter Druck gesetzt. Wer jetzt noch für die *boches*, wie sie uns heimlich nennen, arbeitet, wird nach dem Sieg der Alliierten zur Rechenschaft gezogen. Und daß die an den Sieg angesichts der Material- und Luftüberlegenheit glauben, kann doch von uns keiner ernstlich bezweifeln, oder?«

Seine Frage war mehr an die Zuhörer als an mich gerichtet. Die nickten, denn er hatte ja recht. Die Franzosen hatten eben aus der Geschichte gelernt. Der Krieg 1914/18 war ja auch erst durch das Eingreifen der Amerikaner entschieden worden.

»Und was bedeutet das für uns? Hat das irgendeinen Einfluß auf den Gang der Reparaturen?« fragte ich.

»Schon, Herr Kapitän. Wir müssen die Arbeiten neu verteilen, das wird Zeit kosten. Außerdem werden uns schon bald Ersatzteile aus dem Zentrallager fehlen, wenn die Franzosen die Nachschubwege tatsächlich unterbrochen haben. Bei U 796 und U 114 gibt es keine Probleme, die Boote sind in Kürze frontklar. Bei den anderen wird es ein wenig länger dauern.«

»Ein wenig länger, Herr von Bückwitz?« hakte Störmer, Kommandant von U 115, sofort nach. »Wie lange?«

Der zuckte bedauernd die Schultern. »Tut mir leid, Herr Störmer, das kann ich nicht genau sagen, ich habe den Reparaturplan nicht dabei. Aber zwei, drei Wochen können dabei schon zusammenkommen. Das hängt davon ab, ob wir die Ersatzteile auf Lager haben oder erst vom Zentrallager anfordern müssen. Auch das kann dauern, weil es für einige Teile leider in Deutschland Engpässe gibt. Wir tun schon, was wir können.«

»Da lacht die *Koralle*, was, Herr Störmer?« stichelte Kuddel Wildenow und zog grinsend das linke Augenlid mit dem linken Zeigefinger herunter. »Holzauge sei wachsam.«

Störmer grinste zurück und erwiderte die Geste. »Na klar, Herr Kapitän. Ich bin natürlich entsetzt! Weil es doch um den Endsieg geht! Obwohl ... ach, lassen wir das lieber.«

Ich erstarrte. Dem Wildenow hatte ich das Maul gestopft, jetzt fing der Störmer auch noch an, sich über die politische Phraseologie lustig zu machen! Mein Blick ging in die Runde. Ich blickte nur in verständnisvoll grienende Gesichter. Störmers Romanze mit der Ärztin hatte sich natürlich längst herumgesprochen, jeder kannte mehr oder weniger die Details, den Rest hatte der Bordfunk besorgt.

Verdammt, wurde ich jetzt überempfindlich und witterte überall Gefahr, wenn solche spöttischen Bemerkungen fielen? Der Wollenweber war doch auf See, und sein Kommandant Lindner zog ihm garantiert die Hammelbeine lang und trieb ihm die Flausen aus, wenn der ihm solche Phrasen auftischte.

Trotzdem, konnte ich sicher sein, daß es unter meinen jungen Offizieren nicht doch den einen oder anderen gab, der durch eine ähnliche Schulung gegangen war?

Dem die Hitlerjugend ebenfalls das Denken vernagelt hatte?

Mißtrauisch musterte ich erneut die junge Garde. Ich wurde prompt eines Besseren belehrt, und zwar ausgerechnet von dem Oberleutnant zur See Busch, II WO auf U 796, der auf seiner Brust neben seinen Kriegsauszeichnungen das HJ-Leistungsabzeichen in Gold und auch noch das goldene HJ-Mitgliedsabzeichen trug, das ihn als einen »Alten Kämpfer der HJ vor 1933« auswies.

»Da kann man ja direkt neidisch werden, Herr Kaleu! Ich wäre nämlich nicht entsetzt, sondern hocherfreut über so einen glücklichen Umstand!« krähte er fröhlich los und erntete lautes Gelächter. »Können wir nicht tauschen?«

Lachend schloß sich ihm sein Kommandant, Kapitänleutnant zur Mühlen, an: »Dagegen hätte ich auch nichts, Herr Busch! Und dann eine so hübsche Ärztin als Zugabe? Da könnte ich direkt vergessen, daß man mich für einen absoluten Weiberfeind hält!«

Ich lachte laut mit, denn zur Mühlen war als das genaue Gegenteil verschrien. Der ließ nämlich nichts anbrennen, wenn es um Frauen im allgemeinen und willige Marinehelferinnen im besonderen ging.

Das brach bei mir den Bann. Ich sah also die Sache wieder einmal viel zu eng. Das verdankte ich diesem vermaledeiten Wollenweber. Es war ja eigentlich auch nur die spöttische Anspielung auf dieses von der Propaganda geprägte Wort »Endsieg« gewesen, die politischen Anstoß hätte erregen können.

Die *Koralle* war dagegen eine Illustrierte, über deren lustiger Seite dieser Spruch prangte. Und das »Holzauge sei wachsam« mit der entsprechenden Handbewegung war nicht nur in der Marine gang und gäbe. Es kennzeichnete ganz allgemein eine günstige Gelegenheit, die es auszunutzen galt.

*

Vom nächsten Morgen an war es mit dem fröhlichen, unbeschwerten Gelächter vorbei. Briten und Amerikaner hatten, laut Radio Dublin und BBC, in der kurzen Nacht ihre Brückenköpfe ausbauen und bis zum Morgen trotz der heftigen Gegenwehr weitere Kampftruppen und sogar schweres Kriegsgerät an Land bringen können. Angriffe der deutschen Kriegsmarine aus den Kanalhäfen und der vom Atlantik her operierenden U-Boote auf die alliierte Landungsflotte seien von dieser erfolgreich vereitelt worden.

Der Atlantikwall habe in der Normandie durch die zahlreichen alliierten Durchbrüche mehr und mehr an Bedeutung verloren.

»Eine böse Überraschung, diese Landung in der Normandie, Herr Kapitän«, meinte Ahlert, als er mir die Nachrichten auf den Tisch legte. »Wenn es jetzt nicht gelingt, die Einbrüche abzuriegeln und die Briten und Amerikaner zurückzuschlagen, dann gehen in Kürze bei uns hier die Lichter aus.«

Es gelang nicht, wie aus dem Text des Wehrmachtsberichtes zwischen den Zeilen herauszulesen war. Die Alliierten beherrschten das Kampfgeschehen, und das bekamen auch wir in Brest zu spüren. Der Fliegeralarm wurde zu einem Dauerzustand, das Abwehrfeuer der Flak zu einer nicht abreißenden Begleitmusik für den Tagesablauf. Jagdbomber stürzten sich auf alles, was sich im Hafen und in der Stadt bewegte.

Unter diesen Umständen war es unmöglich, dem Befehl der Seekriegsleitung an alle in Brest stationierten

Marineeinheiten Folge zu leisten, unverzüglich in See zu gehen, um in den Abwehrkampf einzugreifen.

»Die verkennen da oben völlig die Lage, Herr Kapitän«, moserte mein Chef des Flottillenstabes Schrader bei der Besprechung im Lageraum. »Wer diesen Tag auch nur halbwegs unbeschadet überlebt, kann nur in der Nacht aus dem Hafen humpeln und hoffen, daß er den freien Atlantik unbeschadet erreicht.«

Der Standortkommandant, dem alle Einheiten des Heeres und der Waffen-SS in Brest unterstanden, sah die Situation viel nüchterner als die Kommandostellen in Paris und in Deutschland. Das ließ allein schon seine auch an die Dienststellen der Marine und der Luftwaffe gerichtete Einladung zu einer Lagebesprechung in seinem Befehlsbunker erkennen.

Sie wurde mir von einer schwerbewaffneten Eskorte überbracht und war für 23 Uhr angesetzt. Er ließ mich und die Chefs der 1. und der 9. U-Flottille durch einen Panzerspähwagen abholen, das fanden wir sehr umsichtig. Seinen Vorgänger hatte ich seinerzeit bei meinem Antrittsbesuch kennengelernt, dann hatte ein Wechsel stattgefunden. Seitdem war ich ihm noch nicht begegnet.

Ich war angenehm überrascht. Er war ein sehr jung wirkender, drahtiger Oberst der Infanterie mit der Brust voller Kriegsorden. Seinen Ärmel zierten sogar vier Panzerabschußabzeichen als Einzelkämpfer. So ein richtiger Haudegen also, der auf den verschiedensten Kriegsschauplätzen seinen Mann gestanden hatte, und das machte ihn mir sehr sympathisch.

Nach der Begrüßung kam er auch gleich zur Sache. »Meine Herren, ich habe vertrauliche Informationen, die von den offiziellen Verlautbarungen erheblich abweichen. Die absolute alliierte Luftüberlegenheit, die wir ja inzwischen hier in Brest selbst zu spüren bekommen, hat die Heranführung deutscher Reserven entscheidend verhindert, so daß es nicht gelungen ist, die Angreifer schon am ersten Tag ins Meer zurückzuwerfen. Das ist nach meinen Erfahrungen ein Nachteil, der durch die Erfolge der Briten und Amerikaner an diesem Tage noch bestätigt wird. Der Kampf spielt sich an vielen Stellen schon nicht mehr vor dem Atlantikwall, sondern hinter ihm ab.« Er trat an die Frankreichkarte, die ein Gefreiter hinter ihm aufgezogen hatte. »Nicht anders ist es mit den an strategisch wichtigen Punkten im Hinterland gelandeten Truppen, die den Nachschub blockieren und Kampftruppen binden, die dringend an der eigentlichen Front gebraucht werden.«

Er tippte mit dem Zeigestock auf eine ganze Reihe von Punkten, um seine Worte zu unterstreichen. Alle Achtung, der ist ja noch besser als ich informiert, dachte ich. Der mußte Verbindungen zum Generalstab oder so haben, denn so genaue Angaben hatten nicht einmal BBC und Radio Dublin gemacht.

»Ich lass' mich nicht gern überraschen, meine Herren, deshalb möchte ich vorbeugen. Gelingt unseren Streitkräften nicht ein Gegenangriff, der die Angriffskraft des Feindes vernichtend bricht, schafft der inzwischen so viele Menschen mit schwerem Kriegsmaterial an Land, daß auch wir hier irgendwann einen harten Stand haben werden. Das kann sein, kann aber auch nicht sein. Wir sollten also mit allem rechnen.«

Er griff nach einem Glas Wasser, um zu trinken. Das war aber wohl eher eine rhetorische Kunstpause, um die Wirkung seiner Worte zu beobachten.

Der Luftwaffenmajor neben mir hob die Hand. »Wie meinen Sie das, Herr Oberst?«

»Eine gute Frage. Ihre Flak sollte sich beispielsweise auch auf den Erdkampf vorbereiten, das hat uns in Rußland und auf dem Balkan sehr geholfen. Wir alle sollten uns darauf vorbereiten, auch die Kriegsmarine. Sie kennen den Befehl des Führers, der uns verpflichtet, bis zur letzten Patrone zu kämpfen.« Er fixierte die Runde. »Meine Informanten glauben nicht, daß dieser Befehl für die Atlantikhäfen aufgehoben und ihre Evakuierung befohlen wird, um eine neue Auffangfront gegen die Alliierten aufzubauen und ihren eventuellen Vormarsch zu stoppen. Wohlgemerkt, noch ist es eine rein hypothetische Erörterung für den Fall ›Wenn‹, der hoffentlich nicht eintreten wird.«

Raffiniert, so muß man es also machen, dachte ich. Der weiß mehr und glaubt darum auch nicht, daß die Briten und Amerikaner noch zu stoppen sind. Dennoch verschanzt er sich hinter dieser seltsam hochgestochenen Sprachkonstruktion einer »rein hypothetischen Erörterung«. Und warum? Weil er sich gegenüber eventuellen Anschuldigungen, er treibe Wehrkraftzersetzung, den Rücken freihalten will; denn zu dem eingeladenen Kreis gehörten ja neben den Chefs der 1. und 9. U-Flottille auch SS-Offiziere.

Das machte mich zunehmend mißtrauisch. Was wollte er wirklich von uns? Die Besprechung hatte einen ganz realen Hintergrund und verfolgte einen ganz bestimmten Zweck. Vor welchen Karren wollte er uns spannen?

An diesem Punkt meiner Überlegungen angekommen, hob ich die Hand. »Sie sprachen von der Kriegsmarine und von der Vorbereitung auf den Erdkampf. Wen von uns und wie wollen Sie die denn in Ihre Planungen einbeziehen? Ich bin der Chef der 15. U-Bootflottille, die gegenwärtig mit allen ihren seeklaren Booten in heftigen Kämpfen mit dem Feind in See steht. Meine Männer sind alles Spezialisten und daher absolut unabkömmlich.«

»Richtig, Herr Korvettenkapitän! Ich dachte ja auch nicht an die U-Bootbesatzungen, sondern in erster Linie an die Männer der im Hafen versenkten Überwassereinheiten und an die im Ernstfall entbehrlichen Verwaltungskräfte. Die haben ja in der Rekrutenkompanie alle gelernt, mit Handfeuerwaffen umzugehen«, ließ er die Katze aus dem Sack, nämlich die Rekrutierung von Kampfgruppen aus allen anderen Wehrmachtsteilen. »Mal eine hypothetische Gegenfrage: Was machen Sie, wenn Ihre U-Boote nicht mehr nach Brest zurückkehren können, weil die alliierten Streitkräfte die Einfahrt in die Bucht blockieren?«

Ich grinste ihm in das gespannte Gesicht und stand auf. »Ach wissen Sie, Herr Oberst, meine Kommandanten kennen da eine Reihe spezieller Tricks, mit denen sie es bisher immer wieder geschafft haben, raus und wieder rein zu kommen. Und wenn die wider Erwarten nicht mehr ziehen sollten, wird sich der BdU schon etwas einfallen lassen. Der U-Bootkrieg hat im Kampf um den Endsieg allerhöchste Priorität. Ich glaube daher nicht, daß Sie mit unseren Männern für den Erdkampf rechnen können. Ich darf Ihnen für die Einladung zu dieser außerordentlich interessanten Erörterung danken, bedauere jedoch, daß mich der Kampfeinsatz meiner Boote gegen die alliierte Landungsflotte und deren Nachschub linien daran hindert, an ihr weiterhin teilzunehmen.«

Der Oberst starrte mich verblüfft an. Ich salutierte und verließ den Raum, ehe er mich aufhalten konnte.

Ich hätte mich daran von ihm auch nicht hindern lassen. Wie konnte ich denn auch ahnen, daß in der Führungsspitze bereits zu diesem Zeitpunkt solche Gedankenspiele betrieben wurden und dieser erfahrene Haudegen schon als möglicher Kampfkommandant gehandelt wurde?

Der Panzerspähwagen brachte mich zur Flottille zurück.

*

Der erste Schock war vorüber. In den Folgetagen »normalisierte« sich das Leben im U-Bootstützpunkt. Das heißt, wir begannen, mit den ständigen Fliegerangriffen und den schlechten Nachrichten von der Invasionsfront zu leben. Dazu trug bei, daß es in der bretonischen Bevölkerung ruhig blieb und auch außerhalb des Stützpunktes keine Überfälle und Anschläge gab, die den Krieg direkt nach Brest hineingetragen hätten.

Das lag vermutlich daran, daß Tag und Nacht zahlreiche schwerbewaffnete Heeres- und Marinestreifen in der Stadt patrouillierten, die sofort jede Art von Aufruhr im Keim erstickt hätten. In diesem Schutz war es möglich, den Mannschaften, deren Boote sich in Überholung oder Reparatur befanden, zumindest tagsüber Landgang zu gewähren; sie kamen von einem nervenaufreibenden Fronteinsatz herein, hatten plötzlich viel freie Zeit und mopsten sich.

Viel war ja seit dem Beginn der Invasion in Brest nicht mehr los. Die ganzen anrüchigen Etablissements, die Puffs, wie sie für eine so alte Hafenstadt üblich waren, hatten ihre einladenden Pforten geschlossen. Die Kontakte zu den französischen Familien, die es bis dahin gegeben hatte, waren jäh abgerissen. Da blieben nur die

Marinehelferinnen und Krankenschwestern, die aber überwiegend in den festen Händen der in Brest stationierten Wehrmachtsangehörigen waren.

Da waren Kaleu Störmer und seine Ärztin glücklicher dran. Ein glückliches, von vielen beneidetes Liebespaar, das jede freie Minute des Zusammenseins genoß. Dennoch war es nur ein Glück auf Zeit, wie es für U-Bootfahrer typisch war. Sobald der für die Werft zuständige Ingenieuroffizier U 115 wieder für einsatzfähig erklärte, was ja abzusehen war, schlug die Stunde des Abschieds. Dann fuhr Störmer einem ungewissen Schicksal entgegen.

Wie ungewiß, das bewiesen die hohen Verlustzahlen, die die BBC triumphierend meldete, und die vielen U-Boote, die vom Einsatz an der Invasionsfront stark beschädigt in die schützenden Bunker zurückgekrochen kamen. Schon bald vermochten die U-Bootbunker die Opfer alliierter *hunting groups* und Jagdbomber kaum noch aufzunehmen.

Eines dieser Boote war U 779. Den Turm und das Angriffssehrohr demoliert, hatte es offensichtlich vorzeitig umkehren müssen und sich mit viel Glück durch die vor der Durchfahrt in die Brester Bucht lauernden Briten hindurchmogeln können. Begleitet vom einsetzenden Abwehrfeuer der Flak, schlüpfte es gerade noch in den schützenden Bunker, bevor einer der einkurvenden Jagdbomber das angeschlagene Boot unter Beschuß nehmen konnte.

»Sieht nicht gut aus, Herr von Bückwitz. Keine Siegeswimpel am Turm, nur noch lauter erfolglose Krüppel, die lädiert in den Bunker schleichen«, sagte ich leise, während das Boot festmachte und die Besatzung an Deck antrat.

»Von der Frontflottille zum Reparaturbetrieb für die Mühseligen und Beladenen, Herr Kapitän. Einige sind so stark beschädigt, daß eine Reparatur unsere Möglichkeiten glatt übersteigt. Außerdem schmilzt unser Vorrat an Ersatzteilen und Material rasend schnell zusammen«, gab er ebenso leise zurück. »Für mich wächst sich das langsam zu einer Horrorvision aus.«

Ein Besatzungsüberhang durch irreparable Boote? Mir fuhr der Schreck in die Glieder, denn ich dachte an die Besprechung bei diesem Heldenklau, diesem Standortkommandanten, der schon jetzt überzählige Marineangehörige für den Erdkampf zu rekrutieren versuchte. Bloß das nicht! U-Bootfahrer als Kanonenfutter, das hatten meine Männer nicht verdient!

»Du lieber Himmel, Herr von Bückwitz! Kein Wort darüber zu irgendwem, daß wir plötzlich einen Besatzungsüberhang durch irreparable Boote haben könnten! Das ist ein Befehl!« zischte ich ihm ins Ohr. »Zu keinem, klar? Die suchen schon jetzt Kanonenfutter für die Verteidigung Brests, falls die Alliierten irgendwann vor der Stadt erscheinen sollten!«

Er klappte die Hacken zusammen. »Völlig klar, Herr Kapitän.«

Laut hallte das Zwitschern der Bootsmannsmaatenpfeife von den Betonwänden wider, als der Kommandant, Kaleu Lindner, über die Gangway an Land gestelzt kam und sich salutierend vor mir aufbaute.

»Melde gehorsamst, U 797 vorzeitig von Feindfahrt zurück, Herr Kapitän. Wir mußten umkehren, weil uns ein Jagdbomber mit seinen Bordwaffen die Brücke und das Angriffssehrohr zerschrotet hat, bevor wir ihn runterholen konnten. Zwei Tote und vier Verwundete.«

»Danke, Herr Lindner!« erwiderte ich seinen Gruß

und schüttelte ihm die Hand. »Zwei Tote, vier Verwundete, so schlimm?«

Er machte seinem I WO ein Zeichen, die Mannschaft wegtreten zu lassen, bevor er antwortete. »Viel schlimmer, Herr Kapitän. Unsere Boote laufen nicht nur den zahlenmäßig überlegenen britischen Jagdgruppen voll ins Messer. Die Jagdmethoden, die absolute Luftherrschaft und neue, verbesserte Geräte haben die Abwehrfront der Alliierten schier unüberwindlich gemacht. Gerettet haben uns lediglich der Schnorchel und die Flucht in dichtere Salzwasserschichten in der Tiefe. Gegen die dortigen Geisterechos ist ihr suchendes ASDIC noch immer machtlos.«

Ich nickte. Der Schnorchel und die Geisterechos, das waren die beiden einzigen Möglichkeiten, die unsere Boote der überlegenen Technik der Alliierten jetzt noch entgegensetzen konnten. Der Schnorchel, eigentlich nur ein ganz simples Doppelrohr mit einem Ventilkopf gegen überkommendes Wasser, erlaubte den getauchten Booten, die lärmenden Diesel zu benutzen und die Batterien für die kaum hörbaren E-Maschinen wieder aufzuladen.

Mit seiner Hilfe konnten sie theoretisch wochenlang unter Wasser operieren, ohne durch feindliches RADAR geortet zu werden. Er saugte nämlich Frischluft von der Wasseroberfläche ins Boot und blies die giftigen Abgase der Diesel nach oben. Dennoch war sein Gebrauch nicht unproblematisch.

Die stampfenden Diesel waren mit den empfindlichen Horchgeräten der *hunting groups* leicht zu orten, denn sie waren unter Wasser meilenweit zu hören. Sie überdeckten außerdem in den Gruppenhorchgeräten (GHG) der U-Boote die nahenden Schraubengeräusche ihrer Jäger, bis es zu spät war. Deshalb wurden die Diesel immer wieder in Abständen gestoppt, um mit den eigenen Horchgeräten in die Runde zu lauschen.

Das zog allerdings nur, wenn der Verfolger kein alter Hase war. Nach fünf Kriegsjahren waren die meisten Verfolger jedoch alte Hasen, die den Trick kannten und die Maschinen ebenfalls schnell stoppten, bis die Diesel wieder ansprangen. Aus der Verfolgung wurde dann ein regelrechtes Katz- und Mausspiel mit ungewissem Ausgang.

Nicht anders war es mit der Flucht in die große Tiefe, in der dichtere Salzwasserschichten den suchenden Strahl des Sonargerätes (ASDIC) reflektierten und dem Mann am Gerät mit Geisterechos ein U-Boot vorgaukelten, wo gar keines mehr war. Aber auch das war inzwischen ein zweischneidiges Schwert geworden. Das Boot mußte in eine Tiefe unter hundertachtzig Meter hinunter, für die es gar nicht konstruiert worden war, und die Verfolger warfen jetzt auch Wasserbomben, die unter zweihundert Meter Tiefe detonierten. Da genügte ein geringer Schaden an seinem Druckkörper, und der enorme Wasserdruck preßte den Bootskörper wie eine leere Konservendose zusammen.

»Zwei Tote, vier Verwundete sagten Sie? Das ist mehr als bedauerlich, Herr Lindner.« Ich wandte mich an Schrader, der hinter mir stand. »Sie haben es gehört, zwei Tote, vier Verwundete, Herr Schrader. Ich möchte nachher mit Herrn Lindner den schriftlichen Bericht darüber durchgehen. Veranlassen Sie daher bitte inzwischen das Notwendige. Und Sie, Herr von Bückwitz, kümmern sich bitte um die möglichst schnelle Beseitigung der Schäden, damit das Boot wieder in See gehen kann.«

*

Ich ging den schriftlichen Bericht Lindners durch und war wieder einmal überrascht. Ich mußte Lindner im stillen Abbitte leisten. Er war nicht nur der engstirnige Kommißknüppel, als der er von seinen Kritikern verschrien war, sondern auch ein überaus fähiger und gewissenhafter Kommandant, der nicht nur registrierte, sondern daraus auch seine Schlüsse zog. So war auch sein Bericht sehr ausführlich und enthielt ganz präzise Angaben über die militärische Situation vor der Brester Küste und im Seegebiet vor der Normandie.

»Ihr sehr ausführlicher Bericht verschafft mir einen umfassenden Überblick über die Situation auf See, wofür ich dankbar bin. Er bestätigt aber auch leider meine schlimmsten Befürchtungen, Herr Lindner. Es sieht nicht gut aus. Oder sehen Sie das anders?«

Er zögerte einen Augenblick. »Eine offene, ehrliche Antwort, ohne daß dadurch gleich Zweifel an meiner Kampfmoral aufkommen, Herr Kapitän?«

Ich horchte auf, so kannte ich ihn ja gar nicht. »Du lieber Himmel, Zweifel an Ihrer Kampfmoral! Wie kommen Sie denn auf diese Schnapsidee? Natürlich ehrlich und offen, sonst würde ich Sie nicht fragen, verdammt nochmal!«

Er grinste und hob entschuldigend die Hände. »Kein Mißtrauen, Herr Kapitän, nur reine Vorsicht. Ich habe die Erfahrung gemacht, daß manche Leute auf eine offene und ehrliche Antwort überaus empfindlich reagieren. Man muß neuerdings im eigenen Interesse jedes Wort auf die Goldwaage legen, wenn man danach gefragt wird, wie man die militärische Lage im allgemeinen und nach dem Beginn der Invasion im besonderen beurteilt.«

»Das brauchen Sie bei mir nicht zu befürchten. Also?«

»Beschissen im allgemeinen, Herr Kapitän, und im

höchsten Maße beschissen, was unseren Einsatz betrifft. Uns haben, wie Sie gelesen haben, in der Nacht vom fünften auf den sechsten Juni, als wir die Ausfahrt aus der Bucht passiert hatten, nicht nur die üblichen *hunting groups* aufgelauert, die ohnehin erheblich zahlreicher als sonst waren. Die wurden auch noch durch einen Kampfverband unterstützt, der aus einem Schlachtschiff und mehreren Kreuzern und Zerstörern bestand. Das wird sich wiederholen.«

»Und welche Schlüsse ziehen Sie daraus?«

»Die schnüren uns mit ihrer Übermacht die Luft ab. Über kurz oder lang kommt hier keiner mehr rein und raus. Die Tage Brests und der anderen Stützpunkte an der Biskaya sind also gezählt, Herr Kapitän. Die Flottille sollte nach Norwegen verlegen, bevor unsere Verluste noch größer werden, als sie es jetzt schon sind.«

Der Gedanke war mir auch schon gekommen, denn mir lagen die Nachrichten vor, die Radio Dublin in den letzten Tagen verbreitet hatte. Demnach hatte die alliierte Luftwaffe allein am Invasionstag 14 674 Einsätze geflogen, und der Gegenangriff der deutschen Panzergruppe West am 9. Juni gegen die Invasionsfront war unter schweren Verlusten abgebrochen worden.

»Hmmm, ein Vorschlag, über den sich nachzudenken lohnt, Herr Lindner. Darüber zu entscheiden, liegt jedoch nicht in meinem Ermessen. Das bleibt dem BdU vorbehalten.« Ich nahm mir jedoch vor, dem FdU (West) einen entsprechenden Lagebericht zukommen zu lassen. »Warten wir also ab.«

In diesem Augenblick klopfte es. Auf meine Aufforderung trat Oberleutnant Wollenweber ein, knallte zackig die Hacken zusammen und salutierte. »Bitte gehorsamst stören zu dürfen, Herr Kapitän!«

»Was wollen Sie denn hier, II WO?« fuhr ihn Lindner grob an, ehe ich etwas sagen konnte. »Habe ich Ihnen nicht befohlen, die Beisetzung unserer beiden Toten mit militärischen Ehren zu organisieren?«

»Bitte um Entschuldigung, Herr Kaleu, deshalb komme ich«, katzbuckelte Wollenweber. Er tappte mit einem Blatt Papier in der Hand näher. »Das ist soweit organisiert, es fehlt nur noch Ihre Entscheidung, wann sie stattfinden soll. Da dachte ich ...«

»So, Sie denken wieder einmal! Hoffentlich in die richtige Richtung, Wollenweber!« Lindner funkelte ihn bitterböse an. »Zeigen Sie mal her, was Sie da ausgebrütet haben!«

Ich war sprachlos, erwartete jeden Augenblick ein Aufbegehren meines ehemaligen Adjutanten gegen diese herabwürdigende Behandlung. Jedenfalls hätte ich so reagiert und mit gutem Recht vermutlich jeder andere Offizier ebenfalls.

Der jedoch knallte nur militärisch die Hacken zusammen und reichte seinem Kommandanten das Papier mit einem devoten Hundeblick. »Jawohl, Herr Kaleu! Wie gesagt, es bleibt nur noch der Zeitpunkt zu bestimmen.«

»Ich bin doch nicht schwerhörig!« bullerte Lindner ungnädig. »Das werde ich mit Herrn Kapitän Thomsen abstimmen. Sie können draußen warten!«

»Jawohl, Herr Kaleu!« Wollenweber machte auf dem Absatz kehrt, marschierte mit abgehackten Bewegungen wie eine Marionette zur Tür und verließ den Raum, nachdem er erneut hackenknallend salutiert hatte.

Ich stieß überrascht die Luft aus. »Du meine Güte, ohne zu protestieren – schluckt der das? Zu Kaisers Zeiten hätte der Sie deshalb glatt zum Duell fordern können. Was haben Sie denn mit dem gemacht?«

Lindner grinste. »Was ich meinem Ruf schuldig bin, Herr Kapitän. Unsere Meinungen gingen anfangs über verschiedene Dinge auseinander. Ich habe ihm dieses dämliche Napola-Gerede gründlich ausgetrieben, damit ging er nämlich mir und meinen anderen Offizieren auf den Wecker. Der brauchte das. Er hat inzwischen noch eine Reihe ganz anderer Kröten schlucken müssen. Das ist das ganze Geheimnis.«

Er hatte Wollenweber damit ganz offensichtlich militärisch das Rückgrat gebrochen. Ein Gedanke, bei dem mir gar nicht wohl war. So etwas ging bei solchen vernagelten Typen selten gut.

»Meinten Sie ihn vorhin damit, daß man bei manchem seine Antworten auf die Goldwaage legen müsse?« fragte ich deshalb mit einem unguten Gefühl.

Er nickte. Da hatte ich es! »Na, ich weiß nicht, Herr Lindner. Hoffentlich haben Sie sich damit nicht einen Feind gemacht, der Ihnen bei der nächsten Gelegenheit einen dicken Bonbon ans Hemde klebt.«

Lindner starrte mich einen Augenblick verblüfft an. »Eine Frage: Ist das mit dem Bonbon eine zufällige Wortwahl oder absichtlich gewählt? Das erinnert mich nämlich an eine Situation, als der olle Possehl sich ähnlich ausgedrückt hat.«

Ich zögerte. »Nun ...«

Mit einem leisen Pfiff durch die Zähne unterbrach er mich. »Danke, Herr Kapitän, das genügt mir. Wir haben damals alle gerätselt, wer es gewesen sein könnte, der Herrn Kapitän Wildenow bei Ihnen angeschwärzt hatte. Auf Ihren Adjutanten ist keiner gekommen, obwohl der für seine Phrasendrescherei bekannt war, die allerdings niemand so recht für voll nahm. Der Wollenweber war also dieser Hundsfott! Gut, daß ich das weiß.«

»Nun reiben Sie ihm das bloß nicht unter die Nase, Herr Lindner. Das macht die Sache nur noch schlimmer. Wer weiß, was das für Wellen schlägt, wenn der das an die große Glocke hängt. Sie wissen selbst, wie empfindlich man auf politischer Ebene reagiert, wenn ...«

»Danke, Herr Kapitän, ich werde Ihren Rat beherzigen.« Er nahm das Papier auf, das Wollenweber ihm gebracht hatte. »Sieh an, er spurt, wenn man ihm die Sporen gibt. Bleibt wirklich nur noch der Zeitpunkt. Können wir mit Ihnen rechnen?«

»Das müssen Sie sogar! Stimmen Sie das mit Herrn Schrader ab, der kennt meine Termine.«

*

Die Szene zwischen Lindner und dem Wollenweber geisterte den ganzen Tag über immer wieder durch meinen Kopf, obwohl ich genügend andere, wichtigere Angelegenheiten zu regeln hatte. Sie lebte besonders wieder auf, als wir die beiden Toten, den Geschützführer der 8,8 cm-Kanone und einen der Kanoniere, zwischen zwei Fliegeralarmen auf dem militärischen Teil des Brester Friedhofes beisetzten.

Nichts charakterisierte die militärische Situation in Brest besser als das, was sich abspielte, nachdem die beiden Toten in die Gruben herabgelassen worden waren. Kaum waren die Salven der von Wollenweber befehligten Ehrenformation über den frischen Gräbern verklungen, trieb das einsetzende Abwehrfeuer der Flak die Trauergemeinde auseinander.

Ein Schwarm Jagdbomber kurvte auf den Hafen und die Stadt ein. Für sie war die flüchtende Menge ein gefundenes Fressen. Sie stürzten sich auf uns herunter und stanzten mit den Explosivgeschossen ihrer Bordkanonen eine rasend schnell näherkommende tödliche Spur hinter uns her in das Straßenpflaster. Wir liefen um unser Leben, bis wir in den Ruinen rund um den Bunkerkomplex einen nur unvollkommenen Schutz vor dem jaulenden Granat- und Steinsplitterhagel fanden.

Unerreichbar für die Flak, jagten die Maschinen im Tiefflug über uns hinweg und zogen mit aufheulenden Motoren in den Himmel, um sich zu einem neuen Angriff auf alles, was sich regte, zu formieren. Eine kurze Phase nur, aber sie reichte aus, um den Bunker zu erreichen und uns zwischen seinen dicken Betonwänden in Sicherheit zu bringen.

»Verdammte Scheiße!« fluchte Lindner aufgebracht und klopfte sich den Mörtelstaub der Ruinen von seiner Uniform. »Wo bleiben eigentlich Hermann Meiers Schlipssoldaten?«

»Gibt's die denn überhaupt noch?« fragte sein I WO anzüglich. »Vermutlich sind die schon am ersten Tag der Invasion von der alliierten Luftwaffe vom Himmel gefegt worden. Oder sie kneifen vor lauter Schiß den Arsch zusammen und spielen scheues Kaninchen.«

Ich dachte an Wollenweber und die Gefahr, die von ihm ausging, wenn der solche kritischen Bemerkungen sammelte. Der stand nämlich mit undurchdringlicher Miene in der Menge und klopfte sich ebenfalls den Dreck von seiner Ausgehuniform.

»Ich schlage vor, die Herren stellen zunächst einmal fest, ob es durch den Beschuß Verluste gegeben hat!« fuhr ich grob dazwischen. »Das erscheint mir nämlich vordringlicher, als daß wir hier die Frage nach der deutschen Luftwaffe noch weiter ausdiskutieren! Ich bitte umgehend um Vollzugsmeldung!«

Vergnatzt stakste ich zu meinem Dienstzimmer, nach

diesem Erlebnis noch fester entschlossen, alle meine Bedenken gegen einen weiteren Verbleib meiner Flottille in Brest zu Papier zu bringen. Lindner hatte es auf den Punkt gebracht. Wir mußten nach Norwegen verlegen, dort bot allein schon die Landschaft mehr Schutz.

Der Papierwust auf meinem Schreibtisch besserte meine Stimmung nicht. Alles blieb jetzt an mir hängen, seit ich Wollenweber an Lindner abgetreten hatte. Ich brauchte einen neuen Adjutanten, der den Papierkram sichtete, vorsortierte und bearbeitete, so daß nur das noch auf meinem Schreibtisch landete, was mich anging und von mir entschieden werden mußte.

Es klopfte. Schrader steckte seinen Kopf zur Tür herein. »Darf ich, Herr Kapitän?«

Der kam mir gerade recht. »Nur zu, Herr Schrader! Ich wollte Sie ohnehin gerade holen lassen. Nehmen Sie Platz! Was haben Sie auf dem Herzen?«

»Eine erfreuliche Nachricht. Ich weiß nicht, wie es die Strippenzieher geschafft haben, aber die Telefonverbindungen stehen wieder. Nicht nur hier in Brest, wir kommen auch wieder nach draußen raus. Es dauert zwar etwas länger als vor dem völligen Zusammenbruch, doch das ist unerheblich. Ahlert kann es vor Freude gar nicht fassen. Seine Leute sind dabei, alle Leitungen durchzuprüfen.«

»Machen Sie keine Witze, Herr Schrader!« sagte ich ungläubig. »Alle Verbindungen? Auch die nach Paris und nach Deutschland?«

»Alle, Herr Kapitän! Wir sind nicht mehr allein auf FT und die zeitraubende Codierung angewiesen.« Schrader wirkte regelrecht euphorisch.

»Fragt sich nur, für wie lange«, bremste ich seinen überschäumenden Optimismus. »Aber immerhin ist es wenigstens mal 'ne gute Nachricht.«

Ich klopfte auf den Papierstapel auf meinem Tisch. »Ich habe ein Problem, Herr Schrader. Ich brauche einen Adjutanten, der mir diesen Krempel hier vom Halse schafft und nur das auf meinem Tisch landen läßt, was für mich wichtig ist. Haben Sie jemand, den Sie vorschlagen können?«

Schrader zog die Stirn kraus. »Ich hätte da schon jemand, Herr Kapitän, der in Frage für diesen Posten käme. Oberleutnant zur See Jendren, bis zu seiner Verwundung I WO auf U 700. Ein zuverlässiger Offizier mit fleckenlosen Beurteilungen, ist vor zwei Tagen aus dem Lazarett entlassen worden.«

»Und wie kommen Sie auf den? Wird der nicht auf U 700 zurück wollen?«

Schrader zuckte die Schultern. »Wollen will er schon, aber können kann er nicht mehr. Er ist mit seinem steifen Bein nicht mehr für den Einsatz auf U-Booten tauglich. Im Stab spielt seine Verwundung keine Rolle, deshalb möchte ich ihn anstelle von Wollenweber in den Flottillenstab übernehmen. Abschieben möchte ich ihn jedenfalls nicht, das hat er nicht verdient. Und das werden Sie nachempfinden, Herr Kapitän, wenn Sie seine Beurteilungen lesen und ihn erst einmal persönlich kennengelernt haben.«

Hmm, das klang gut. Doch ich blieb skeptisch. Gute Beurteilungen waren mitunter das Papier nicht wert, auf dem sie geschrieben worden waren. Das hatten mich die Erfahrungen mit Wollenweber gelehrt. Die guten Beurteilungen hatte auch er gehabt und sich dann doch in einer Weise entpuppt, daß ich froh war, ihn los zu sein. Ich hegte noch immer den Verdacht, daß es seinen Vorgesetzten auf seinen bisherigen Kommandos ähnlich wie mir ergangen war. Einen derart politisch fixierten Offizier wurde man nur los, indem man ihn weglobte.

Schrader konnte offenbar meine Gedanken lesen. Er schüttelte lächelnd den Kopf. »Nein, nein, Herr Kapitän, keine Sorge. Ich habe mich umgehört, das ist kein zweiter Wollenweber. Jendren ist von seinem Kommandanten für einen Kommandantenlehrgang vorgeschlagen worden. Es war alles schon geregelt, fehlte nur noch Ihre Unterschrift. Dann machte der Granatsplitter, der ihm das Bein zertrümmerte, alle Pläne zunichte. Die Sanis haben an Bord getan, was sie konnten. Durch die Länge der Feindfahrt kam er jedoch zu spät auf den OP-Tisch.«

»Gut, Herr Schrader, ich werde ihn mir mal ansehen und dann entscheiden.« Ich blickte auf seinen obligaten Aktendeckel, ohne den er offenbar nicht leben konnte. »Noch etwas?«

Diesmal grinste er. »Ja, Herr Kapitän, etwas ganz Außergewöhnliches. Unsere beiden Turteltauben wollen heiraten.«

»Wie denn ... der Störmer und die Ärztin?« fragte ich verblüfft. »Woher haben Sie das denn?«

»Kapitänleutnant Störmer hat bei mir vorgefühlt, wie das läuft, wenn beide hier heiraten wollen. Ich war ebenfalls überrascht, mußte mich erst einmal sachkundig machen. Ich kannte ja bislang nur das Verfahren bei Ferntrauungen, bei denen die Braut ihr Ja-Wort vor dem Standesbeamten in Deutschland abgab und der Bräutigam von seinem Kommandanten oder – seltener – von seinem Flottillenchef getraut wurde. In unserer Flottille hat es dafür allerdings bisher noch keinen Handlungsbedarf gegeben.«

Ich erinnerte mich noch sehr genau daran, wie es mir und meiner Anke ergangen war, bis wir alle bürokratischen Hürden überwunden und die notwendigen Papiere für unsere Heirat beieinander gehabt hatten. »Wie stellt sich der Störmer das denn vor? Ehe der alle Papiere zusammen hat, ist er doch mit seinem Boot längst wieder auf dem Kriegspfad.«

»Das habe ich zuerst auch gedacht.« Er holte einen Personalbogen aus seinem Aktendeckel. »Wie aus diesem Personalbogen zu ersehen ist, hat er bereits 1941 schon einmal einen Anlauf genommen, eine Heiratserlaubnis zu bekommen. Alles da, der ganze aufwendige Papierkram: Ehetauglichkeitszeugnis, Eheunbedenklichkeitszeugnis und Gesundheitspaß. Und da er laut Ahnenpaß auch noch arisch bis unter die Vorhaut ist, hat ihm Korvettenkapitän Bernhardi, Ihr Vorgänger, diese Heiratserlaubnis auch erteilt. Störmer hat davon damals bloß keinen Gebrauch gemacht. Er könnte also sofort heiraten, denn gültig ist die noch immer.«

Ich war überrascht, denn das wußte ich nicht. »Und wann war das genau?«

»Am 12. Dezember 1941.«

Ich nickte. »Dacht' ich mir's doch! Kein Wunder, daß ich's nicht mitgekriegt habe. Da schwamm ich mit U 112 und einem Geheimauftrag vor der Ostküste Kanadas und der USA. Ich hatte kurz vorher U 115 abgeben und U 112 übernehmen müssen, weil dessen Kommandant von der Résistance abgemurkst worden war. Kapitän Roloff hat mich damals ganz schön über den Tisch gezogen, weil die deutsche Gegenspionage dahinter steckte. War eine ganz abenteuerliche Geschichte.« [1]

In Schraders Kopf klapperte die Sortiermaschine, spulte die Ereignisse der vergangenen Zeit zurück. »So früh standen Sie mit Ihrem Boot schon vor den USA?

[1] Maasch, Erik: *U 112 auf Feindfahrt mit geheimer Order*. Ullstein Taschenbuch 25087

Das war doch ... war ja man gerade einen Tag nach der deutschen Kriegserklärung an die USA, Herr Kapitän!«

»Eben, es ging um deutsche Agenten in Kanada und in den USA, deshalb stand der FdU ja auch unter Zeitdruck! Aber lassen wir die alten Geschichten. Was machen wir denn nun mit dem Störmer? Er will also. Und wann?«

»So bald wie möglich. Die beiden sind sich einig, daß sie heiraten wollen, bevor er wieder in See gehen muß. Er möchte es gern mit Ihnen absprechen, Herr Kapitän, weil Sie doch in diesem Fall die sogenannte standesamtliche Trauung vornehmen müssen.«

»Du lieber Himmel, wie das denn? Ich hab' nicht die geringste Ahnung!«

»Nichts einfacher als das. Sie brauchen sich nur an Ihre eigene Heirat zu erinnern. Die beiden erscheinen vor Ihnen und erklären Ihnen vor den Trauzeugen, daß sie den Bund fürs Leben schließen wollen. Sie brauchen dann nur noch die beiden einzeln zu befragen, ob sie tatsächlich zu heiraten gewillt sind. Antwortet jeder mit einem ›Ja!‹, dann erklären Sie die Ehe für geschlossen. Das Protokoll geht an den Heimatort des Mannes und wird dort in das standesamtliche Register eingetragen. Eine Kopie des Protokolls ist so lange die Heiratsurkunde, bis sie durch eine standesamtliche ersetzt wird. Das ist alles.«

»Hmmm«, brummte ich, »das klingt ja wirklich einfach. Was aber, wenn die nun auch noch den kirchlichen Segen haben wollen?«

»Auch kein Problem, Herr Kapitän. Die beiden sind evangelisch, also kann sie der Militärseelsorger trauen, der auch die Beisetzung der beiden Toten von U 797 vollzogen hat.« Er zuckte wieder die Schultern. »*Death is so permanent*, sagen die Briten. So ist das nun mal. Liebe und Tod sind bei uns dicht beieinander.«

Das stimmte zwar, mir lief bei diesen Worten dennoch ein eisiger Schauer über den Rücken. »Mensch, Schrader, Sie haben ja vielleicht ein Gemüt! Malen Sie bloß nicht den Teufel an die Wand!«

Das Telefon schnurrte. Ich nahm ab. »Mensch, das Ding funktioniert ja tatsächlich wieder!«

Gelächter ertönte aus dem Hörer, als ich ihn ans Ohr nahm. »Was dachten Sie denn, Thomsen?«

Das war Roloffs Stimme. »Na, das ist ja 'ne Überraschung, Herr Kapitän, und fast 'ne Gedankenübertragung. Ich wollte Sie nämlich auch anrufen, sobald ich diesen verfluchten Papierwust auf meinem Schreibtisch abgearbeitet habe und das Ding hier inzwischen nicht wieder seinen Geist aufgegeben hat.«

Er lachte auf. »Sehen Sie, das war auch meine Sorge, aber die Leitung steht. Ich weiß nicht, Thomsen, irgendwie habe ich offenbar einen Narren an Ihnen gefressen, sonst hätte ich Sie jetzt nicht zuerst angerufen. Wie sieht es bei Ihnen in Brest aus?«

»Nicht gut, Herr Kapitän.« Und ich setzte ihm alle meine Argumente vor, die ich mir für meinen Bericht zurechtgelegt hatte und die gegen einen Verbleib in Brest sprachen.

Er hörte mir geduldig zu und unterbrach mich kein einziges Mal. »Hmm!« brummte er, als ich endete. »Das war klar und einleuchtend. Ich muß das mit dem BdU durchsprechen. Eines kann ich Ihnen aber jetzt schon sagen: Führerbefehl hin oder her – dieser Heldenklau ...«, er lachte laut auf, »... übrigens ein treffender Name, bekommt keinen unserer Männer, klar? Die brauchen wir selber dringender denn je! Sie hören von mir.«

*

Ich hörte schneller von ihm, als mir lieb war. Ich kam nämlich gerade noch dazu, den von Schrader als Adjutanten vorgeschlagenen Oberleutnant Jendren unter die Lupe zu nehmen und ihm auf den Zahn zu fühlen. Wenn mich meine Menschenkenntnis nicht trog, dann war dieser ruhige und selbstsichere Frontoffizier genau der richtige Mann am richtigen Platz. Trotzdem räumte ich ihm eine gewisse Probezeit ein, um sich einzuarbeiten.

»Gut, Herr Jendren, versuchen wir es miteinander.« Ich drückte ihm den Aktenstapel in die Hand. »Arbeiten Sie diesen Wust mal durch. Wenn's Fragen gibt, wird Ihnen Herr Schrader helfen. Der wird Ihnen auch auseinandersetzen, welche Aufgaben als Adjutant außerdem noch auf Sie zukommen. Wenn Sie mir dann einen Korb geben, nimmt Ihnen das kein Mensch übel, klar?«

»Ich denke, daß es dazu nicht kommen wird, Herr Kapitän. Ich werde ...« Das schnurrende Telefon unterbrach ihn. Er salutierte und humpelte hinaus. Auch das sprach für ihn.

»Ein Gespräch aus Paris, Herr Kapitän!« meldete Funkmeister Bergmann, als ich abnahm. »Ich verbinde!«

Am anderen Ende der Leitung war Roloff. Er hielt sich nicht mit einer langen Vorrede auf. »Sie sehen es durchaus richtig, Herr Thomsen. Der BdU und ich teilen Ihre Auffassung. Kein Zweifel, die Biskayahäfen haben mit dem Beginn der Invasion ihren Wert als Basis für den U-Bootkrieg wenn nicht schon verloren, so doch zumindest stark eingebüßt. Sie liegen für die alliierten Luft- und Seestreitkräfte seitdem wie auf einem Präsentierteller, von dem die sich leider, dank ihrer Übermacht, straflos bedienen können. Diese Verluste können wir uns nicht leisten, zumal es auch abzusehen ist, daß sie uns dort schon bald den Hahn ganz zudrehen werden.«

Teufel, wenn Dönitz und Roloff die Situation so negativ beurteilten, dann stand es ja um uns noch schlechter, als wir es uns in unseren schlimmsten Befürchtungen ausgemalt hatten.

»Wir werden dem Rechnung tragen müssen«, fuhr er fort. »Was ich Ihnen jetzt vorab schon sage, bekommen Sie noch schriftlich per FT, Herr Thomsen. Ihre 15. Flottille verlegt so schnell wie möglich nach Norwegen. Allen Kommandanten Ihrer Boote, die auf See sind oder die noch von Brest in See gehen werden, befehlen Sie, Bergen anzulaufen, wenn ihr Einsatz beendet ist. Die 11. Flottille in Bergen ist angewiesen, Ihre Boote zu betreuen, bis Sie sich dort mit Ihrem Stab etabliert haben. Bringen Sie den deshalb rechtzeitig auf den Weg. Sie haben zwei Boote, die irreparabel sind, haben Sie mir gemeldet. Die können Sie ausschlachten lassen, damit die anderen beschädigten Boote zumindest Brest verlassen und Bergen anlaufen können. Die Besatzungen der Wracks setzen Sie, soweit Sie damit nicht Ausfälle ausgleichen müssen, umgehend nach Wilhelmshaven in Marsch. Wir brauchen dringend erfahrene Besatzungen! Noch Fragen?«

»Im Augenblick nicht, Herr Kapitän. Ihre Befehle überrollen mich ein wenig.«

Er lachte erneut auf. »Das nehme ich Ihnen nicht ab, Herr Thomsen. Wie ich Sie kenne, haben Sie diese neue Situation bestimmt schon angedacht, wenn Sie nicht schon fertige Pläne für den Ernstfall in petto haben.«

»Angedacht schon, Herr Kapitän, mehr jedoch nicht«, wehrte ich mich gegen diesen Verdacht, obwohl das eigentlich ein verstecktes Lob war.

»Na, dann denken Sie man weiter an, mein lieber Thomsen! Sie haben jetzt meine volle Unterstützung dafür. Auf die anderen Flottillen an der Biskaya kommt das übrigens auch noch zu. Wir wollen bloß keinen allgemeinen Exodus. Ach, noch etwas! Setzen Sie Ihren Stab und die Besatzungen gemeinsam in Marsch, und zwar bis an die Zähne bewaffnet und auf alle Zwischenfälle vorbereitet. Die Résistance wird immer frecher, legt aber dann sofort die Ohren an, wenn sie mit hartem Widerstand rechnen muß. Und nun los! Mast- und Schotbruch!«

*

Auch wenn Roloffs Befehle für mich überraschend schnell kamen, sie trafen mich dennoch nicht unvorbereitet. Mein Stab hatte vorgearbeitet. In meiner Schublade lagen die Berichte über unsere Vorräte an Lebensmitteln, Munition, Torpedos, Treiböl und Werftmaterial, die laufend auf den neuesten Stand gebracht wurden. Ich selbst hatte schon eine Art Alarmplan für den Fall einer Evakuierung skizziert. Er ließ sich allerdings nicht so schnell in die Tat umsetzen.

Den Booten den Befehl zu erteilen, nicht mehr Brest, sondern Bergen anzulaufen, war kein Problem. Die Boote in Reparatur einsatzbereit oder aber auch nur fahrfertig zu machen, das war erheblich schwieriger, denn es gab bereits einige Engpässe. Und was die Verlegung der Flottille mit allem Drum und Dran nach Bergen anbelangte, ließ sich auch nicht übers Knie brechen. Das fraß Zeit.

Zeit, in der den Amerikanern der Durchbruch bis Barneville an der Westküste der Cotentin-Halbinsel gelang, so daß Cherbourg abgeschnitten wurde und keine zwei Wochen später kapitulieren mußte. Gleichzeitig ging ein Marinestützpunkt an der Normandieküste nach dem anderen verloren. Auch die deutschen Gegenangriffe gegen die britischen Stellungen an der Orne scheiterten immer wieder verlustreich. Es verging kein Tag, an dem Radio Dublin und die BBC nicht mit irgendwelchen Meldungen über deutsche Niederlagen aufwarteten, die der deutsche Wehrmachtsbericht verschwieg oder durch den Begriff »erfolgreiche Abwehrschlachten« zu verschleiern versuchte.

Längst war Kapitänleutnant Lindner mit U 797 und einem großen Teil der reparierten Boote wieder in See gegangen. Es wurde jedoch Juli, bis auch Kuddel Wildenow mit U 114 ebenfalls auslaufen konnte.

»Der Wollenweber, dieser Hundsfott, ist zwar weg, Kuddel. Aber die allgemeine Kriegslage ist seitdem immer beschissener geworden. Halt trotzdem die Schnauze, wenn es dir auch schwerfällt, wenn du nach Bergen kommst«, gab ich ihm mit auf den Weg und schüttelte ihm die Hand. »Du weißt nicht, wer da zuhört und dich am Ende noch anschwärzt. Ich möchte nicht Blumen auf dein Grab legen müssen, sondern dich heil und gesund in Norwegen wiedersehen. Mach's gut, altes Haus! Gute Jagd und fette Beute!«

»Danke, Arne! Bin froh, daß ich endlich aus dieser Mausefalle hier raus kann. Die Standproben der Maschinen sind einwandfrei verlaufen. Hoffen wir, daß uns der Schnorchel draußen nicht im Stich läßt. Und du mach man bloß schon die Socken scharf, damit du nicht zu guter Letzt hier noch hoch und trocken hängen bleibst, klar? Mast- und Schotbruch, Arne!«

Ich sah ihm mit einer gewissen Wehmut hinterher, als sein Boot aus dem Bunker glitt und von der Nacht geschluckt wurde. Ich kam mir wie ein Hund ohne Schwanz vor. Meine Flottille war bis auf wenige Boote zusammengeschmolzen, eines davon war Störmers U 115, mein erstes Boot, das ich als Kommandant hatte führen dürfen. Es fehlte eben schon an allen Ecken und Enden an Ersatzteilen und Material, auch wenn die beiden irreparablen Boote, inzwischen ihrer wertvollsten Teile beraubt, nur noch als Hulks an der Hafenmole vertäut dümpelten und der Flak als Lockvogel für die angreifenden Jagdbomber dienten.

Störmer und seine junge Frau, ich hatte die beiden inzwischen getraut und Kuddel war einer der Trauzeugen gewesen, waren über die geschenkte Zeit verständlicherweise nicht böse. Sie genossen die Tage, die ihnen noch blieben. Erika, seine Frau, hatte in ihrem Lazarett Heiratsurlaub beantragt, drei Wochen in Deutschland, und der war ihr bewilligt worden.

Das überraschte mich, denn durch die Ereignisse an der Invasionsfront war die Luft in Frankreich inzwischen verdammt dünn geworden.

»Was denn, die drei Wochen sind Ihnen tatsächlich ohne Wenn und Aber bewilligt worden, Frau Doktor Störmer?« vergewisserte ich mich ungläubig. »Obwohl kein Mensch weiß, ob eine Rückkehr nach Brest in drei Wochen überhaupt noch möglich ist?«

Sie lächelte und zog das linke Augenlid mit dem Zeigefinger nach unten. Aha, dachte ich, Holzauge sei wachsam! Das hatte also auch schon auf sie abgefärbt.

»Nicht nur genehmigt, Herr Thomsen. Mein Chef war sogar damit einverstanden, daß ich den Urlaub erst antrete, wenn mein Mann in See gegangen ist.» Sie nestelte an ihrer Halskette. »Ich kann in den drei Wochen meine Wohnung familienfreundlich umgestalten und von dort, dank meiner zahlreichen Verbindungen, meine Versetzung an ein Lazarett in Deutschland betreiben.

Ehefrauen von U-Bootfahrern genießen ja meines Wissens in dieser Hinsicht eine gewisse Vorzugsbehandlung.«

Ich konnte einen Anflug von Neid nicht unterdrücken. So rücksichtsvoll war der FdU (West) mit mir nicht umgegangen. Mein letzter Heimaturlaub lag eineinhalb Jahre zurück und hatte lediglich sechzehn Tage umfaßt, von denen vier allein für die An- und Abreise draufgegangen waren. Danach hatte sich mein Kontakt mit meiner Familie auf Briefe und gelegentliche Telefonate beschränkt. Das letzte Telefonat hatte ich nach dem Anruf Roloffs geführt. Es hatte gerade für die Mitteilung gereicht, daß ich mich demnächst aus Norwegen melden würde. Der Freudenschrei Ankes war von der Stimme überdeckt worden, die das Telefonat unterbrach, weil die Leitung nach Deutschland dringend gebraucht wurde. So war das eigentlich bisher immer gewesen.

Die Störmers machten also Pläne. Die machte ich allerdings auch, und in denen spielte U 115 eine wichtige Rolle. Wenn die Verlegung der Flottille endlich abgewickelt war, wie es im militärischen Jargon so schön hieß, dann wollte ich Brest an Bord von U 115 verlassen, um mir ein persönliches Bild von der Situation an der Invasionsküste zu verschaffen und nach diesem Einsatz Bergen anlaufen. Eine Schnapsidee, wie mir Kuddel an den Kopf warf, als ich ihm bei der Hochzeitsfeier meine Pläne für den Tag X anvertraute.

Das mit dem Schnaps stimmte, der floß in Strömen. Aber das war normal, schließlich saßen wir auf einem absterbenden Ast. Darum herrschte unter den Gästen so eine Art Endzeitstimmung. Immer häufiger machte ein Satz die Runde: »Genießt den Krieg, der Frieden wird fürchterlich!« Kein Wunder, längst war bekannt geworden, wie die Alliierten nach einem für sie siegreichen Kriegsende mit Deutschland zu verfahren gedachten. Dagegen wirkten die restriktiven Bestimmungen des sogenannten Schandvertrages von Versailles nahezu human.

*

Der August rückte unaufhaltsam näher. Mein Stab saß auf gepackten Koffern, ebenso die überzähligen Männer der ausgeschlachteten Hulks. Auch die anderen Flottillen hatten inzwischen den Befehl bekommen, die Aufgabe des Marinestützpunktes Brest vorzubereiten, wie ich auf der Besprechung der Flottillenchefs erfuhr. Nichts sollte zurückbleiben, was den Alliierten danach auch nur irgendwie von Nutzen sein könnte.

Ein Befehl, über den hinter vorgehaltener Hand Witze gerissen wurden, denn angewiesen auf unsere Vorräte waren die Amis und die Tommies ganz bestimmt nicht. Trotzdem wurden die Sprengungen der nicht fahrbereiten Boote, Kriegs- und Handelsschiffe, der Vorratslager und des Arsenals vorbereitet.

Vier Tage später meldete mir von Bückwitz die letzten Boote fahrklar, darunter auch U 115.

»Das nenne ich endlich mal eine gute Nachricht, Herr von Bückwitz. Dann können wir die letzte Phase anlaufen lassen. Schicken Sie mir bitte Herrn Schrader herein, ja?«

Schrader war bereits informiert. Er hatte sofort gehandelt und einen Waggon in planmäßigen Zügen nach Paris und von dort nach Deutschland durch die deutsche Transportleitung reservieren lassen. Das war eine notwendige Regelung, denn die Züge, die bisher ausschließlich den deutschen Wehrmachtsangehörigen vorbehalten gewesen waren, gab es nicht mehr.

Sie waren nach dem Beginn der Invasion eingestellt worden, weil sie zunehmend Attentaten der Résistance ausgesetzt gewesen waren. Dagegen lief ein reservierter Waggon grundsätzlich zwischen von Franzosen genutzten Wagen und mußte immer erst im letzten Augenblick von den zivilen Nutzern für das Militär geräumt werden. Er kam zwar mitunter trotz dieser Vorsichtsmaßnahme unter Beschuß, doch Bombenattentate oder Gleissprengungen fanden aus Rücksicht auf die im Zug mitreisenden Franzosen nicht mehr statt.

»Gehen wir das noch einmal durch, Herr Schrader. Die fahrfertigen Boote, außer U 115, gehen noch heute nacht in See. Sie verlassen mit dem Stab und allen Männern ebenfalls noch heute Brest via Deutschland. Dann gehen hier die Lichter aus, denn ich übergebe morgen früh unsere Restbestände dem ...«

Ich wurde unterbrochen. Ohne anzuklopfen, kam der Nachrichtenoffizier zur Tür hereingestürzt. Er war in heller Aufregung. »Ein Anruf aus Paris vom Stab des BdU, Herr Kapitän! Auf den Führer ist in seinem Hauptquartier ein Attentat verübt worden! Das Oberkommando der Wehrmacht hat auf diese Nachricht hin einen Großalarm für alle Wehrmachtsteile ausgelöst und ein sofortiges Transportverbot für das Reichsgebiet und die besetzten Gebiete erlassen! Die Lage ist völlig unübersichtlich, weil noch niemand weiß, was an dieser Nachricht stimmt und wer hinter diesem Attentat steckt. Es sind keine Befehle anderer Kommandostellen zu befolgen! Das ist mehrfach ausdrücklich betont worden.«

Er starrte Schrader und mich aus weitaufgerissenen Augen an und wartete auf unsere Reaktion. Doch wir brauchten beide einen Augenblick, um diese Nachricht zu verarbeiten. Sie traf uns aus heiterem Himmel. Ein

Attentat auf Hitler, damit hatte keiner von uns gerechnet.

Darum schwieg ich zunächst, zweifelte am Wahrheitsgehalt dieser Nachricht, obwohl sie vom BdU kam. Schließlich wußte selbst dort niemand, ob sie stimmte oder nicht. Doch dann erinnerte ich mich an Kuddel Wildenows Worte über diesen Oberst aus dem Generalstab, der angeblich etwas vom Widerstand einiger Offiziere innerhalb der obersten Führungsebene gegen die Kriegsführung des Führers gefaselt hatte.

»Ein Attentat auf Hitler, also doch kein Hirngespinst?« entfuhr es mir ungewollt. »Wer hat sich denn so etwas ausgedacht?«

»Ach du Scheiße, ein Attentat ausgerechnet jetzt, wo uns das Wasser ohnehin schon bis um Hals steht!« fiel der sonst so auf Form bedachte Schrader aus der Rolle. »Das ist doch kaum zu fassen!«

Erneut klappte die Tür. Funkmeister Bergmann wedelte schon von der Tür her aufgeregt mit einem FT-Formular. »Ein Funkspruch aus Berlin, Herr Kapitän! Offen und an alle Wehrmachtsteile gerichtet!«

»Geben Sie her, Bergmann!« Ich überflog den Text, blieb noch immer mißtrauisch, weil die Nachricht für mich reichlich abenteuerlich klang. »Sieht aus, als käme das FT aus dem OKH in Berlin, meine Herren. Der Führer sei tot, steht hier. Eine Gruppe verantwortungsbewußter Offiziere, unterstützt von der Mehrheit der kämpfenden Truppe, habe die Regierungsgewalt übernommen, um eine Beendigung des Krieges herbeizuführen. Deshalb seien allein deren Befehle zu befolgen. Es lebe Deutschland. Einen Teufel werden wir tun, was?«

Schrader und Ahlert nickten verunsichert. In diesem Moment meldeten sich auch in meinem Kopf die ersten

Zweifel an meinen eigenen Worten. Was, wenn der Tod des Führers tatsächlich stimmte und die Attentäter, die sich die Beendigung des Krieges zum Ziel gesetzt hatten, wirklich auf eine breite Unterstützung durch die kämpfende Truppe vertrauen konnten?

»So wünschenswert ein Ende des Krieges wirklich ist, das klappt nie, Herr Kapitän!« unterbrach Schrader meinen Gedankengang. »Die Aufrührer vergessen ganz und gar, daß es Himmler und die SS-Verbände gibt. Die werden diesen Umsturz nie hinnehmen.«

»Na, ich weiß nicht, Herr Schrader.« Ahlert wiegte zweifelnd den Kopf hin und her. »Ich habe unlängst von SS-Führern auch schon recht kritische Anmerkungen zur allgemeinen Kriegslage und zur Kriegsführung gehört.«

»Das mag ja alles sein, meine Herren. Trotzdem, nichts Genaues weiß man nicht!« wiegelte ich ab. »Egal, wie auch immer, warten wir die weitere Entwicklung ab. Es bleibt dabei, daß außer U 115 die fahrbereiten Boote heute nacht in See gehen. Die Abreise Ihrer Truppe, Herr Schrader, müssen wir zwangsläufig aufschieben, bis sich die Lage geklärt hat.«

*

Sie klärte sich erst am späten Nachmittag. Bis dahin kochte die Gerüchteküche, widersprachen sich die Nachrichten und überschlugen sich zuletzt die Ereignisse. Ein FT aus Paris brachte endlich Klarheit. Ich trommelte meine Offiziere zusammen.

»Es hat tatsächlich ein Attentat auf den Führer gegeben, der Führer lebt, er hat es leicht verletzt überstanden. Er wird noch am Abend über alle deutschen Sender zur Bevölkerung und zur Wehrmacht sprechen.« Ich blickte auf das FT in meiner Hand. »Der Umsturzversuch eines

Klüngels ehrvergessener Heeresoffiziere und Vaterlandsverräter, so heißt es hier, ist am energischen Widerstand der Wehrmacht gescheitert. Sie werden vor Gericht gestellt und ihrer gerechten Strafe zugeführt. Der Attentäter, ein Oberst Graf von Stauffenberg aus dem Oberkommando des Ersatzheeres, und einige seiner Mitverschworenen, deren man sofort habhaft werden konnte, sind bereits in Berlin standrechtlich erschossen worden.«

Atemlose Stille folgte meinen Worten. Keiner hob die Hand und stellte Fragen oder äußerte sich dazu in irgendeiner Form. Auch ich enthielt mich jeden Kommentars. Das Attentat auf Hitler und der Umsturzversuch waren so heikle Themen, daß man jetzt jedes Wort doppelt auf die Goldwaage legen mußte, wollte man nicht in den Strudel mit hineingezogen werden, der diesen Ereignissen unweigerlich folgen würde. Ich hätte dennoch gern gewußt, was angesichts des gescheiterten Attentats in den Köpfen meiner Offiziere vorging. Ich blickte jedoch nur in verschlossene Gesichter.

»Wir werden uns selbstverständlich die Rede des Führers nachher in der Messe gemeinsam anhören, meine Herren«, brach ich das lastende Schweigen, um Zusammenhalt zu demonstrieren. Das war in einer solchen kritischen Situation unerläßlich. Ich sah Schrader an. »Ich werde mich bemühen, bis dahin herauszubekommen, wann die Transportsperre wieder aufgehoben wird, damit Sie mit Ihrem Haufen abzwitschern können.«

»Ich denke, das war eine reine Vorsichtsmaßnahme, um Truppenbewegungen zu verhindern, die möglicherweise von den Putschisten ausgelöst worden sein könnten, Herr Kapitän.«

»Wir werden sehen, Herr Schrader. Bis dann, meine Herren. Ich danke Ihnen.«

Meine Offiziere standen auf, um den Raum zu verlassen.

»Heeresoffiziere, Gott sei Dank!« hörte ich meinen neuen Adjutanten sagen. »Mensch, bin ich froh, daß keiner von der Kriegsmarine dabei gewesen ist!«

Sieh da, was für ein feiner Unterschied, dachte ich. Der sagt: »Heeresoffiziere, Gott sei Dank!« und nicht »Gott sei Dank, der Führer lebt!« Das wäre bei diesem Wollenweber ganz anders gewesen. Der hätte auch allein schon die ersten Meldungen über das Attentat sofort entsprechend kommentiert. Ich war doppelt froh, daß mir das jetzt erspart blieb.

*

Ich hörte der Führerrede nur mit einem halben Ohr zu. Schließlich brachte sie nichts Neues und war im Grunde genommen nur eine einzige Haßtirade, in der er von Vergeltung und Ausrottung mit Stumpf und Stiel geiferte. Meine Gedanken gingen einen gänzlich anderen Weg, sie waren bei den alarmierenden Nachrichten von der Invasionsfront.

Radio Dublin hatte darüber einen Monatsrückblick mit erschreckenden Zahlen gebracht. Demnach war es den Alliierten schon bis zum 12.06.44 gelungen, trotz heftiger Gegenwehr 104000 Tonnen Kriegsmaterial, 54000 Fahrzeuge und 326000 Mann mit schwerem Kriegsgerät an Land zu setzen. Diese Truppenstärke sei bis zum 30.06.44 auf 850000 Mann mit modernsten Waffen angewachsen.

Stimmten die Zahlen Radio Dublins, und daran zweifelte ich nicht, dann konnte jeden Augenblick eine alles überrennende Großoffensive mit schnellen Panzerverbänden losbrechen. Die Schlachten in Nordafrika hatten schließlich bewiesen, daß die Briten und Amerikaner aus der deutschen Blitzkriegstaktik längst ihre Lehren gezogen hatten.

Für mich stand fest, daß es in diesem Fall nur eine Frage der Zeit war, bis die Panzer mit aufgesessener Infanterie auch vor Brest erschienen. Gegen die hatten die von Oberst Heldenklau mühsam zusammengekratzten Verteidiger nicht die geringsten Chancen. Eine Erkenntnis, die mich alarmierte. Der Rest meiner Flottille mußte also so schnell wie möglich raus aus Brest!

Hitler beendete seine Ansprache. Aus dem Radio erklangen die Nationalhymne und anschließend das Horst-Wessel-Lied. Ich stand mit meinen Offizieren auf, denn wir mußten beides mitsingen. Erst danach konnte ich bekanntgeben, was ich inzwischen aus Paris erfahren hatte.

Ich wandte mich zunächst an die Kommandanten der Boote, die zwar fahrbereit, aber nur bedingt frontklar waren. »Es gibt keinen Grund, Ihr Auslaufen aufzuschieben, meine Herren. Machen Sie umgehend seeklar. Der Himmel ist bedeckt, und die Tide steht günstig, um im Schutz der Nacht unentdeckt die Bucht von Brest verlassen zu können. Sie wissen, was sie Ihren zusammengeflickten Booten abverlangen können, wenn Sie Feindberührung bekommen. Was Sie dann tun, liegt allein in Ihrem Ermessen. Sie sollen Ihre Boote heil nach Bergen bringen, damit sie dort wieder voll einsatzfähig gemacht werden können.« Ich folgte damit einer Anweisung des BdU, dem es darum ging, wieder möglichst viele Boote von Norwegen aus einsetzen zu können. »Also keine Kamikaze-Aktionen, meine Herren! Das ist ein Befehl, damit das klar ist!«

»Wie ich erfahren habe, wird die Transportsperre um Mitternacht aufgehoben, Herr Schrader«, fuhr ich fort. »Setzen Sie sich daher umgehend mit der Transportleitung in Verbindung, damit Sie mit Ihrer Truppe möglichst früh aus Brest wegkommen.«

Ich verschwieg ihm, warum ich es so eilig hatte. Zudem hatte mir Roloff bei diesem Gespräch unter dem Siegel absoluter Verschwiegenheit anvertraut, daß auch beim BdU bereits Vorbereitungen getroffen wurden, Paris zu verlassen. Das hatte mir einen gehörigen Schock versetzt.

»Das wär's dann, meine Herren. Herrn Störmer bitte ich allerdings, noch zu einer kurzen Besprechung in mein Dienstzimmer zu kommen.«

*

Ich schenkte mir gerade einen Calvados ein, als Kapitänleutnant Störmer in mein Dienstzimmer trat.

»Nehmen Sie Platz, Herr Störmer. Sie auch einen?«

»Gerne, Herr Kapitän.« Er ließ sich in den bequemen Sessel fallen. »Es geht also los, ja?«

»Morgen nacht, Herr Störmer, beim Kentern der Flut, damit wir schneller rauskommen.« Ich reichte ihm das randvolle Glas. »Zunächst aber erst einmal – Prost!«

Wir tranken. »Ein herrlicher Tropfen, Herr Kapitän. Der wird uns in Norwegen fehlen, finden Sie nicht?«

»Der ist tatsächlich zu schade, um in die Luft gejagt zu werden, wenn das letzte Stündlein unserer U-Bootbasis schlägt. Das muß er nicht, wenn Sie morgen Ihr Boot noch schnell mit dieser Marketenderware vollstopfen, bevor sich die 1. und die 9. Flottille den Rest unter den Nagel reißen. Na, noch einen?«

»Immer!« Er gab mir lächelnd das leere Glas zurück. »Wollen Sie tatsächlich alles sprengen lassen, wenn wir morgen den Stützpunkt verlassen?«

Ich goß uns die Gläser voll und schüttelte den Kopf.

»Das war einmal die ursprüngliche Absicht, die von ganz oben ausgebrütet worden war. Davon ist man abgekommen. Wenn wir das nämlich tun, wissen die Alliierten sofort, daß wir die U-Bootbasis aufgeben. Das widerspräche jeder vernünftigen Kriegstaktik. Die sollen sich so lange bedroht fühlen, bis auch keine Boote der 1. und der 9. Flottille mehr ein- und auslaufen. Dann jagen die beiden Flottillen alles in die Luft und verduften ebenfalls. Ich übergebe morgen alles der U-Flottille *WEDDIGEN* und steige dann mit dem Schreibermaat Knobloch bei Ihnen ein. Und wie sind Ihre privaten Pläne? Ich meine im Hinblick auf Ihre Gattin?«

Ein verlegenes Lächeln flog über sein Gesicht. »Am liebsten würde ich Erika natürlich an Bord nehmen, Herr Kapitän. Aber das geht ja selbstverständlich nicht, und was sollte sie auch in Norwegen? Sie bleibt, bis wir abgelegt haben, dann nimmt sie den Frühzug nach Paris, der Anschluß nach Straßburg hat.«

»Hmmm«, brummte ich nachdenklich, denn diese Lösung fand ich unter den gegenwärtigen Verhältnissen gar nicht so gut. »Allein als deutsche Frau im Zug unter lauter Franzosen? Würde ich nicht riskieren. Da wäre es für Ihre Gattin doch weit weniger gefährlich, wenn sie sich Schraders Trupp anschlösse.«

Er schüttelte den Kopf. »Das war auch mein erster Gedanke. Sie glaubt jedoch, daß sie weniger gefährdet ist, wenn sie nicht als Deutsche zu erkennen ist. Deshalb nimmt sie den Zug nach Straßburg. Sie hat Verwandte in Colmar, bei denen sie als Kind immer die großen Ferien verbracht und Französisch gelernt hat. Sie spricht perfekt französisch mit dem typischen Elsässer Akzent. Der ist den Franzosen vertraut, darum geht sie bei denen glatt als Elsässerin durch, Herr Kapitän.«

Die Worte »als Elsässerin« lösten bei mir eine Erinnerung aus, daß ich unwillkürlich lächelte.

Auf Störmer wirkte das irgendwie verwirrend. »Sie lächeln darüber? Gibt es irgendeinen Grund dafür?«

»Den gibt es wirklich, Herr Störmer. Ihre Worte erinnern mich an meinen II WO auf U 112. Den hat das Schicksal genau wie Sie auf einer Feindfahrt mit seiner künftigen Frau zusammengeführt, allerdings mit einer echten Elsässerin. War eine ganz kuriose Geschichte. Sie hat uns alle ganz schön an der Nase herumgeführt. Wir hielten sie nämlich anfangs für einen Mann, für einen Agenten, so geschickt hat sie den gespielt. Diese Maskerade gehörte damals zu der gefährlichen Aufgabe, derentwegen wir sie an Bord genommen hatten.«[1]

»Noch einer also, der sein Eheglück an Bord gefunden hat. Hieß das nicht mal, Frauen an Bord brächten Unglück, Herr Kapitän?« rieb er mir lächelnd meine eigenen Worte unter die Nase.

Ich lächelte zurück. »Keine Regel ohne Ausnahme, mein Lieber.«

*

Ich hatte nie geglaubt, daß die Auflösung oder Verlegung einer U-Flottille so viel Arbeit bedeuten würde, um all den Ballast zu vernichten, denn das war der Papierberg, der sich in den vier erfolgreichen Kriegsjahren angesammelt und mit militärischer Ordnungsliebe im Flottillenarchiv gestapelt hatte. Die Männer des Flottillenstabs hatten die ganze Nacht über alle Hände voll zu tun, um reinen Tisch zu machen.

[1] Maasch, Erik: *U 112 auf Feindfahrt mit geheimer Order.* Ullstein Taschenbuch 25087

Auch ich konnte mich nicht auf die Bärenhaut legen, für mich blieb noch genügend zu tun. Zu viele Probleme ergaben sich allein schon wegen der Kommandostrukturen in Bergen, bis ich mit U 115 dort eintraf, um die Flottille wieder zu übernehmen. Je weiter die Nacht fortschritt, desto schwankender wurde ich in meinen ursprünglichen Absichten.

War es da nicht besser, ich schickte U 115 noch in der Nacht ohne mich in See und verließ Brest zusammen mit dem Flottillenstab auf dem Landweg? Noch war dieser Weg ja verhältnismäßig sicher. Außerdem konnte ich dann vor der Weiterfahrt in Paris noch einmal mit Kapitän Roloff Kontakt aufnehmen, um mehr über diesen mißlungenen Offiziersputsch zu erfahren.

Zu spärlich waren die Informationen, die mich im Laufe der Nacht erreichten, und es war mehr als fraglich, ob ein Teil davon nicht aus der Gerüchteküche stammte. Dazu gehörte mit Sicherheit die Nachricht, dem Umsturzversuch habe sich auch eine Waffen-SS-Division angeschlossen.

Letztendlich entschied ich mich jedoch, bei meiner ursprünglichen Absicht zu bleiben. Zu verlockend war der Gedanke für mich, nach zwei Jahren Schreibtischarbeit an Land endlich mal wieder an Bord eines U-Bootes in See gehen zu können.

Als Schrader mit den Männern am frühen Morgen in den Zug nach Paris stieg, gab es meine traditionsreiche Flottille in Brest nicht mehr. Alles Geheimmaterial war in Flammen aufgegangen, und alle Verbindungen nach außen waren gekappt worden, bis auf zwei. Die eine war die Verbindung zur Marineartillerie und ihren Nebenstellen, die die Durchfahrt zwischen dem Atlantik und der Bucht von Brest überwachten. Ihre Informationen und ihren Schutz brauchte U 115, um zwischen den vor dieser Durchfahrt üblicherweise lauernden *hunting groups* hindurchschlüpfen zu können.

Die zweite blieb zwischen uns und den beiden anderen U-Flottillen bis Mitternacht bestehen. Über die waren wir für den BdU noch bis zuletzt erreichbar. Beide Verbindungen wurden erst gekappt, kurz bevor U 115 endgültig loswarf.

Der Tag selbst wartete mit einer Überraschung auf, es gab tagsüber keine Fliegerangriffe. Das war mehr als ungewöhnlich und gab auch den beiden anderen U-Flottillenchefs Rätsel auf.

»Ich werde das Gefühl nicht los, daß die irgend etwas aushecken, was uns gar nicht schmecken wird, Herr Störmer«, unkte ich, als die Dunkelheit den Kriegshafen einhüllte und alle Konturen schluckte. Wir standen auf der Mole vor dem Bunker, an der U 115 seeklar lag, nur noch von der vorderen und achteren Spring gehalten.

»Vielleicht brauchen sie die Maschinen für die Großoffensive, von der Sie unlängst sprachen, Herr Kapitän?« Störmer legte seinen Arm um die Schultern seiner Frau und zog sie zärtlich an sich. »Mir wäre jetzt bedeutend wohler, wenn du den Zug nach Paris bereits heute morgen genommen hättest und ich dich in Sicherheit wüßte, Liebling. Was, wenn die morgen in aller Herrgottsfrühe mit Panzerrudeln durch die deutschen Stellungen brechen und ins ungeschützte Hinterland rollen? Dann steckst du mitten in diesem Schlamassel drin.«

»Du machst dir unnötige Sorgen, Bernd. Mein Zug geht um fünf Uhr dreißig. Da glaubst du doch nicht im Ernst, daß die mit ihren Panzern dann schon die Strecke nach Paris erreicht haben könnten«, widersprach sie. »Ich mach' mir viel mehr Sorgen um euch, wenn ...«

Ein Schrei hallte durch die Nacht. Der Schreibermaat kam über die Mole gestürmt. »Herr Kapitän! Ein Anruf für Sie! Gerade, als ich abschalten wollte! Es sei dringend, sagte der Mann am anderen Ende!«

»Dringend? Jetzt noch? Von wo?«

»Das war schwer zu verstehen! Ich glaube, der Anruf kommt von der FuMO-Station auf der Halbinsel Crozon.«

»Verdammt, haben die etwa anfliegende Bomber geortet?« fluchte ich lauthals. »Das fehlte uns jetzt gerade noch! Bin gleich wieder zurück!«

Der Schreibermaat versuchte vergeblich, mit mir Schritt zu halten, als ich zum Bunker zurückeilte. Ich hatte das Tor noch nicht erreicht, da holte mich Kanonendonner aus der Ferne ein. Ein schneller Blick zurück. Dunkel hob sich die Halbinsel Crozon gegen den vom Mündungsfeuer erhellten Himmel ab. Nicht zu erkennen, wer da schoß. Die Marineartillerie aus den Bunkern oder die Flak?

Sekundenbruchteile später war die Luft von einem schrillen Heulen angefüllt, erbebte der Bunker unter ohrenbetäubenden Detonationen, holte uns der Luftdruck der Explosionswellen ein und katapultierte uns regelrecht durch das weit geöffnete Tor in den nachtdunklen Bunker hinein. Ein Splitterregen jaulte hinter uns her und prasselte gegen den schützenden Beton. Der Boden wabbelte wie ein glibberiger Wackelpudding unter unseren flüchtenden Füßen. Aufgewirbelter Staub umhüllte mich und den Maat und nahm uns die Luft, bis wir mein Zimmer erreichten. Knobloch schlug hinter uns die Tür zu.

Verflucht, das ist doch kein Fliegerangriff, das ist Beschuß mit großkalibrigen Granaten, der auf die Bunkeranlage niedergeht, fuhr es mir durch den Kopf. Und in diesem alles vernichtenden Geschoßhagel liegt U 115 ungeschützt draußen an der Mole und bekommt den ganzen tödlichen Segen ab! Und mit ihm sein wartender Kommandant und seine junge Frau! Mich befiel lähmendes Entsetzen.

Mein Gott, wenn dich der Knobloch wegen dieses Anrufs nicht geholt hätte, lägst du jetzt auch dort draußen tot auf der Mole! Meine Hand, die nach dem Hörer griff, stockte bei dieser Erkenntnis mitten in der Bewegung. Ich Idiot, warum hatte ich Störmer nicht befohlen, so lange im Schutz des Bunkers zu bleiben, bis der Zeitpunkt zum Ablegen gekommen war? Mir wurde übel.

»Hallo!« drang eine Stimme aus dem Hörer. »Hallo! Warum meldet sich nicht endlich jemand bei dieser beschissenen U-Bootflottille? Da will man die warnen, und was machen die? Die schieben hinter meterdicken Betonwänden einen geruhsamen Lenz! Hallo!«

Der rüde Ton riß mich aus meiner Lethargie, ich nahm den Hörer auf. »Hier ist der Chef dieser beschissenen U-Bootflottille, Korvettenkapitän Thomsen! Hat sich was mit einem geruhsamen Lenz hinter dicken Betonmauern, Sie Witzbold! Hören Sie das dort draußen?« Ich hielt den Hörer vom Ohr ab. Dumpf dröhnten die Einschläge. »Wollten Sie uns davor warnen? Vor wem? Wer ballert da mit diesem verfluchten Beschuß mein letztes einsatzfähiges Boot in Klump?«

Einen Augenblick herrschte auf der anderen Seite überraschtes Schweigen, dann meldete sich eine andere Stimme. »Tut uns leid, daß wir Sie nicht früher warnen konnten, Herr Kapitän. Hier spricht Hauptmann Kletzig von der FuMO-Station der Flak. Wir haben den starken Schiffsverband zu spät geortet, weil uns jemand den Strom abgeschnitten hat. Ehe wir die Generatoren in

Gang bringen konnten, waren die schon auf Schußweite herangekommen. Ein Schlachtschiff, mehrere Kreuzer und Zerstörer. Die bekommen jetzt von der Marineartillerie Pfeffer, aber das hilft Ihnen vermutlich auch nicht mehr, wenn ich Sie richtig verstanden habe.«

Noch immer schlugen draußen die schweren Geschosse ein und detonierten. Der Bunker schaukelte wie eine Jahrmarktswippe.

»Das haben Sie, Herr Kletzig! Ist erkennbar, was die wollen? Nur ein Feuerüberfall oder mehr? Wollen die uns sturmreif schießen?«

»Das ist nicht erkennbar. Die kreuzen vor der Küste, ihr Abstand bleibt aber konstant. Mit ihrer schweren Artillerie schießen sie über Crozon hinweg; das ist der Beschuß, den Sie jetzt über sich ergehen lassen müssen. Ihre mittlere Artillerie versucht indessen, die Batterien an der Küste auszuschalten. Das dürfte ihnen aber verdammt schwerfallen!«

Seine Worte rauschten an meinen Ohren vorbei. Meine ganze Aufmerksamkeit richtete sich plötzlich nach draußen. Etwas war anders geworden. Noch immer explodierten draußen die Geschosse, doch der Bunker schaukelte nicht mehr, auch der Bunkerboden unter meinen Füßen übertrug ihre Detonationswellen nicht mehr. Dafür gab es nur eine Erklärung.

»Sie haben Zielwechsel gemacht!« Meine Nerven waren noch immer so angespannt, daß ich es laut in den Hörer schrie. »Ich muß raus! Vielen Dank für Ihren Anruf, Herr Kletzig!«

Achtlos warf ich den Hörer auf den Tisch und eilte zur Tür, neben der Knobloch wie angenagelt stand. Er starrte mich aus schreckgeweiteten Augen an und schlotterte am ganzen Leibe.

»Was ... was ...«, stotterte er. »Wir ... haben ja ...«

Ich ergriff ihn an den Schultern und schüttelte ihn. »Kommen Sie zu sich, Mensch! Der Beschuß ist weiter gewandert, Knobloch! Wir müssen raus und sehen, wer noch zu retten ist!«

Ich riß die Tür auf und stürzte den Gang hinunter, der in den Bootsbunker VI führte. Überlaut hörte ich die Geschosse über uns hinwegorgeln und irgendwo im Hafengelände ohrenbetäubend detonieren. Mein Fuß stockte. Geblendet schloß ich einen Moment die Augen, denn greller Feuerschein drang von draußen durch das weit geöffnete Außentor in das Bunkerinnere und erhellte es bis in den letzten Winkel.

Auslaufender Treibstoff hatte sich davor ausgebreitet und Feuer gefangen. Die ganze Wasseroberfläche stand in hoch auflodernden Flammen. Eine richtige Feuerwand, von der mir eine schier unerträgliche Hitze entgegenschlug. Zahllose brennende Ölzungen leckten schon in das Bunkerbecken. Unmöglich, von hier hinaus auf die Mole zu kommen.

»Verdammt!« fluchte ich vor mich hin und wandte mich dem Verbindungsgang zu, der zum Bootsbunker V führte.

Auch der war von dem abfackelnden Treibstoff hell ausgeleuchtet, aber vor seinem Tor versperrte keine wabernde Lohe den Weg hinaus auf seine Mole. Auch auf ihr hatten die Granaten ihre Spuren hinterlassen. Wassergefüllte Krater und ein tiefer Riß quer durch den Betonkai zwangen mich zu einem Hindernislauf. Der Molenkopf war gar zu einer Insel geworden.

Entsetzt starrte ich hinüber auf das Flammenmeer, das aus der Tiefe des Hafenbeckens immer neue Nahrung erhielt. Ein Anblick, der mir einen dicken Schauer über den Rücken jagte, denn nur das aufschwimmende Treiböl erinnerte noch daran, daß dort vor diesem Feuerüberfall das seeklare U 115 mit 48 Mann Besatzung vertäut gelegen und auf meinen Auslaufbefehl gewartet hatte.

Keine Spur auch von seinem Kommandanten und der Ärztin. Der Detonationsdruck der Geschosse hatte sie und alles von der Mole gefegt, was einmal für diesen Werftkai typisch gewesen war. Wie kahle Felsbrocken ragten die Reste der verwüsteten Pier aus dem lodernden Flammenmeer hervor.

Erschüttert wandte ich mich ab. Erneut wurde mir bewußt, was für ein unwahrscheinliches Glück ich bisher gehabt hatte. Zweimal hatte mich in den fünf Kriegsjahren Neptun nicht gewollt und mich und meine Besatzung wieder ausgespuckt, als unsere Boote uns unter dem Hintern absoffen. Jetzt hatte mich der Tod ein drittes Mal verschont, aber seine Sense war nur haarscharf an mir vorübergesaust.

Ich kraxelte über die demolierte Mole zum Bunker zurück, in dessen Schutz der letzte Mann meiner Flottille, der Schreibermaat Knobloch, stand und entsetzt auf das glosende Flammenmeer starrte. Er war noch immer völlig von der Rolle.

*

Erst der heraufziehende Morgen führte mir das ganze Ausmaß der Katastrophe vor Augen, der der Maat und ich entgangen waren. Mit geringen Feuerpausen hatte der Beschuß bis zum Beginn der Morgendämmerung angedauert, weite Teile des Hafens verwüstet und erneut in den Ruinen im Umkreis keinen Stein auf dem anderen gelassen. Eine dicke, fettige Qualmwolke, die selbst der Wind nicht auseinander zu treiben vermochte, lagerte über der geschundenen Stadt, denn noch immer fackelte im Hafen an mehreren Stellen aus versenkten Schiffen ausgetretenes Öl ab.

Auch der Ölteppich vor unserem Bunkerbereich stand noch immer in Flammen. Das war, sah man einmal von den demolierten Kaianlagen und den beiden versenkten U-Bootwracks ab, der einzige sichtbare Erfolg des nächtlichen Feuerüberfalls. Der Bunker selbst hatte sogar den großkalibrigen Geschossen widerstanden. Doch U 115 lag auf dem Grund des Hafenbeckens.

Vergeblich hielten wir nach irgendwelchen Überresten Ausschau. Die Flammen hatten alles verschlungen. Nichts außer seinem brennenden Öl war von dem Boot geblieben. Die Brückenwache, das Leinenkommando an Deck und ihr Kommandant mit seiner Frau waren von den Granaten zerfetzt und, in dem höllischen Flammenmeer bis zur Unkenntlichkeit verkohlt, auf den Grund gesunken. Dort waren sie vereint mit den Männern unter Deck, die das schwer getroffene Boot in die Tiefe gerissen hatte.

Ich machte mir bittere Vorwürfe, daß ich in der Vornacht U 115 nicht ohne mich nach Norwegen in See geschickt hatte. Schließlich waren es ja auch meine eigensüchtigen Wünsche mit gewesen, die mich davon abgehalten hatten, wie ich mir eingestand, und die hatten fünfzig Menschen das Leben gekostet. Was machte es angesichts dieser Schuld schon aus, daß Knobloch und ich jetzt hoch und trocken an Land saßen und nicht wußten, wie wir aus Brest herauskommen sollten.

*

Ich ließ mich über die Zentrale der 1. U-Flottille mit Roloff in Paris verbinden, der fiel aus allen Wolken. »Was denn, Sie sind noch in Brest? Warum – zum Teufel – sind Sie denn nicht mit Ihrem Flottillenstab zusammen nach Bergen abgehauen, Thomsen?«

»Es erschien mir besser, den Stab schon vorab in Marsch zu setzen und noch den Rest allein abzuwickeln, Herr Kapitän«, bog ich mir die Wahrheit zurecht. »Außerdem wollte ich mir selbst ein Bild von der Situation vor der Normandie machen, das erschien mir wichtiger. Wie soll man denn sonst das Gespür für die gegenwärtigen Realitäten im Seekrieg bekommen? Ich habe ja schon seit zwei Jahren kein Boot mehr unterm Hintern gehabt und alles immer nur vom Schreibtisch entschieden.«

»Hmmm!« brummte er. »Das haben mir der Lüth und der Hartmann auch an den Kopf geworfen. Sie wollten also Gespür für die Realitäten bekommen, so, so. Na schön, wenn ich es richtig betrachte, ist da ja auch etwas Wahres dran. Aber was nun?«

Ich atmete auf, denn das klang schon versöhnlicher. »Ich werde mich bemühen, möglichst schnell entweder mit einem Boot der 1. oder der 9. U-Flottille rauszukommen oder mich einem Trupp überzähliger Besatzungsmitglieder der beiden Flottillen anzuschließen.«

»Mit letzterem werden Sie wohl kein Glück mehr haben, Thomsen. Die sind schon auf dem Weg nach Wilhelmshaven, und das ist gut so. Ihr Oberst Heldenklau, wie Sie ihn so treffend nannten, setzt nämlich alle Hebel in Bewegung, um jeden wehrfähigen Mann für die Verteidigung Brests zu rekrutieren. Wie es jetzt aussieht, müßte ich mich schon sehr wundern, wenn er damit höheren Ortes nicht durchkäme.«

»So schlimm, Herr Kapitän?«

Er zögerte einen Augenblick. »Viel schlimmer, Thomsen! Die reinste Hexenjagd, da kommen solche ... Ach, lassen wir das! Sehen Sie schleunigst zu, daß Ihnen die erste oder die neunte zu einem fahrbaren Untersatz verhelfen. Ich werde beide entsprechend anweisen, klar?«

Mir fiel ein Stein vom Herzen. »Klar, Herr Kapitän, und vielen Dank im voraus.«

Mein Optimismus bekam jedoch einen gewaltigen Dämpfer, als ich den Chef der 1. U-Flottille um eine Mitfahrgelegenheit anging.

»Tut mir leid, Herr Thomsen, was Ihnen da passiert ist. Frühestens in sechs Tagen schicke ich ein zusammengeflicktes Boot nach Kiel in See, das aber jeder Feindberührung ausweichen muß. Da können Sie gern einsteigen. Aber wer weiß unter den gegebenen Umständen schon, was in sechs Tagen ist?«

Bei der 9.U-Flottille erging es mir nicht anders, da waren es sogar zehn Tage, auf die man mich vertröstete. Ihr Chef ging allerdings noch weiter: »Vorausgesetzt, wir müssen nicht schon vorher unsere Rapeiken packen. Dann bleibt für Sie und uns nur noch der Landweg. Sind das nicht herrliche Aussichten, Herr Thomsen?«

»In der Tat! Und was für schöne!« quälte ich mir ab. »Vielen Dank für Ihr Angebot. Ich werde gern davon Gebrauch machen, wenn sich nichts anderes ergibt.«

Was für ein Pessimist, dachte ich, als ich den Hörer auflegte. Eines hatte ich jedoch bei ihm trotzdem erreichen können. Er schickte mir einen Funker, der meine gekappten Verbindungen zur Außenwelt wiederherstellte. Die nutzte ich sofort, um mir durch die deutsche Transportverwaltung vorsorglich einen Platz in einem der nächsten Militärtransporte reservieren zu lassen.

»Will ich gerne tun, Herr Korvettenkapitän, aber ...«, der Eisenbahner zog das letzte Wort betont in die Länge, und das sagte eigentlich schon alles, »ich glaube nicht, daß unter den gegenwärtigen Umständen – generelle Urlaubssperre und erhöhte Alarmbereitschaft – auch nur ein einziger Waggon mit Militärpersonal Brest noch verlassen darf. Führerbefehl, Verteidigung bis zur letzten Patrone, verstehen Sie?«

Also auch hier war ich wieder an einen Pessimisten geraten. Ich gestand mir allerdings ein, daß es seit zwei Tagen noch weniger Anlaß zum Optimismus gab. Ich brauchte nur das Radio in meinem Dienstzimmer einzuschalten, das der allgemeinen Vernichtung durch den Flottillenstab wohl aus Gründen der Achtung vor meinem Dienstrang entgangen war, dann wußte ich, was Roloff mit Hexenjagd gemeint hatte.

Durch Deutschland toste eine Verhaftungswelle, sie reichte hinauf bis in die höchsten militärischen Spitzen. Namen wurden genannt wie die der bekannten Generäle von Witzleben, Höpner und Olbricht und andere, die weniger prominent waren. Die Namen Goerdeler oder Leber hatte ich vorher noch nie gehört, es waren jedoch offenbar tragende Figuren des fehlgeschlagenen Putsches. Jedenfalls behaupteten es die Kommentatoren im Deutschlandsender in ihren haßtriefenden Beiträgen. Zahlen wurden allerdings nicht genannt, vermutlich sollte die Bevölkerung über das Ausmaß des Umsturzversuches im unklaren gelassen werden.

Für Radio Dublin galt dieser Maulkorbzwang nicht. Man war wie immer viel informativer. Kein Wunder, Irland hatte als neutrales Land noch immer in Berlin akkreditierte Korrespondenten, und die nutzten ihre Verbindungen. Von mehr als tausend Personen war die Rede, die in Verbindung mit den Verschwörern gebracht und daher sofort verhaftet worden seien.

Angeblich habe man bei dieser Gelegenheit auch alle

mißliebigen Personen in Gewahrsam genommen, die sich kritisch über die Regierung geäußert und irgendwann mal politische Witze kolportiert hatten oder gar verdächtigt worden waren, verbotenerweise Feindsender abgehört zu haben.

Feindsender abgehört! Mir fuhr der Schreck in die Glieder. Ein kleiner Vorwurf nur, geradezu lächerlich im Zusammenhang mit den anderen Nachrichten, aber er genügte vollauf, mich für einen Moment in Panik zu versetzen. Du lieber Himmel, der öffnete doch Tür und Tor! Mein Schwiegervater, Professor Weber, war schon einmal dieses »fluchwürdigen Verbrechens« von einem ganz miesen Denunzianten bezichtigt und daraufhin verhaftet worden.

Es stimmte zwar, daß er BBC hörte, um sich umfassender über alles zu informieren. Er machte im Familienkreis auch gar keinen Hehl daraus. Das hatte mich anfangs schwer geschockt, weil ich die Konsequenzen für ihn fürchtete. Inzwischen tat ich das ebenfalls, und bei uns U-Bootfahrern galt das nicht als Verbrechen. Darum nicht, weil BBC und andere feindliche Sender für uns eine nützliche Informationsquelle darstellten, aus deren Nachrichten wir taktische Schlüsse für die Einsätze ziehen konnten. Die plauderten nämlich oft vieles aus, was bei uns der strikten Geheimhaltung unterlag.

Mein Schwiegervater war ungestraft freigekommen. Die Familie hatte selbstverständlich alles bestritten, und Kapitän Roloff hatte uns seine Hilfe angeboten. Sein Schulfreund, der Abwehrchef Admiral Canaris, hatte seine Männer darauf angesetzt, für die es ein gefundenes Fressen gewesen war, der Gestapo eins auszuwischen. Sie fanden ganz schnell heraus, daß es sich um nichts anderes als einen ganz persönlichen Racheakt eines abgewiesenen Mitbewerbers um den Dekanposten der Uni gehandelt hatte.

Jetzt befürchtete ich, daß diese blöde Geschichte wiederaufleben könnte. Die Gestapo hatte ja in solchen Fällen ein langes Gedächtnis. Einmal von der Gestapo observiert, hieß immer observiert, wenn sich nur der geringste Anlaß bot, und die Ereignisse des 20. Juli waren alles andere als ein geringer Anlaß.

Bei diesem Gedanken tauchten prompt auch wieder die Erinnerungen an meinen ehemaligen Adjutanten Wollenweber aus der Versenkung auf. Dieser Napola-Absolvent hatte angesichts dieser Vorgänge wieder Oberwasser. Konnte man es wissen, ob der jetzt nicht die Möglichkeit zu einer großen Abrechnung nutzte, falls sein Boot heil den nächsten deutschen Hafen erreichte? Fragen über Fragen, die mich in den nächsten Tagen immer wieder beschäftigten. Und das ging nicht nur mir so.

Auch die Offiziere, mit denen ich bei meiner Suche nach einer Mitfahrgelegenheit ins Gespräch kam, ließen durchblicken, daß sie genauso wie ich durch die Vorgänge in der Heimat beunruhigt waren. Mehr noch, die Einführung des Deutschen Grußes anstelle der bis dahin in der Wehrmacht üblichen Ehrenbezeigung durch Handanlegen an die Kopfbedeckung löste heftigen Unmut aus.

Was Göring als Treuebeweis für den Führer und als Bekenntnis der Wehrmacht zum Nationalsozialismus angeordnet hatte, wurde als Bruch mit der militärischen Tradition angesehen und nur widerstrebend befolgt. Dies und die negative Entwicklung auf allen Kriegsschauplätzen trugen dazu bei, daß die allgemeine Stimmung in der Truppe spürbar noch schlechter wurde. Ich machte darin keine Ausnahme.

*

Bewegung in die Normandiefronten kam, nachdem die Alliierten aus ihrem Brückenkopf an der Orne ausgebrochen waren und Caen erobert hatten. Allerdings anders, als es unser Wehrmachtsbericht uns glauben zu machen versuchte.

Als wenige Tage später die amerikanische Durchbruchsoffensive westlich von St. Lô losbrach, die durch einen vernichtenden Luftangriff mit 3400 t Bomben eingeleitet worden war, bröckelte der Widerstand gegen die anstürmende materielle Übermacht ab. Aus den »erfolgreichen Abwehrschlachten« wurden »Absatzbewegungen zur Frontbegradigung«, und die öffneten den amerikanischen Panzerdivisionen den Weg nach Mittelfrankreich.

Für mich wurde es eng, denn meine Rückfragen bei den beiden noch verbliebenen U-Flottillen zeichneten ein düsteres Bild. Hatte es schon vorher Engpässe bei der Reparatur der Boote gegeben, so stand ihre Fertigstellung nunmehr in den Sternen. Der Nachschub blieb aus, er fiel zunehmend den Fliegerangriffen und den Überfällen der Résistance zum Opfer.

»Ich will ja nicht unken, Herr Kapitän«, sagte der I O der 1. U-Flottille grinsend und unkte dann trotzdem: »Aber kommen die feindlichen Panzerverbände weiter so flott voran, ist uns auch bald der Landweg versperrt. Dann können wir uns schon mit dem Gedanken vertraut machen, in amerikanische Gefangenschaft zu wandern. Oder sehen Sie das anders? Die soll übrigens gar nicht so übel sein, habe ich mir sagen lassen.«

»Das sind ja trostreiche Worte, die vor Optimismus nahezu strotzen! Sie vergessen dabei bloß, daß wir davor unser Leben mit der blanken Waffe in der Hand für Führer, Volk und Vaterland in die Schanze schlagen müssen«, höhnte ich und tippte grüßend an meinen Mützenschirm. »Auf diese Aussicht kann ich gern verzichten.«

Kaum hatte sich die Tür hinter mir geschlossen, gestand ich mir jedoch ein, daß mir in diesem Falle die amerikanische Gefangenschaft weitaus angenehmer erschien.

*

Mitten in der Nacht holte mich wildes Geschützfeuer aus dem Schlaf. Ich brauchte eine Weile, bis mir aufging, daß es nicht die Flak war, die da schoß. Der Kanonendonner kam von der Halbinsel Crozon und galt offensichtlich Zielen draußen auf See. Verdammt, geht das wieder los, schoß es mir durch den Kopf. Ich stand auf und wählte den Gefechtsstand der Marineartillerie an, denn seit ich Knobloch an die 9. U-Flottille abgegeben hatte, weil dort ein Schreibermaat durch eine Fischvergiftung verstorben war, stand das Telefon in meinem Zimmer.

Nach einer Weile wurde abgenommen. »Hauptgefreiter Hübner am Appa ...«

»Hier ist Korvettenkapitän Thomsen von der 15. U-Flottille«, unterbrach ich ihn. »Was ist los da draußen auf See? Wieder ein Kampfverband wie neulich?«

»Diesmal nicht, Herr Kapitän, nur eine U-Jagdgruppe, die hinter einem U-Boot her ist und es dabei leichtsinnigerweise bis in unseren Schußbereich verfolgt hat. Denen bringen wir jetzt Mores bei.« Ein gewaltiger Donnerschlag unterstrich seine Worte. Im Hintergrund hörte ich Jubelgeschrei. Er jubelte mit: »Volltreffer! Voll in die Munitionskammer! Der macht sich jetzt auf den Weg zu den Fischen! So was kommt eben von so was, wenn man uns vor die Rohre kommt, Herr Kapitän!«

»Gratuliere! Schönen Dank für die Auskunft! Weiterhin guten Erfolg!«

Ich legte auf und kroch wieder ins Bett. Doch irgendwer mißgönnte mir meine Ruhe. Keine zwei Stunden später rappelte das Telefon und jagte mich aus einem angenehmen Traum hoch. Unwillig kroch ich aus den Federn und nahm ab.

»Ja?« fragte ich ungnädig. »Wissen Sie, wie spät es ist?«

»Ziemlich genau, Herr Kapitän. Warum fragen Sie? Es ist auf die Minute genau zwei Uhr fünfzehn.«

»Und warum rufen Sie mich zu dieser nachtschlafenden Zeit an? Mit wem spreche ich überhaupt?«

»Mit Obersignalmaat Kugler von der Signalstation. Ich rufe an, weil U 112 soeben die Einfahrt in die Bucht von Brest passiert hat und um die Zuweisung eines Liegeplatzes gebeten hat.«

Mir verschlug es einen Moment die Sprache. »Was ... was sagen Sie da, Signalmaat? Wollen Sie mich verarschen? U 112 ist im Mittelmeer stationiert, und zwar seit zwei Jahren. Ich muß das wissen, denn es ist mein altes Boot.«

»Irrtum ausgeschlossen, Herr Kapitän!« protestierte der Maat energisch. »Das Boot hat sich mit U 112 gemeldet. Ich hab' den Blinkspruch selbst aufgenommen. Welchen Liegeplatz darf ich dem Boot melden?«

Mich durchfuhr ein freudiger Schreck. U 112 bat um einen Liegeplatz im U-Boothafen! Die Nachricht kam so überraschend, daß ich minutenlang überwältigt schwieg. Ich war unfähig, einen klaren Gedanken zu fassen, denn in meinem Kopf herrschte ein wüstes Durcheinander. Sollte man es glauben? U 112, mein altes Boot, das ich in La Spezia verlassen hatte, um in Brest die 15. U-Flottille zu übernehmen, kehrte genau im Augenblick höchster

Gefahr für mich zu mir zurück! Wenn das kein Wink des Schicksals war!

»Hallo!« brachte sich der Signalmaat in Erinnerung. »Sind wir noch miteinander verbunden? Der Kommandant fragt erneut an, welchen Liegeplatz U 112 anlaufen soll.«

Das brachte Ordnung in meinen Schädel. »Bunkerbecken eins, Signalmaat! Warnen Sie das Boot. Vorsicht an der Mole vor Bunker sechs, da liegen Hindernisse auf Grund!«

Ich warf den Hörer auf die Gabel und raffte meine Klamotten zusammen. Fieberhaft streifte ich mir die Uniform über und griff nach meinem Handscheinwerfer, um zum Bunkerbecken I zu eilen und damit das Boot in den Bunker zu lotsen. Ein Suchscheinwerfer flammte draußen auf, suchte mit seinem Strahl nach der Bunkereinfahrt.

Ich blickte auf meine jämmerliche Handleuchte. Blödsinn, die brauchten keine Handleuchte, die sie reinlotste, die brauchten Licht! Noch war es draußen so duster, daß kein Fliegerangriff zu befürchten war. Warum also nicht? Ich brauchte nur die grelle Bunkerbeleuchtung einzuschalten, die U 112 schneller und sicherer als so eine lahme Funzel in den schützenden Bunker I brachte! Ich blieb vor dem Schaltkasten stehen und suchte mit der Handleuchte den Schalter. Der Schalter war jedoch nicht so schnell gefunden, denn den hatte ich schließlich noch nie bedient.

U 112 war schneller. Als die Bunkerbeleuchtung aufflammte, schob sich sein Bug bereits in das Bunkertor. Vom Turm winkten mir Männer der Brückenwache ganz unmilitärisch zu, mit denen mich Erlebnisse verbanden, die sich tief in unsere Erinnerungen eingegraben hatten.

Das Leinenkommando stand an Deck, viele bekannte Gesichter waren darunter. Verwunderung zeichnete sich darauf ab, weil sie vergeblich nach den Männern auf dem Beckenrand Ausschau hielten, denen sie die Wurfleinen für die Festmacher zuwerfen konnten. Sie sahen jedoch nur mich und zögerten verunsichert.

»Nun los, ziert euch nicht!« rief ich ihnen zu. »Her mit der vorderen Spring!«

Ein leibhaftiger Korvettenkapitän und Flottillenchef, an dessen Hals das Ritterkreuz mit Eichenlaub und Schwertern funkelte als Mann für die Festmacher? Das hatte es noch nicht gegeben. Unschlüssig sahen sie die Seemännische Nummer Eins an, den Smadding, der grinsend zu mir herüber blickte und ganz unvorschriftsmäßig salutierte.

Stabsoberbootsmann Wörle, gefürchtet wegen seiner unkonventionellen Disziplinierungsmethoden, machte mit seiner durchdringenden Stimme dem Zögern ein Ende. »Habt ihr nicht gehört, ihr schlappen Säcke? Das war ein Befehl! Wollt ihr den erst schriftlich haben?«

Die erste Wurfleine zischte durch die Luft, brachte die vordere Spring an Land. Blitzschnell streifte ich das Tau über den Poller und eilte nach achtern, wo die zweite Wurfleine bereits auf dem Beckenkai lag. Hier ging es noch schneller, weil mir U 112 schon mit dem Heck entgegenschor.

Männer sprangen an Land, sobald die Leinen dichtgeholt waren, warfen die eigentlichen Festmacher über die Poller und schoben eine Stelling hinüber zum Boot. Das Rumpeln der Diesel verstummte. U 112 lag festvertäut im Bunker.

Der Pfiff der Batteriepfeife schrillte bis in den letzten Winkel. Die Männer an Deck erstarrten.

»Zur Meldung an den Flottillenchef ... Front nach Steuerbord!«

Kapitänleutnant Kruse kam die Turmklampen heruntergeturnt. Unter dem Zwitschern der Bootsmannsmaatenpfeife überquerte er die Stelling und baute sich, ebenfalls völlig unvorschriftsmäßig mit der Hand am Mützenschirm salutierend, vor mir auf.

»Melde Herrn Kapitän gehorsamst: U 112 nach zwei Jahren Einsatz im Mittelmeer wohlbehalten in den Flottillenhafen zurückgekehrt!«

»Danke, Herr Kruse!« wahrte ich das militärische Protokoll und erwiderte seinen Gruß gleichfalls mit der Hand am Mützenschirm. »Herzlich willkommen in Brest, Männer!«

»Danke, Herr Kapitän!« erscholl die Antwort von Bord.

Da ging es mit Klaus Kruse und mir durch. Vergessen waren die militärischen Rangunterschiede, die uns trennten. Es war wie in alten Zeiten. Wir umarmten uns und schlugen einander auf die Schultern, wie es unter Freunden üblich war, die sich nach zwei schweren Kriegsjahren unverhofft wiedersahen.

»Mensch, bin ich froh, dich hier in Brest heil und gesund wiederzusehen, Klaus!«

»Und ich erst, Arne! Aber was ist los? Warum bist du alleine hier? Da stimmt doch was nicht! Wir hatten einen großen Bahnhof erwartet!«

»Das erzähl' ich dir später, alter Junge. Laß mich erst einmal all' die guten alten Bekannten begrüßen!«

Ich war außer mir vor Freude und hätte in diesem Augenblick am liebsten die ganze Welt umarmt. Und so wurde es mit den Männern, die mit mir in den Weiten des Atlantik, vor Amerika, in der Karibik und im Mittelmeer durch dick und dünn gegangen waren, ein langes fröhliches Händeschütteln und ein gänzlich unmilitärische Schulterklopfen. Ich fühlte mich plötzlich in ihrem Kreis wieder wie zu Hause.

*

Der Rest der Nacht ging dabei drauf, als ich den fünf Offizieren die Lage in Brest erklärte. Sie machten lange Gesichter und spülten ihre Enttäuschung mit dem Marketender-Calvados aus dem Flottillenbestand herunter, den ich zurückgelassen hatte, als ich mein Zeug an Bord von U 115 gebracht hatte.

»Ach du Schei ... Schande, da sind wir ja vom Regen in die Traufe gekommen!« rutschte es dem LI, Oberleutnant Ing. Wagner, heraus.

»Und was heißt das, Herr Wagner?« hakte ich nach.

»Wir müssen in die Werft, Herr Kapitän. Das Boot muß gründlich überholt werden, denn es gibt immer wieder irgendwelche Pannen. Da muß endlich was passieren.«

»Das Boot ist ja in den letzten drei Jahren fast pausenlos im Einsatz gewesen und nur immer so zwischen Tür und Angel wieder einsatzfähig gemacht worden oder mit Bordmitteln zusammengeschustert worden, Arne«, ergänzte Klaus Kruse. »In Italien war das ja nicht mehr anders möglich, seit die Itaker 'ne Kehrtwendung gemacht und die Fronten gewechselt haben.«

»Habt ihr deshalb Brest angelaufen?«

»In erster Linie, Arne. Aber wir müssen auch nachbunkern, nachproviantieren und dann natürlich ein paar Torpedos und vor allen Dingen diese neuartigen akustischen Treibminen übernehmen, von denen wir gehört haben.« Klaus sah mich fragend an. »Das ist doch hoffentlich möglich?«

»Nichts leichter als das. Das kann ich regeln, denn meines Wissens fehlt es in Brest daran noch nicht. Aber wie schon gesagt, mit einer Werftüberholung wird das nichts.« Ich zuckte bedauernd die Schultern. »Da fehlen den beiden noch verbleibenden U-Flottillen bereits die Ersatzteile für ihre beschädigten Boote, um noch einige davon wenigstens so weit fahrbereit zu machen, damit die abzischen können, bevor hier die Lichter endgültig ausgehen.«

»Schei ... Scheibenhonig! Dann werden wir also wieder improvisieren müssen und den Eimer so zusammenflicken, daß wir damit bis Bergen oder vielleicht sogar nach Kiel kommen«, sagte der LI resignierend.

»Vor allen Dingen müssen Ihre Stoker endlich die Quelle des Ölverlustes aufspüren, Herr Wagner«, erinnerte ihn der I WO, Oberleutnant Werda. »Was auf See nicht möglich war, dürfte doch wohl hier im sicheren Bunker ohne Schwierigkeiten zu machen sein, oder?«

Der LI nickte. »Aber ja doch! Da gehen wir morgen gleich ran.«

»Morgen?« Der I WO schaute demonstrativ auf seine Uhr. »Sie meinen sicher den heutigen Morgen, Herr Wagner. Dann fangen Sie man mit Ihren Stokern gleich an.«

»Sie haben einen Ölverlust, Herr Wagner?« horchte ich auf. Das war für ein U-Boot ein überaus gefährlicher Schaden. »Schon lange?«

»Das wissen wir nicht genau. Eigentlich vermuten wir es nur«, antwortete Klaus an seiner Stelle. »Zumindest seit wir La Coruña passiert und auf die Biskaya eingedreht hatten, sieht es so aus, als schleppten wir eine Ölspur nach. Da wurden wir nämlich von Flugzeugen auf die Hörner genommen und mit Wabos bepflastert. Von dort an fuhren wir tagsüber nur noch getaucht und hatten trotzdem immer wieder Jagdgruppen auf dem Hals, die offenbar von Flugzeugen alarmiert worden waren. Die sind wir nur nachts losgeworden, und das spricht doch für 'ne Ölspur. Wie sollten die uns denn sonst am Tage gefunden haben?«

»Vermutet? Ja aber habt ihr das denn nicht kontrolliert?«

Es war nicht die Frage, es war der indignierte Ton, in dem ich sie stellte. Der ging ihm gegen den Strich.

»Wie sollten wir denn, Arne?« fuhr er hoch. »Nachts mit 'ner Lampe herumfummeln, wo selbst 'ne brennende Zigarette meilenweit zu sehen ist? Da hätten wir ja gleich Fackeln anzünden können.«

»Da hast du natürlich recht, Klaus«, gab ich zu und wandte mich direkt an den LI. »Aber nun liegt ja U 112 im Bunkerbecken. Jetzt läßt sich doch leicht feststellen, ob Öl austritt, Herr Wagner. Das haben Sie doch sicher getan, oder?«

Das hatte er natürlich nicht, das sah ich seiner betretenen Miene an. Das war ganz offensichtlich in der allgemeinen Erleichterung darüber untergegangen, daß man nun endlich in einem schützenden Bunker lag und vor den Verfolgern von See sicher war. Aber Wagner war anscheinend erst kurze Zeit an Bord, sonst wäre der I WO nicht so mit ihm umgesprungen. Da konnte so ein kleiner Dämpfer gar nicht schaden, den würde der LI mit Sicherheit nicht so schnell vergessen.

Ich sah ebenfalls auf meine Uhr. »Schön, viel Zeit ist Ihnen dazu ja noch nicht geblieben«, lenkte ich ein, bevor er antworten konnte. »Aber ich gehe davon aus, daß das selbstverständlich umgehend geschieht, wenn es endgültig Tag geworden ist.«

Wagner atmete erleichtert auf. »Jawohl, Herr Kapitän! Das werde ich sofort veranlassen!«

Ich stand auf, um die Besprechung zu beenden. »Ich hätte dann gern im Verlauf des Vormittags eure Bedarfsmeldungen, damit ich das regeln kann, Klaus. Zunächst richtet euch aber erst mal hier im Bunker ein, dann sehen wir weiter.«

*

Als mir Klaus die Bedarfsmeldungen brachte, bekam ich kullerrunde Augen. »Was denn, nur acht Torpedos, dafür aber so viel Treibminen wie möglich? Warum das denn? Sagtest du nicht, ihr hättet euch restlos verschossen?«

Auf meine einladende Handbewegung hin, nahm er vor meinem Tisch Platz. »Haben wir auch. Aber, sei mal ehrlich, die Zeiten, als wir die Jäger waren, sind doch längst vorüber. Jetzt sind wir die Gejagten. Daß wir auf unserem Törn nach Bergen oder Kiel jede Gelegenheit zu einem erfolgversprechenden Angriff nutzen werden, ist selbstverständlich, aber nicht um jeden Preis. Wir sind keine Kamikazeflieger. Deshalb diese akustischen Minen, von denen man uns in Italien leider nur berichtet hat.«

Jetzt begriff ich. Ich selbst hatte ja noch keine praktischen Erfahrungen mit diesen Teufelseiern sammeln können, hatte aber von ihrer Wirkungsweise gehört. Diese Treibminen waren eine neuartige Verteidigungswaffe unserer U-Boote, denn sie sprachen, wie auch die akustischen Torpedos *LUT* und *ZAUNKÖNIG,* auf Schraubengeräusche an. Mit dem Heckrohr des flüchtenden Bootes vor einem Verfolger ausgestoßen, wurden sie zu einer tödlichen Gefahr. Sobald der sie nämlich bei der Verfolgung überlief, ging sie hoch und zerschmetterte ihm das Heck.

Ich nickte deshalb zustimmend. »Gut, Klaus, ich werde versuchen, was möglich ist. Wie sieht es mit dem Ölverlust aus?«

»Jaaa«, sagte er gedehnt und verzog das Gesicht. »Da stehen wir vor einem Rätsel. Es steigt nämlich kein Öl auf, und das müßte es ja eigentlich. Auch meine Taucher haben kein Leck gefunden. Wie, zum Teufel, haben uns dann diese *hunting groups* aufspüren können?«

Ich erinnerte mich an das, was mir Störmer berichtet hatte. »Du sprachst von Flugzeugen, Klaus. Habt ihr beobachtet, ob die irgendwelche Geräte an Fallschirmen abgeworfen haben? Oder könnten die das Kielwasser oder die Abgase eures Schnorchels beobachtet haben?«

»Hmmm«, brummte er und wiegte nachdenklich den Kopf hin und her, »der erste Fliegerangriff in der Biskaya ist in der Morgendämmerung erfolgt, nachdem wir die Mistbienen ausgemacht hatten und vor ihnen weggetaucht waren. Die müssen noch unseren Tauchwirbel gesehen oder uns mit RADAR entdeckt haben. Und danach?« Er schüttelte den Kopf. »Da kann es tatsächlich das Kielwasser oder der Qualm aus dem Schnorchel gewesen sein. Aber was hat das mit dem Fallschirm auf sich?«

Ich schilderte ihm, was Störmer beobachtet hatte und welche Schlüsse wir daraus gezogen hatten.

Er starrte mich entgeistert an. »Eine Erklärung wäre das schon, Arne. Mensch, dann sind wir ja restlos in den Arsch gekniffen und können glatt einpacken!«

Ich hob beschwichtigend die Hände. »Nun mach nicht gleich die Pferde scheu, Klaus! Das ist eine bloße Vermutung, mehr nicht! Kann sein, kann aber auch eine ganz andere Bewandtnis haben. Ich werde mich jetzt erst mal um euren Bedarf kümmern.«

Er nahm es als Beendigung unseres Gespräches und stand auf. »Du wirst zugeben, es ist trotzdem beschissen.«

»Stimmt!« Ich lächelte. »Dazu fällt mir übrigens etwas ein. Wir haben uns in der Nacht völlig unvorschriftsmäßig begrüßt. Denk dran, beim nächsten Mal ist der Deutsche Gruß dran.«

*

Zwei Nächte später warf U 112 die Leinen los. Langsam nahm das Boot Fahrt auf und glitt aus dem schützenden Bunker hinaus in den dunklen regenverhangenen Hafen von Brest. Selbst für mich kaum vernehmbar, surrten die E-Maschinen. Eine Schutzmaßnahme, um nicht durch die bullernden Diesel die Aufmerksamkeit der allgegenwärtigen Späher der Résistance zu erregen.

Mich überkam ein seltsames Gefühl. Mir war auf einmal, als spule sich die Zeit mit einer rasanten Geschwindigkeit um die vergangenen zwei Jahre zurück, die ich an Land verbracht hatte. Ich stand wieder im Ölzeug auf der Brücke meines U-Bootes, verspürte das Vibrieren der Gräting im Takt der Maschinen unter meinen Füßen, sah die schattenhaften Umrisse der Bunkermole im strömenden Regen verschwommen vorübergleiten, hörte die vertrauten Kommandos Kruses, die routinemäßigen Meldungen und war grenzenlos glücklich, obwohl ich diesmal nur als Badegast mitfuhr.

Glücklich auch darüber, daß U 112 viel schneller als erwartet seeklar machen konnte und wir den Hafen von Brest genau zum richtigen Zeitpunkt hinter uns zurücklassen konnten. Die deutsche Abwehrfront am Atlantik war nämlich zusammengebrochen. Starke amerikanische Panzerverbände hatten bei Avranches die deutschen Linien durchstoßen und eine Bresche für ihre motorisierten Divisionen in diese Verteidigungsstellungen geschlagen.

Der Krieg in Frankreich bekam dadurch eine ganz neue Dimension. Der erfolgreiche Durchbruch ermöglichte es den Amis, zum Bewegungskrieg gegen die zurückweichenden deutschen Verbände überzugehen. Allen deutschen Stützpunkten an der Biskaya drohte somit die Gefahr, irgendwann durch die vorpreschenden Panzereinheiten vom französischen Hinterland abgeschnitten zu werden.

Leise Kommandos rissen mich aus meinen Gedanken. Sie ließen das Boot auf die schwach blinkende Bojenreihe einschwenken, die zur engen Durchfahrt in den Atlantik führte.

»Na, was ist das für ein Gefühl, Arne?« fragte mich Klaus leise, der unbemerkt neben mich getreten war. »Zwei Jahre sind eine verdammt lange Zeit, was?«

»Ich merke erst jetzt, wie mir so eine enge Eisenröhre mit all ihren Widrigkeiten gefehlt hat. Ich hätte mir allerdings nie träumen lassen, daß es ausgerechnet U 112 sein könnte, auf dem ich nun doch noch Brest verlassen kann!«

»Und deine Frau?« Ich war sicher, er lächelte bei dieser Frage. Er erinnerte sich vermutlich noch daran, wie glücklich Anke vor zwei Jahren darüber gewesen war, daß ich Flottillenchef in Brest geworden war und nicht mehr raus auf See mußte. »Hast du ihr gesagt, daß du Brest auf einem U-Boot verlassen willst?«

»Du lieber Himmel, was für eine Frage, Klaus! Natürlich nicht! Sie weiß nur, daß ich Brest verlasse. Womit, das habe ich ihr bei unserem letzten Telefonat tunlichst verschwiegen.« Mehr hätte ich ihr sowieso nicht verraten dürfen, weil man nie wußte, wer da auf dem langen Weg nach Deutschland noch mithörte. »Sie machte sich wegen der geglückten Invasion schon genug Sorgen um mich. Und wie geht es deiner Familie?«

»Keine Ahnung, Arne. Ich habe seit vier Wochen nichts mehr von ihr gehört. Du weißt ja, wie das ist, keine Post und erst recht kein Telefonat mehr. Toni sagte mir damals, sie habe das Leben im Bunker satt und werde mit den Kindern zu Verwandten aufs Land ziehen, um den ständigen Fliegerangriffen auf das Ruhrgebiet zu entgehen. Seitdem weiß ich nicht einmal, ob unser Haus noch steht. Ist denn deine Familie in Blankenese sicher?«

»Ach Gott, sicher! Wo ist man denn das heute noch? In Blankenese, so dicht bei Hamburg, ganz bestimmt nicht. Anke ist mit den Kindern ebenfalls aufs platte Land gezogen, nach Oldsum auf Föhr. Ihre Cousine, die in der Nähe von Bad Oldesloe verheiratet ist, hat ihr das Ferienhaus auf Föhr überlassen. Dort spürt man vom Krieg noch gar nichts.«

»Ferienhaus, das klingt nach Sommer. Was macht sie denn dann im Winter? Hat Kapitän Wolters damals auf der *Flying Lady* nicht behauptet, daß der Winter dort oben gar nicht so ohne ist? Daß man ihn eigentlich nur im Suff ertragen könne?«

Ich lachte auf. »Das hat Wolters nie gesagt! Fritzi, Oles Frau, hat das mal behauptet. Hart kann der Winter dort schon sein, mit Eisgang und so. Aber daß man ihn nur im Suff ertragen kann, stimmt nicht. Ich hab' ja mit der Familie, als wir mit U 112 von der amerikanischen Westküste zurückgekehrt waren, dort im Winter meinen Urlaub verbracht. Der war wundervoll, und getrunken haben wir auch nicht mehr als sonst im Urlaub. Ferienhaus ist übrigens stark untertrieben, das ist ein richtiges winterfestes Friesenhaus, reetgedeckt und mit allem Komfort.«

Durch den Regen blinkte eine Klappbuchs *Anton! Anton!*, das übliche Anrufsignal, zu uns herüber.

»Der Anruf gilt offenbar uns, Herr Kaleu!« meldete Signalobermaat Mendel. »Aufnahmebereitschaft signalisieren?«

Seine Frage rief die unangenehmsten Erinnerungen in mir wach. Hatte Mendel denn vergessen, was damals passiert war, als wir auf einen solchen nächtlichen Anruf hereingefallen waren? Bloß das nicht noch einmal!

Ich öffnete schon den Mund, um ihn anzuschnauzen, als mir Klaus zuvorkam.

»Den Teufel werden Sie tun, Mendel!« fauchte er ihn an. »Der Futzi da oben kann blinken, bis er schwarz wird! Keine Sau kann wissen, daß wir unterwegs sind. Vielleicht hat ihm ein Unterwassermikrophon verraten, daß da jemand den Hafen verläßt. Jetzt klopft der Kerl auf gut Glück auf den Busch. Vielleicht geht ihm jemand auf den Leim, dem er dann, wie schon gehabt, 'ne Maschinengewehrgarbe verpassen kann. Am liebsten würde ich dem jetzt ein paar Splittergranaten vor die Nase setzen, aber dann hat der Saukerl genau das erreicht, was er wollte.«

Mendel schwieg betroffen, dafür meldete sich der BÜ: »Meldung aus dem Funkerschapp, Herr Kaleu. In unmittelbarer Nähe funkt jemand verschlüsselt.«

»Hab' ich's doch geahnt!« Kruse schlug wutentbrannt mit der flachen Hand auf die Turmbrüstung. »Der informiert jetzt die Tommies, die draußen auf See außerhalb der Schußweite der Küstenbatterien kreuzen. Verflucht, womit haben wir uns verraten? Was meinst du, Arne?«

Ich war selbst überrascht. Im abgesperrten Bunkerbereich gab es keine französischen Hilfskräfte mehr, die unser Auslaufen hätten weitermelden können. Landgang für die Besatzung hatte es ebenfalls nicht gegeben, wobei die Männer etwas hätten ausplaudern können. Also blieb nur noch das Mikrophon. U 112 lief jedoch mit den E-Maschinen, die selbst für unser höchstempfindliches Gruppenhorchgerät (GHG) nahezu unhörbaren waren. Daß die uns verrieten, erschien mir darum höchst unwahrscheinlich.

Ich zuckte die Schultern, obwohl er das in der Dunkelheit gar nicht sehen konnte. »Irgendwer muß uns beobachtet haben, Klaus, den wir selbst nicht bemerkt haben. Vielleicht mit so einem Nachtsichtgerät, einem Restlichtverstärker, von dem ich gehört habe.«

»Hmmm«, brummte er. »Womit ist ja eigentlich auch scheißegal. Die wissen jetzt jedenfalls, daß da ein U-Boot in den Atlantik raus will. Darauf werden wir uns eben einstellen.«

*

Vorsichtig tasteten wir uns in die enge Durchfahrt hinein, liefen nur mit Kleiner Fahrt und nutzten den in dieser Landenge besonders starken Ebbstrom, um möglichst lautlos hinaus in den Atlantik zu gelangen. Plötzlich geisterte an Steuerbord der Strahl einer Handleuchte durch den Regendunst, suchte das steinige Ufer nach Personen ab, die sich dort verborgen haben könnten. Sorgloses Gelächter klang bis zu uns herüber.

»Eine Stoppelhopserstreife, die das Sperrgebiet absucht, Herr Kapitän«, sagte der I WO, Oberleutnant Werda, leise zu mir. »Komische Vögel! Wie wollen denn diese Idioten auch nur einen der Froschfresser aufstöbern, wenn sie sich dabei so verhalten, daß jeder noch rechtzeitig vor ihnen türmen kann?«

Kaum waren seine Worte heraus, riß der Strahl der Lampe vier Männer in Zivil aus der Dunkelheit. Doch die türmten nicht, im Gegenteil. Die ließen sich zu Boden fallen und eröffneten noch im Fallen das Feuer aus Maschinenpistolen. Aber nicht nur Werda hatte die Stoppelhopser unterschätzt, auch die Froschfresser, wie er die Franzosen nannte. Die waren ebenfalls auf das scheinbar sorglose Verhalten der Streife hereingefallen. Die war jedoch auf alles vorbereitet und blieb denen nichts schuldig.

Wo sich eben noch die Handleuchte als anscheinend nicht zu verfehlendes Ziel angeboten hatte, erhellte das Mündungsfeuer aus mehreren Maschinenpistolen den Regendunst, ratterte außerdem ein Maschinengewehr los und streute mit Leuchtspurgranaten den Strand ab, auf dem die Franzosen lagen und sich durch ihr Mündungsfeuer verrieten.

»Mist! Die beharken sich da, und wir sind zum unbeteiligten Zuschauen verdammt!« motzte der Signalobermaat Mendel und spuckte über die Turmbrüstung. »Ein paar Feuerstöße aus der Zwo-Zentimeter, und der Feuerzauber ist ganz schnell vorbei!«

»Stimmt, Mendel!« sagte ich ironisch. »Und dann weiß die ganze Welt, daß wir hinaus in den Atlantik streben.«

»Darum mal eine Frage, Rudi. Haste noch mehr solcher blöden Vorschläge auf Lager?« hieb Obersteuermann Weiß in die gleiche Kerbe. »Wie wär's denn, wenn du heute mal ausnahmsweise dein bißchen Grips einschalten würdest? Kiek mal lieber hin, dann siehste, wie man det machen muß.«

Während verhaltenes Kichern aus der Brückenwache ertönte, detonierten auf einmal Handgranaten und bereiteten dem Schußwechsel auf der französischen Seite ein jähes Ende.

»Feuer einstellen!« hallte eine befehlsgewohnte deutsche Stimme über das Wasser bis zu uns herüber.

Der Befehl wurde sofort befolgt. Am Strand trat Ruhe ein.

»Na, Herr Werda, bleiben Sie noch bei Ihrem Urteil, daß das alles Idioten sind?« fragte ich spöttisch. »So kann man sich irren, was?«

»Sie sagen es, Herr Kapitän. Ich nehme alles zurück und behaupte das Gegenteil.«

*

Die hohen felsigen Ufer traten zurück. Vor U 112 weitete sich die dunkle Bucht zwischen Pte. de St. Mathieu und Camare-sur-Mer hinaus in die offene See. Seltsamerweise schwieg unser GHG noch immer, und das FuMO fing ebenfalls keine feindlichen RADAR-Kontakte auf.

»Was ist los, Obersteuermann?« fragte ich Weiß, der neben mir an der Turmbrüstung lehnte. »Keine Schraubengeräusche und kein RADAR? Haben wir die Meldung verpaßt, daß der Frieden ausgebrochen ist?«

Weiß lachte leise. »Ist bloß so 'ne Masche im Katz- und Mausspiel, Herr Kapitän. Die sind aber da, die Kameraden von der anderen Feldpostnummer. Das geht garantiert los, wenn wir das Boot getrimmt haben und Kurs auf den Atlantik nehmen.«

»Darum gibt's eigentlich keinen Grund mehr, mit den E-Maschinen zu laufen und die Batterien zu strapazieren«, meinte Kruse. »Die werden wir noch brauchen, wenn wir den Schutz unserer Küstenbatterien verlassen. BÜ, beide E-Maschinen stopp! Auf die Diesel umsteigen und voll voraus! Kurs zwo-null-null! Wassertiefe regelmäßig melden!«

Vorbei war es mit der Ruhe. Bullernd setzten die Diesel ein, trieben uns mit Umdrehungen für achtzehn Knoten hinaus in tiefes Wasser. Immer schneller nahm die Wassertiefe unter uns zu.

»Sie hören uns jetzt und werden anhand unseres Kurses davon ausgehen, daß wir uns mit Höchstfahrt an der Ile de Sein vorbei nach Südwesten zu mogeln versuchen, um ihrer Blockade zu entgehen.« Klaus kicherte. »Genau das Gegenteil werden wir tun, sobald wir den Eimer getrimmt haben. Ich wette, in spätestens zehn Minuten werden die Brüder aus ihrem Schönheitsschlaf erwachen und wir sie im GHG und im FuMO haben.«

Er hätte die Wette gewonnen. Es vergingen keine fünf Minuten, da meldete das Horcherschapp die ersten Schraubengeräusche und fing das FuMO RADAR-Kontakte auf.

»Na bitte!« triumphierte er. »Jetzt werden wir ihnen mal Rätsel aufgeben, indem wir wegtauchen. Es ist tief genug, um das Boot trimmen zu können. Anschließend gehen wir auf Gegenkurs.«

Das Trimmen war ein Pflichtprogramm, an dem kein U-Boot vorbeikam, das zur Feindfahrt auslief. Nur so ließ sich die Gewichtsverteilung mit Hilfe der Trimm- und Regelzellen ausgleichen, so daß das Boot auf ebenen Kiel kam. Der zweite Teil diente dazu, den Bootskörper und die Stopfbuchsen in großer Tiefe auf Dichte zu prüfen.

Stopfbuchsen, die alle aus dem Bootskörper ragenden Teile abdichtend umgaben, waren die Sorgenkinder einer jeden U-Bootbesatzung. Deshalb tauchte das Boot zum Schluß immer in eine Tiefe ab, in der ein Wasserdruck herrschte, für den es gar nicht konstruiert worden war. Hielten sie diesem extremen Druck stand, obwohl der Bootskörper in zweihundert Meter Tiefe in allen Verbänden knirschte und stöhnte, konnte man halbwegs sicher sein, daß es im Ernstfall keine bösen Überraschungen gab.

Ich konnte nicht aus meiner Haut. Obwohl ich nur Zuschauer an Bord war, verfolgte ich dennoch den Ablauf des Trimmprogramms mit den kritischen Augen des ehemaligen Kommandanten. Der Verlauf gab nämlich Aufschluß über den Ausbildungs- und Leistungsstand der gesamten Besatzung. Es gab jedoch für mich nichts zu kritisieren.

U 112 hatte neben der seemännischen auch eine erfahrene, gut aufeinander eingespielte technische Besatzung, die diese Schwachstellen kannte und wußte, was zu tun war, wenn sich auch nur der Anflug eines Wassertropfens an der einen oder anderen Buchse zeigte.

»Fantastisch, Klaus! Eine Besatzung aus einem Guß!« lobte ich am Ende des Trimmprogramms. »Kannst du dir vorstellen, wie sehr ich mich als ehemaliger Kommandant deines Bootes darüber freue?«

Er grinste. »Und ob! Ich habe sehr wohl mitgekriegt, mit welch einer kritischen Miene du die Manöver verfolgt hast und wie oft dein Blick zur Uhr gegangen ist. Und darum freut mich dein Lob ganz besonders.« Er drehte sich zum LI herum. »Haben Sie gehört, was der Herr Kapitän gesagt hat, Herr Wagner? Aus seinem Munde zählt so ein Lob doppelt! Und nun, Männer, auf in den Kampf! Auf vierzig Meter anblasen! Neuer Kurs drei-vier-null! Ruder hart Steuerbord! Beide Maschinen

Umdrehungen für vier Knoten! Bitte übernehmen Sie, Herr Werda, es ist ja Ihre Wache!«

*

Funkmaat Greinert, der schon zu meiner Zeit an Bord gewesen war, hockte selbst im Horcherschapp, als wir Kurs auf die Ile d'Ouessant nahmen. Er war inzwischen der Mann mit der größten Erfahrung und einem bewundernswerten Gehör geworden. Der hörte die Schraubengeräusche nicht nur, er wußte sie auch nach den geringsten Unterschieden im Klang voneinander zu unterscheiden, die Zahl der Schiffe daraus abzuleiten und ihre Entfernung und ihren Kurs zu bestimmen.

»Na, Greinert, was erzählen die Fische?« sagte ich, als ich hinter ihn trat und ihm die Hand auf die Schulter legte. »Sind uns die Tommies auf den Leim gegangen?«

»Das wird sich erst noch zeigen, Herr Kapitän. Es sind drei *hunting groups*, die außerhalb der Reichweite der Küstenbatterien auf uns lauern. Die eine krebst in eins-acht-acht herum, Entfernung etwa zwölf Seemeilen, Kurs Südsüdwest, drei Fregatten oder Zerstörer. Die zweite steht nur ungefähr acht Seemeilen ab in zwo-vier-sieben, zwei Fregatten und zwei kleinere Einheiten, vermutlich Korvetten. Aus der dritten werde ich nicht klug, es sind vier kleine Flitzer, dem Klang nach von dem Typ, wie wir ihn in der Karibik vor Port of Spain von Trinidad erlebt haben. Klingen irgendwie hektisch.«

Ich war überrascht. »Was denn, Amerikaner?«

»Zumindest vom Bau her, Herr Kapitän. Kreuzen in drei-null-fünf in Suchformation, Entfernung circa vierzehn Seemeilen. Alles keine Entfernungen, die können wir schneller auf dem Hals haben, als uns lieb ist.«

»Mensch, Greinert, malen Sie bloß den Teufel nicht

an die Wand! Einer gegen drei Gruppen, das ist kein gutes Verhältnis!«

Greinert drehte sich zu mir herum und grinste. »Haben wir nicht schon schlimmere Situationen erlebt, Herr Kapitän? Es wird schon schiefgehen.«

»Gott erhalte Ihnen Ihren Optimismus!« Ich hatte es auf einmal eilig, wollte in die Zentrale, um seine Peilungen mit unserem Kurs zu vergleichen. »Bleiben Sie dran, Greinert! Von Ihnen hängt eine ganze Menge ab.«

*

Ein Donnergrollen holte U 112 von achtern ein und ließ mich zusammenzucken, als ich durch das Mannloch in die Zentrale jumpte. Das galt nicht uns, dazu lag die Detonation mindestens zehn Seemeilen weit von uns ab. Trotzdem blieb ich wie angewurzelt stehen und lauschte, um ihren Ursprung zu ergründen. Es konnte alles sein, ein Torpedo vielleicht, ausgestoßen von einem unserer U-Boote, oder aber auch nur eine Schreckbombe, um ein U-Boot aufzuscheuchen, das man in der Tiefe vermutete.

Aus dem Bordlautsprecher meldete sich Greinerts Stimme: »Eine Detonation in eins-neun-null, Entfernung etwa sechzehn Seemeilen. Nicht zu unterscheiden, ob Torpedotreffer oder nur eine Schreckbombe. In die *hunting group* in eins-acht-acht kommt Bewegung, Herr Kaleu!«

Eine erneute Detonation röhrte durch die Tiefe und löste eine Kette nicht abreißender Explosionen aus. Unschwer als Wasserbombenwürfe in breiter Front zu identifizieren, eine ganze Serie, wie sie typisch für die U-Bootjagd war!

Die Meldung aus dem Horcherschapp brachte die Bestätigung. »Wabo-Angriff in eins-neun-null!«

Ich trat zu Kruse und dem I WO an den Kartentisch, die ebenfalls angestrengt nach achtern lauschten. »Haben die da tatsächlich einen von uns beim Wickel, oder versuchen die es einfach nur auf gut' Glück, weil sie uns dort vermuten, Klaus?«

Er zuckte die Schultern und beugte sich über die Seekarte. »Nichts Genaues weiß man nicht, Arne.« Er tippte auf die Karte. »Wassertiefe weit unter zweihundert Meter. Kann natürlich sein, daß sie uns auf den Leim gegangen sind und uns dort unten vermuten. Kann uns ja eigentlich nur recht sein, oder?« Weitere Wabo-Serien gingen in der Ferne donnernd hoch und unterstrichen seine Worte. Trotzdem schüttelte er nachdenklich den Kopf. »Das klingt nach mehr als nur auf gut' Glück! Dort spielt sich jetzt eine ganz intensive U-Bootjagd ab. Das waren keine Schreckbomben, das waren Torpedotreffer, die sind den Brüdern unter die Haut gegangen.«

Torpedotreffer, zu der Ansicht war auch ich inzwischen gekommen. Torpedos eines Bootes, das nicht aus Brest, sondern weiter südlich aus einem der anderen U-Bootstützpunkte an der Biskaya ausgelaufen sein mußte.

»Glaube ich auch«, sagte ich. »Die Torpedos können nur von einem der Boote aus Lorient, St. Nazaire, La Rochelle oder La Palice ausgestoßen worden sein, das auf dem Weg nach Norden ist, um in den Kampf gegen den alliierten Nachschub einzugreifen.«

Die Wasserbombendetonationen in der Ferne rissen überhaupt nicht ab. Das Gebuller nahm sogar noch an Stärke zu, als sei dort eine Seeschlacht im Gange.

»Teufel, das ist doch nie im Leben nur eine *hunting group* aus drei Zerstörern oder Fregatten, Herr Kapitän!« stellte der I WO verblüfft fest. »Mischt da noch eine andere mit, die von Süden aufgekommen ist und dem Boot oder gar mehreren Booten im Nacken gesessen hat?«

Klaus und ich waren über diese ungewöhnlich große Menge an Wabo-Serien nicht minder überrascht.

»Verstehe ich auch nicht! Die Detonationen, die wir für Torpedotreffer halten, erfolgten doch nicht als Dublette, sondern in einem zeitlichen Abstand«, suchte Klaus nach einer Erklärung. »Waren es tatsächlich Torpedos, dann galten sie erfahrungsgemäß zwei verschiedenen Schiffen, schossen diese also zumindest lahm. Unmöglich darum, daß auch nur einer allein so einen ohne Pause niedergehenden Wabo-Regen fabrizieren kann. Was bleibt folglich? Da müssen noch andere mitmachen.«

Das klang logisch, hatte jedoch einen Haken. Es konnten durchaus die drei Zerstörer oder Fregatten sein, die abwechselnd ihre tödliche Fracht über dem georteten U-Boot abwarfen. Hatten die Alliierten doch inzwischen gelernt, welche tödlichen Gefahren für sie von unseren sogenannten Zerstörerkillern, dem LUT und dem ZAUNKÖNIG, ausgingen. Diese beiden akustischen Torpedos steuerten sich selbständig auf die stärksten Schraubengeräusche ein. Deshalb schleppten die alliierten Kriegsschiffe eine Rabatzboje nach, deren Lärm ihre Schraubengeräusche übertönte und die Torpedos auf sich zog.

Das war jedoch ein zweischneidiges Schwert. Dieser Lärm schützte sie zwar, legte aber auch bei der U-Bootjagd ihre eigenen Horchgeräte lahm. Darum slippten sie die Bojen, sobald sie mit ihren Sonargeräten, dem ASDIC, ein U-Boot aufgestöbert hatten, und brachten sich damit selbst in tödliche Gefahr.

»Und wenn die beiden Torpedos nur die Rabatzbojen getroffen haben?« wandte ich daher ein. »Dann sind die drei Tommies zwar überrascht worden, aber durchaus in der Lage, dem aufgestöberten Boot die Hölle heiß zu machen. Mal sehen, was Greinert aus dem Gedonner heraushört. Horchraum, was erzählen die Fische?«

Die Antwort kam nicht von Greinert, sondern in eins-neun-null übertönten ein paar gewaltige Detonationen die Wabo-Serien. Sechs zählte ich, als Dubletten ausgelöst, und die klangen nun wirklich wie Torpedotreffer. Abrupt brachen die Wabo-Explosionen ab.

»Ich werd' verrückt! Da wird der Spieß umgedreht!« schrie ich überrascht. »Drei Dubletten! Sie liegen richtig mit ihrer Annahme, Herr Werda! Dort sind wirklich mehrere Boote mit von der Partie.«

Aber auch ich hatte richtig vermutet. Die einzelnen beiden Torpedos waren auf die Rabatzbojen hereingefallen, die Dubletten hatten jedoch ihr eigentliches Ziel nicht verfehlt. Sie hatten die *hunting group* ausgeschaltet und dem gejagten Boot Luft verschafft.

»Eins, zwei, drei und schon kommt der Tod herbei!« zitierte der I WO Wilhelm Busch übermütig. »Wer anderen eine Grube gräbt, fällt selbst hinein!«

»Vorsicht, Herr Werda!« warnte ich. »Soll mich wundern, wenn die nicht Hilfe herbeifunken. Für die beiden anderen *hunting groups* ist es nur ein Katzensprung, um den torpedierten Schiffen zu Hilfe zu kommen. Dann geht's da unten wieder los.«

Ich zuckte unwillkürlich zusammen, denn das Wasser übertrug plötzlich das hochtourige Sirren schneller Kriegsschiffsschrauben. Das war ein so entnervendes Geräusch, daß ich es trotz der zwei an Land verbrachten Jahre noch immer im Ohr hatte und das für mich inzwischen nichts an seiner Gefährlichkeit verloren hatte.

Wenn mich nicht alles trog, liefen die Schiffe mit

Höchstfahrt auf. Was hatte das zu bedeuten? Hatten wir uns durch irgend etwas verraten, kamen wir jetzt an die Reihe? Ich sah mich in der Zentrale um und konnte von den Gesichtern der Männer ablesen, daß sie ähnlich dachten.

Die Meldung Greinerts riß mich aus meinen unangenehmen Erinnerungen. »Die beiden Jagdgruppen in zwo-vier-sieben und drei-null-fünf machen Dampf auf und laufen mit dreimal AK nach Südsüdwest ab!«

Ein Aufatmen ging durch die Zentrale. Klaus grinste mir erleichtert ins Gesicht. »Mensch, die tun ja genau das, was du vorausgesagt hast! Alle Achtung, Arne, wußte gar nicht, daß du das Zeug zum Hellseher hast!«

»Man tut eben, was man kann, mein Lieber! Aber verlass' dich man nicht zu sehr auf meine hellseherischen Qualitäten«, warnte ich. »Frag lieber den Greinert, ob er sich nicht 'n bißchen konkreter ausdrücken kann.«

»Keine schlechte Idee! Darauf hätte ich eigentlich selber kommen können. Horchraum, konkreter! Laufen alle mit AK ab oder was?«

»Die Gruppe in zwo-vier-sieben läuft vollzählig ab, das kann ich aus den unterschiedlichen Schraubengeräuschen heraushören.« Greinert zögerte einen Augenblick. »Von der Gruppe in drei-null-fünf kann ich das nicht so genau sagen. Beim besten Willen nicht, Herr Kaleu. Deren Schrauben klingen alle nicht nur fast gleich, sie werden jetzt auch noch von dem Gebuller ihrer hochtourigen Maschinen übertönt. Die haben mindestens fünfunddreißig Knoten drauf, Herr Kaleu!«

»Das möchte ich mir doch mal selbst anhören!« sagte Klaus und jumpte durch das Schott.

*

»Greinert hat recht. Die haben so einen Affenzahn drauf, daß man tatsächlich nicht heraushören kann, wie viele es sind«, bestätigte er, als er zurückkam und sich zu uns an den Kartentisch gesellte. »Erinnerst du dich, Arne? In der Karibik haben wir das seinerzeit ja auch nicht gekonnt, als wir dort auf diesen amerikanischen Schiffstyp gestoßen sind. Einen Anhalt gibt es allerdings doch.«

Die Erinnerung holte mich ein. Ich sah die damalige Situation vor Trinidad wieder vor mir. Das waren schnelle, wendige Boote gewesen, die in einem Tempo durch die See rauschten, das jedem Zerstörer zur Ehre gereicht hätte. Wir hatten sie darum zunächst für Schnellboote gehalten. Doch ich hatte keine Torpedorohre auf ihnen entdecken können, wie sie für Schnellboote typisch waren, weder auf der Back noch auf dem Heck. Dafür waren sie bestens armiert, zahlreiche Maschinenwaffen über das Deck und die Aufbauten verteilt und eine richtige Kanone auf der Back. Nicht so eine erbärmliche Feuerspritze, wie sie für Schnellboote bei allen Nationen dieser Welt gang und gäbe war.

Und dann ein richtiger Antennenwald am Signalmast über der Brücke, typisch für amerikanische Korvetten, die in den Geleiten Dienst taten. Als U-Jäger bestens mit allem ausgerüstet, was angriffslustigen U-Booten das Überleben schwer machte. Nicht solche alten Kolcher, wie sie die Kanadier aus der Mottenkiste geholt hatten.

Und gegen die sah Klaus einen positiven Anhalt? Ich verzog skeptisch das Gesicht. »Und der wäre?«

»In drei-null-fünf ist alles ruhig, und das paßt wunderbar in meinen Plan.« Klaus griff zum Kurslineal und beugte sich über die Seekarte. »Der I WO und ich haben vorhin überlegt, wie wir den Brüdern in drei-null-fünf am besten durch die Maschen schlüpfen können. Obwohl da oben ja wohl keiner mehr ist, bin ich noch immer der Meinung, wir sollten versuchen, uns zwischen der Ile d'Ouessant und der Küste durchzumogeln.« Er demonstrierte den Kurs mit dem Lineal. »Das hätte den Vorteil, daß wir im Schußbereich der Küstenbatterien bleiben. Selbst wenn die Tommies uns mit ihrem ASDIC orten sollten, werden sie sich hüten, uns dort auf die Pelle zu rücken. Die Gefahr, sich ein paar dicke Treffer einzufangen, ist zu groß.«

»Keine schlechte Idee, aber ...« Ich tippte auf die Tiefenangaben in der Karte. »... was dann, wenn da doch noch wer zurückgeblieben ist und es doch riskiert? Diese amerikanischen U-Jäger sind schnell und enorm wendig, wie wir damals ja selbst gesehen haben. Die vernichtend zu treffen, dürfte schwierig sein. Und wir haben dann nicht genügend Tiefe unter dem Kiel, um ihrem ASDIC und ihren Wabos entgehen zu können.«

»Die zahlreichen Untiefen sehen auch nicht gerade einladend aus«, fügte Werda hinzu. »Das Segelhandbuch weist darauf ausdrücklich warnend hin.«

»Eben drum, I WO. Die Tommies haben schließlich auch Segelhandbücher. Sie werden gar nicht auf den Gedanken kommen, daß wir dieses Risiko eingehen könnten.« Er war sich seiner Sache aber offensichtlich nicht so sicher, denn er schaute mich irgendwie verlegen an. »Oder bist du anderer Meinung, Arne?«

Schob mir dieses Schlitzohr doch tatsächlich den Schwarzen Peter zu! Ich dachte jedoch nicht daran, mir den von ihm andrehen zu lassen. Schließlich war er der Kommandant, der hier allein das Sagen hatte, und ich – trotz meines höheren Ranges – nur Gast an Bord. Außerdem war ich nicht sein Flottillenchef, denn er unterstand noch immer – wenn auch nur noch nominell – dem FdU (Mittelmeer).

»Welcher Meinung ich bin, das ist in diesem Fall unerheblich, Klaus. Die Entscheidung liegt bei dir.« Ich beugte mich über die Karte und nahm die Entfernung zur Ile d'Ouessant in den Zirkel. »Ob wir die Insel an Steuerbord oder Backbord passieren, macht entfernungsmäßig nur einen geringen Unterschied. Das Risiko ist jedoch ungleich größer, wenn wir sie östlich passieren. Westlich ist es geringer, weil wir im Falle eines Angriffs in eine Tiefe flüchten können, in der dichtere Salzwasserschichten ihr ASDIC durch Geisterechos irritieren.«

Der II WO, Leutnant zur See Schulte, kam durch das Mannloch in die Zentrale gejumpt. Mein Blick ging zur Uhr. Aha, Wachwechsel, denn hinter Schulte schwangen sich die Männer der Wachablösung durch das Mannloch. Das verschaffte Klaus eine Denkpause.

»Hmm«, brummte er endlich und kratzte sich den Schädel. »Egal, wie ich mich auch entscheide, dieser Scheißkrieg ist und bleibt ein verdammtes Glücksspiel! Nehmen wir erst mal Kurs auf die Ile d'Ouessant. Vielleicht ereignet sich bis dahin etwas, was mir die Entscheidung erleichtert. Auf Schnorcheltiefe anblasen! Neuer Kurs drei-null-null, II WO! Horchpause alle fünfzehn Minuten!«

*

Bis drei Seemeilen vor der Ile d'Ouessant blieb alles ruhig und Klaus genügend Zeit, sich zu entscheiden. Dann nahm ihm jedoch ein Schlag aus heiterem Himmel die Entscheidung ab.

»Alarm! Bordgeräusche aus eins-acht-zwo!« schrie

Maat Fenske, Greinerts Ablösung. »Uns sitzt einer im Nacken! Achtung! Anlauf aus ...«

Er konnte sich jede weitere Meldung sparen. Schrauben heulten achtern auf, ein ASDIC-Strahl griff nach uns und hielt uns fest. Ein Schock, der sekundenlang jede Bewegung im Boot erstarren ließ.

Nur Klaus reagierte sofort. Seine Befehle überschlugen sich.

»Alarmtauchen! Weg mit dem Schnorchel! Auf E-Maschinen umkuppeln! Dreimal AK voraus! Achterer Torpedoraum ... Rohr fünf klar bei Treibmine! Klar bei Boldgerät! Alle Mann voraus!«

Seine Stimme riß die Mannschaft aus ihrer Erstarrung. Jeder wußte, daß es jetzt um Leben und Tod ging. An uns tobte die wilde Jagd vorbei. Alle im Achterschiff entbehrlichen Männer stürmten in das Vorschiff, um dem abkippenden Bug mit ihrem Gewicht noch einen zusätzlichen Drall in die Tiefe zu geben.

Unter dem Druck der maximal gelegten Tiefenruder und den mit Äußerster Kraft rotierenden Schrauben schor das Boot in die Tiefe. Trotzdem hielt uns der ASDIC-Strahl unerbittlich fest, schwoll das hochtourige Sirren achteraus zu einer höllischen Begleitmusik an.

»Boldgerät und Rohr fünf sind klar!« kam die Meldung aus dem achteren Torpedoraum.

»Dreißig Meter gehen durch!« sang der Zentralemaat die Tiefe aus. »Boot fällt schnell weiter!«

»Achterer Torpedoraum ... Rohr fünf ... Achtung! Mine ... Wurf!« Klaus blieb trotz der bedrohlichen Situation die Ruhe selbst. »Rohr fünf ... neue Mine sofort nachladen!«

Mit einem kaum spürbaren Ruck stieß Rohr fünf die Mine aus. Die schwamm wie ein Korken bis zu der Wassertiefe auf, für die sie konstruiert worden war, hatten mir die Experten versichert.

»Mine ist raus!« meldete der Torpedomaat.

»Verdammte Tat! Warum habe ich daran nicht gedacht!« machte sich Klaus Vorwürfe. »Da ist doch noch einer vor Ort geblieben! Ein schlauer Hund, der unsere Diesel gehört und gewartet hat, bis er sicher sein konnte, daß er uns erwischt! Aber der wird sich wundern! Frage, was geht durch?«

»Vierzig Meter gehen durch! Boot fällt schnell weiter!«

»Horchraum, Frage Entfernung der Korvette!«

»Etwa dreitausend Meter, schnell abnehmend, Herr Kaleu!«

»Dreitausend Meter und schnell abnehmend«, das klang in meinen Ohren gar nicht gut. Die Korvette kam mit Höchstfahrt auf, erreichte die aufschwimmende Mine so schnell, daß wir einen viel zu geringen Abstand hatten, wenn die Mine detonierte. Das war kein angenehmer Gedanke.

Auch Klaus war offensichtlich nicht wohl in seiner Haut. »Dreitausend Meter. Hmmm ... verdammt nahe! Aber es sollte wohl trotzdem für uns reichen, um heil wegzukommen. Stop Tiefe! Alle Mann wieder auf Sta...«

Eine ohrenbetäubende Detonation riß ihm das Wort vom Mund. Geistesgegenwärtig griff ich nach einer Speiche der Turmleiter und klammerte mich daran fest. Gerade noch rechtzeitig, denn im selben Augenblick packte die Druckwelle der viel zu nahe explodierten Mine das Achterschiff und schleuderte das Boot wie ein federleichtes Kinderspielzeug aus dem Kurs. Der Schwung war so groß, daß alles durcheinander flog. Schier unerträglicher

Schmerz zuckte durch meine Arme und riß sie mir fast aus den Gelenken, doch ich ließ die Speiche nicht los.

In den nachlaufenden Druckwellen krängend, kam das gebeutelte Boot nur langsam wieder auf ebenen Kiel, kehrte auch das betäubte Gehör zurück und registrierte, daß das hochtourige Sirren verstummt war und Schmerzensschreie durch das Boot tönten.

»Donnerwetter, es stimmt, was ich über die phantastische Wirkung dieser Teufelseier gehört habe!« jubilierte der II WO und schlug vor Begeisterung auf den Kartentisch. »Hört ihr das, Männer?«

Es war nicht zu überhören. Lautes Blubbern von entweichender Luft war an die Stelle der Schraubengeräusche getreten, dazwischen ein Knirschen und Knarren. Aus dem Blubbern wurde ein gewaltiges Brausen, als ein Querschott mit einem harten Knall dem Druck der hereinflutenden See nachgab und die Luft aus der vollaufenden Abteilung herausgepreßt wurde: Sinkgeräusche, die das Ende des tödlich getroffenen Schiffes begleiteten. Das war Musik in den Ohren eines jeden U-Bootkommandanten.

Ich sah mich nach Klaus um, um ihm zu gratulieren. Alle Männer in der Zentrale waren auf ihren Stationen, sie schienen das gewaltige Bocken des Bootes in der Druckwelle unbeschadet überstanden zu haben. Nur Klaus konnte ich nirgends entdecken, obwohl er eben noch am Kartentisch neben mir gestanden hatte. Mir fuhr der Schreck in die Glieder. Der war doch nicht etwa ...?

»Wo ist der Kommandant, Herr Schulte?« holte ich den II WO aus seiner überschäumenden Freude über den Minentreffer auf den Boden der rauhe Wirklichkeit zurück. »Der wird ...«

»Hier bin ich!« Klaus bemühte sich vergeblich, sich von den Flurplatten neben dem Mannloch des achteren Kugelschotts aufzurappeln. Seine Stimme klang irgendwie verwaschen. »Verdammter Mist! Vielleicht hilft mir endlich mal einer hoch!«

Der II WO und der Zentralemaat sprangen sofort hinzu und halfen ihm auf die Beine. Doch die knickten unter ihm sofort wieder weg, so daß sie ihn halten mußten. Klaus sah erschreckend aus. Blut aus einer klaffenden Platzwunde auf seiner Stirn strömte über sein Gesicht und besudelte seine Kleidung. Sein Mund schien ebenfalls etwas abbekommen zu haben, denn der sah verschwollen und schief aus.

Er spie in sein Taschentuch und ließ es entsetzt auf die Flurplatten fallen. In der herrschenden Stille klapperten laut ein paar Zähne über das eiserne Deck. »Was starrt ihr mich so an? Mir brummt die Birne, das ist alles! Das bringt mich nicht um!«

»Das glaub' ich dir, aber zunächst werden wir dich mal verarzten.« Ich wandte mich an den II WO. »Der Kommandant braucht dringend Erste Hilfe. Bringen Sie ihn ins Offizierslogis, damit sich der I WO und der Smutje um seine medizinische Versorgung kümmern können. Ihre Wache übernehme ich inzwischen.«

Der I WO war zwar kein Arzt, hatte aber – wie ich von unseren gemeinsamen Feindfahrten her wußte – seinem Vater, einem Landarzt, so viel abgeschaut, daß an ihm ein Assistenzarzt verlorengegangen war. Der Smut` sah zwar wie ein Fleischer aus, war aber ein gut ausgebildeter Sanitäter. An ihm hatte der I WO eine echte Hilfe.

Klaus protestierte zwar, wollte in der Zentrale behandelt werden, aber der II WO und der Zentralemaat ließen sich dadurch nicht abhalten, meinen Anweisungen zu folgen. Das war auch gut so, denn oben lauerte auf uns eine neue, eine noch bösere Überraschung. Kaum hatten sie ihn nämlich durch das Mannloch bugsiert, schreckten uns aufheulende Schraubengeräusche auf. Ein ASDIC-Strahl griff nach uns, glitt ab und kehrte sofort zurück, um uns nicht mehr loszulassen. Ein dumpfes Bullern übertönte plötzlich das entnervende Sirren.

»Scheiße! Da ist ja noch einer!« fluchte der LI. »Und der Saukerl hat Schiß vor einem Torpedo! Hat schleunigst 'ne Rabatzboje ausgebracht, Herr Kapitän!«

»Wird ihm nur nichts nützen! Stop Sehrohrtiefe! Achterer Torpedoraum ... Achtung! Bold raus! Und jetzt stur Kurs halten!«

»Bold ist raus!« kam die Rückmeldung.

Rachedurstig drehte die zweite Korvette auf unser flüchtendes Boot ein und folgte ihrem ASDIC-Strahl, der auf unsere Außenhaut im Stakkato eintrommelte. Bedrohlich schwoll das Sirren an, es dröhnte beunruhigend laut in unseren Ohren, als stünde ein Überlauf unmittelbar bevor.

Meine Hände wurden feucht. Der Bold spannte mich auf die Folter. Hätte er sich nicht schon längst in unserem Kielwasser ausbreiten und mit seinen aufsteigenden Gasblasen den ASDIC-Strahl abfangen und reflektieren müssen? Oder war mir durch die Jahre an Land einfach nur das Gefühl für die Zeit verlorengegangen, die die Gasblasen zu ihrer Ausbreitung brauchten?

Das Stottern des ASDIC-Strahls fegte wie ein erlösender Windstoß meine quälenden Gedanken aus meinem verquasten Schädel. Ich hätte in diesem Augenblick am liebsten laut aufgejubelt, denn nur Sekundenbruchteile später brach der ASDIC-Kontakt völlig ab.

Der Bold tat seine Pflicht und gaukelte dem Mann am

ASDIC-Gerät das prächtige Echo unseres Bootes vor, wo wir gar nicht mehr waren! Und er fiel darauf herein. Während wir im Schutz des Bolds flüchteten, lief die Korvette zum Angriff auf.

Untrügliches Zeichen dafür war für mich das plötzliche Verstummen der Rabatzboje. Sie wurde geslippt, um uns auch mit dem Horchgerät orten zu können. Zugleich fing unser GHG rumpelnde Geräusche von Bord der Korvette auf.

»Aha, gleich geht's los!« sagte ich zu Obersteuermann Weiß leise. »Die schaffen neue Wabos heran, um die Werfer und Abrolltische nach den Würfen schnell wieder armieren zu können. Passen Sie auf, LI, sobald das Bombardement abreißt, gehen Sie mit den E-Maschinen auf Schleichfahrt und fahren sie sofort wieder voll hoch, wenn die die zweite Runde einleiten, klar?«

Plötzlich ging die Korvette mit der Fahrt herunter. Das ging einem Angriff immer voraus, damit die Wabo-Serien möglichst dicht nacheinander detonierten. Wenig später kam die Bestätigung. Das Wasser übertrug die Abschüsse der Werfer, die die Bomben nach beiden Seiten weit wegkatapultierten, zugleich klatschten die Wabos von den Abrolltischen in das brodelnde Kielwasser.

Noch während die in die Tiefe sanken, folgte ihnen schon die zweite Serie. Wummm! Wummm! Wummm! Schlag auf Schlag gingen die Wabos hinter uns hoch, erreichten ihre Druckwellen das davonstrebende Boot mit Verzögerung und schaukelten es durch, ohne Schäden anzurichten. Unwillkürlich begann ich mitzuzählen, kam auf sechs Reihen. Dann verstummten die Detonationen und auch die Schraubengeräusche.

Alles lauschte angespannt achteraus. Dabei gab es dafür eine ganz einfache Erklärung. Jetzt suchten die Tommies die Wasseroberfläche nach Anzeichen eines erfolgreichen Angriffs ab und horchten in die Tiefe.

»Is' nischt mit Trümmern, Luftblasen und aufsteigendem Öl, John Bull!« spottete der Obersteuermann, der das schon oft erlebt hatte, und löste damit verhaltenes Gelächter aus. »Auf zur zweiten Runde, Buddies! Haut man feste drauf! Der Bold kann's verkraften.«

Ich lachte nicht darüber, auf mich hatten seine Worte eine gänzlich andere Wirkung. Jagdtrieb kam plötzlich in mir auf, es kribbelte mir regelrecht in den Fingern, das Sehrohr auszufahren und den Tommy in die Zieloptik zu nehmen.

»Gleich backst er, um auf Gegenkurs zu kommen und zum zwoten Überlauf anzusetzen, Herr Kapitän«, flüsterte mir Weiß zu. »Bietet unserer Zieloptik einladend wie eine Hafenhure seine ganze wunderschöne Breitseite dar und fährt ohne Rabatzboje! Wenn das kein Wink mit dem Zaunpfahl ist! Meinen Sie nicht?«

»Sie sagen es.« Ich deutete nach achtern, wo erneut die Maschinen ansprangen. »Aber der Wink kommt diesmal zu spät.«

Die Korvette nahm Fahrt auf und backste. Die gegeneinanderlaufenden Schrauben brachten sie schnell auf Gegenkurs, um den Bold erneut mit Wabos zu bepflastern.

»Der macht bestimmt noch einen dritten Anlauf, rachedurstig wie der ist. Dann kriegen wir ihn mit dem LUT aus Rohr sechs, sobald er wieder backst.«

Der Torpedo in Rohr IV war ein lagenunabhängiger Torpedo (LUT), der meist aus den achteren Rohren gegen Verfolger eingesetzt wurde, wenn keine Zeit mehr zum Zielen blieb. Der zog nämlich Kreise, steuerte sich dabei selbst auf die hochtourigen Schraubengeräusche des Verfolgers ein und schickte ihn zu den Fischen.

»Achterer Torpedoraum ... Achtung! Rohr sechs klar zum Unterwasserangriff!« Noch deckte uns der Bold, da konnte ich schon ungestraft einen Blick riskieren. »Auf Sehrohrtiefe anblasen!«

Während achteraus erneut Wasserbomben detonierten, schwebte das Boot sanft nach oben. Geschickt fingen die Tiefensteurer die Bewegungen der langen Atlantikdünung ab, damit der Turm nicht durch die Oberfläche brach und uns verriet.

»Sehrohrtiefe ist erreicht!« meldete der Maat vom Papenberg. »Boot pendelt auf Sehrohrtiefe ein!«

Ich war gebranntes Kind, hatte als Kommandant oft genug erlebt, daß es auf See immer irgendeine böse Überraschung gab. Ich ließ daher zuerst das Luftzielsehrohr aus seinem Schacht kommen und fuhr es vorsichtig aus, um damit den Himmel abzusuchen. In der Zentrale stieg die Spannung spürbar.

»Nichts, Männer, die Luft ist absolut rein!« Ich wechselte zum Seezielsehrohr über und drehte die Optik nach achtern. Tatsächlich, es war dieser amerikanische Korvettentyp aus der Karibik. Herausfordernd wehte am Heck allerdings der Union Jack, die britische Kriegsflagge, in der steifen Brise. Ein Tommy, wie wir vermutet hatten. Von dem Opfer unserer Mine sah ich lediglich ein paar Rettungsflöße und zwei volle Beiboote in der Ferne treiben.

Mensch, dachte ich, dieser rachedurstige Futzi hat sich ja nicht einmal die Zeit genommen, seine Kameraden aufzufischen, so sicher ist er sich seiner Sache. Na warte, Bruderherz, wer zuletzt lacht, lacht am besten! Die Zielansprache für die Tiefensteuerung des LUT war schnell gemacht und durchgegeben.

»Rohr sechs ist klar zum Unterwasserschuß!« kam

prompt die Rückmeldung aus dem achteren Torpedoraum. »Die Mündungsklappe ist geöffnet, das Rohr bewässert!«

Der II WO und der Zentralemaat jumpten durch das Mannloch in die Zentrale. Einen Moment wurde ich abgelenkt, wollte Schulte fragen, wie es Klaus ging. Doch dann siegte mein Jagdinstinkt. Ich hatte unseren Gegner im Fadenkreuz und brannte darauf, ihm einen Aal entgegenzuschicken.

Wieder stoppte die Korvette, suchten die Männer auf der Brücke und an Deck das Wasser nach Schiffstrümmern ab. Ich konnte mich in sie hineinfühlen. Ihre Enttäuschung darüber mußte groß sein, daß dort nichts nach oben kam, was einen Erfolg signalisierte. Dabei waren sie doch so sicher gewesen, daß ihnen *this damned german submarine* nicht entkommen konnte.

Jetzt machte sie die Enttäuschung blind, verwandelte sich der Mißerfolg in Wut und ließ sie zu einem dritten Überlauf starten. Die Korvette drehte auf dem Teller und rauschte mit schäumender Bugwelle erneut auf den Bold los, obwohl von dem eigentlich schon gar nicht mehr viel übrig sein konnte.

Weiß stiegen in ihrem Kielwasser die Wassersäulen der Wabo-Detonationen hoch in den Himmel, rückten donnernd näher und näher. Mich überkam bei diesem Anblick eine eiskalte Ruhe, ich zählte die Wabo-Reihen mit. Jetzt fiel die sechste und detonierte. Ruhe trat ein. Das war der Augenblick!

»Achterer Torpedoraum ... Rohr sechs ... Achtung!«

Die Korvette stoppte jedoch nicht, sie backste auch nicht, vielmehr setzte sie zu einem Bogen an.

»Rohr sechs ... los!«

Mit Erleichterung verspürte ich den sanften Ruck, mit

dem der LUT das Rohr verließ und zu seiner todbringenden Suche ansetzte.

»Beide E-Maschinen stopp!« Der LUT sollte sich allein auf die Schraubengeräusche der Korvette einsteuern, durch nichts anderes irritiert werden. »Auf Schleichfahrt umkuppeln! Absolute Ruhe im Boot! Schleichfahrt!«

Ich behielt die ahnungslos dahintrödelnde Korvette im Sehrohr. Die Männer auf ihr hatten nur Augen für die Wasseroberfläche. Aber selbst wenn uns jetzt die Tommies mit ihrem ASDIC in Sehrohrtiefe orten sollten oder gar das Periskop entdeckten, war es für sie zu spät. Sie fuhren ohne Rabatzboje, damit war ihr Ende vorprogrammiert. So hatte es der LUT leicht.

Das Heck der Korvette verschwand auf einmal hinter einer hochschießenden weißen Wassersäule. Sekundenbruchteile später übertrug das Wasser den Donner des Torpedotreffers, rollte die Druckwelle heran und ließ U 112 in ihr sachte torkeln. Siegesjubel brandete durch das Boot, brach jedoch jäh ab, als dem Treffer eine ganze Kette von Detonationen folgte. Wassersäulen stiegen in den Himmel und verwehrten mir den Blick auf den torpedierten Tommy. Ich wußte aber auch so, was dort geschah.

»Unser LUT hat ihnen das Heck zerschmettert und ihre scharfen Wasserbomben in die Tiefe geschleudert, II WO. Die geben der Korvette jetzt den Rest.«

Als die Wassersäulen zusammenfielen, war die stolze amerikanische Korvette nur noch ein todgeweihter Krüppel. Verschwunden der Union Jack und mit ihm das Heck samt Aufbauten bis zu den Windhutzen für seine Maschinen. Rettungsflöße flogen über die Reling, Männer sprangen ihnen hinterher und strebten schwimmend mit den Flößen von der sinkenden Korvette weg. Indessen bemühten sich noch immer einige Optimisten an den Davits um die Rettungsboote.

Der Signalmast über der Brücke stand noch, und ich war sicher, daß der Funker in seinem Schapp bis zur letzten Minute auf die Taste hämmerte, um Hilfe herbeizurufen. Denn die brauchten er und seine Kameraden.

»Sinkgeräusche!« meldete Greinert aus dem Horcherschapp. »Brechende Schotten und eindringende See, Herr Kapitän! Der Eimer geht in die Knie!«

Das Ende kam schnell. Jäh brach die See von achtern über die sinkende Korvette herein, schwappte über das Deck bis zum Wellenbrecher auf der Back und zog die Korvette in die Tiefe, alles im Sog mit sich reißend, was sich auf ihr befand. Getragen von der in der Vorpiek eingeschlossenen Luft, ragte der Bug noch ein paar Minuten aus der Blasen aufwerfenden See, dann glitt auch er in die Tiefe.

»Aus!« sagte ich und fuhr den Spargel ein. »Jetzt nichts wie weg! Beide E-Maschinen Umdrehungen für sieben Knoten. Kurs zwo-neun-zwo hinaus in den freien Atlantik, bis die Ile d'Ouessant null-neun-null peilt, Herr Schulte. Dann sehen wir weiter. Zentralemaat, Schäden und Verletzte an die Zentrale melden lassen! Ich bin im O-Logis, will mal sehen, wie es um den Kommandanten steht.«

*

Im O-Logis stank es wie in einem Schlunz nach Desinfektionsmitteln. Klaus lag völlig entkleidet auf der Back, offensichtlich bewußtlos, und der I WO, assistiert vom Smutje, war gerade dabei, die klaffende Platzwunde auf der Stirn mit Nadel und Faden zu schließen. Ein Anblick, der meinen Magen prompt wieder zum Aufbegehren animierte. Ich hatte eben nicht das Zeug zum Mediziner.

Ich wartete, bis der I WO den letzten Knoten geschlungen hatte und die Nadel in die Spuckschale fallen ließ. »Wie sieht's aus, Herr Werda? Schlimm?«

Der I WO streifte die Gummihandschuhe ab und ließ sie achtlos in eine Pütz fallen. »Wie man's nimmt, Herr Kapitän. Es hat ihn auf dem falschen Fuß erwischt. Er ist ja voll gegen das Kugelschott mit den vielen unverkleideten Leitungen und Armaturen geschleudert worden. Die Platzwunde ist das kleinere Übel, auch die damit verbundene Gehirnerschütterung und die ausgeschlagenen Zähne lassen sich später durch eine Brücke ersetzen. Den gebrochenen Knöchel, wenn er denn überhaupt gebrochen ist, wir haben ja kein Röntgengerät, werden wir ruhigstellen. Aber er spuckt Blut, und das bereitet mir Sorgen.«

Der I WO deutete auf eine blutige Schale. »Das kann natürlich von den ausgeschlagenen Zähnen kommen, er klagt jedoch auch über Schmerzen in der Brust und Atembeschwerden. Das deutet auf innere Verletzungen hin, und die kann ich nicht genauer diagnostizieren, ich bin schließlich kein Arzt. Der Kaleu muß so schnell wie möglich in ärztliche Hände, Herr Kapitän. Bis dahin fällt er als Kommandant aus, denn er muß Ruhe halten.«

Ich brauchte einen Augenblick, um diese Nachricht zu verdauen. Mit allem hatte ich gerechnet, nur damit nicht, daß es so schlimm sein könnte. In meinem Kopf überschlugen sich die Gedanken. Ich sah uns schon nach Brest zurückkehren.

»So schnell wie möglich in ärztliche Hände ...«, wiederholte ich nachdenklich. »Wie schnell? Kratzt er uns sonst etwa ab?«

Werda schüttelte den Kopf. »Nicht, wenn er Ruhe hält und kein Fieber bekommt. Ich vermute, daß er sich eine oder mehrere Rippen gebrochen hat. Die könnten die Lunge verletzt haben. Aber genau kann man das als Laie eben nicht sagen.« Er lächelte auf einmal. »Sie sind doch damals auch nicht gleich abgekratzt, Herr Kapitän, als sich bei Ihnen eine gebrochene Rippe in die Lunge gebohrt hatte, oder?«

»Wie? ... Ach so, das meinen Sie«, fiel bei mir der Groschen. Immerhin lag das ja jetzt schon fünf Kriegsjahre zurück. Damals war er noch mein Obersteuermann gewesen. Ich grinste. »Na ja, Unkraut vergeht eben nicht.«

Zugleich fiel mir ein Stein vom Herzen. Das war ein Grund mehr, alles daranzusetzen, allen kriegerischen Eskapaden aus dem Weg zu gehen und so schnell wie möglich einen deutschen Stützpunkt zu erreichen. Brest schied für mich allerdings aus, die Stunden des Stützpunktes und seines Lazaretts waren schon gezählt.

»Kaleu Kruse hat mir zwar sein Kabuff zur Verfügung gestellt, aber das kann ich unter diesen Umständen nicht annehmen. Ich ziehe ins O-Logis um. Sobald Sie ihn verarztet haben, bringen Sie ihn dort unter, auch wenn er mosern sollte. Sagen Sie ihm einfach, ich hätte es Ihnen befohlen.« Ich lächelte. »Das wird er akzeptieren, schließlich bin ich der ranghöhere Offizier. Vielleicht sollten wir einen Mann für ihn abstellen, der sich um ihn kümmert?«

Der I WO nickte. »Das wollte ich auch schon vorschlagen, Herr Kapitän. Der Flunki ... äh ... der Fähnrich Kastner wär dafür der richtige Mann.«

Ich lächelte, denn ich wußte inzwischen von Klaus, warum der Fähnrich von den Offizieren Flunki genannt wurde. Er war ein überaus fröhlicher und immer zu allerlei Späßen aufgelegter Ostpreuße, der das Herz auf dem rechten Fleck hatte und das Zeug zu einem guten Seeoffizier besaß.

»Einverstanden, Herr Werda. »Als dann, ich bin in der Zentrale.«

*

Klaus war ein beliebter Kommandant, deshalb gab es betroffene Gesichter, als ich die Besatzung über die Bordsprechanlage informierte, was ihm widerfahren war. Es gab natürlich auch noch andere, die sich durch die unerwartet heftige Druckwelle allerlei Blessuren eingehandelt hatten. Aber das waren Lappalien, die sich mit Bordmitteln leicht behandeln ließen. Niemand wurde dadurch dienstunfähig. Darum traf es die Männer besonders hart, daß ausgerechnet er als einziger so schwer verletzt worden war.

Daß ich das Kommando über U 112 übernahm, war für keinen eine Überraschung. Es war für alle selbstverständlich, schließlich war ich der ranghöchste Offizier an Bord. Die meisten kannten mich sowieso noch von den gemeinsamen Feindfahrten her als Kommandant von U 112, und wer danach neu hinzugekommen war, den hatten die alten Hasen längst über mich und meine Marotten aufgeklärt, seit ich als Badegast an Bord gekommen war. Außerdem imponierten den Neuen meine hohen Kriegsauszeichnungen, wie das Ritterkreuz mit Eichenlaub und Schwertern, die ich mir nicht an Land ersessen hatte.

Anschließend rief ich die Offiziere und Deckoffiziere zu einer Besprechung im Offizierslogis zusammen. Nur noch der Desinfektionsmief erinnerte daran, daß Klaus hier noch vor kurzem vom I WO und vom Smut' verarztet worden war.

»Ich glaube, ich kann mich kurz fassen. Sie kennen jetzt unsere Situation, meine Herren. Der Kommandant muß so schnell wie möglich in die Hände eines Arztes gelangen. Unter normalen Umständen wäre es für mich selbstverständlich, sofort wieder nach Brest zurückzukehren. Seit dem Durchbruch der Amerikaner bei Avranches sind die Fronten jedoch in Bewegung gekommen, ihre Panzerkolonnen stoßen auf Rennes und Nantes vor, so daß dadurch die ganze Bretagne abgeschnürt werden wird. Darum scheidet Brest aus. Nicht anders ist es mit den Stützpunkten am Atlantik. St. Malo ist laut Radio Dublin bereits von allen Seiten eingeschlossen. Was bleibt also?«

Ich machte eine Pause, um meine Worte wirken zu lassen. Und sie wirkten.

Der I WO hob die Hand. »Das heißt also, daß es hier im Westen keinen deutschen Stützpunkt mehr gibt, in dem Kaleu Kruse behandelt werden kann, ohne daß ihm alsbald die Gefangenschaft blüht. Das sind ja herrliche Aussichten.«

»Darf ich daran erinnern, daß U 112 in Brest wieder nur zusammengeflickt worden ist, damit wir aus Brest rauskommen konnten, bevor diese Mausefalle zuschnappt?« meldete sich der LI zu Wort. »Wir sind trotz der Korvetten rausgekommen. Darum bin ich ebenfalls gegen eine Umkehr.«

»So'n Glück, wie wir es mit den beiden Korvetten hatten, haben wir dann nämlich bestimmt nicht wieder«, schloß sich der II WO der Meinung der beiden anderen Offiziere an. »Auch wenn sich beim Trimmen keine Macken gezeigt haben, kann das nicht darüber hinwegtäuschen, daß wir ja eigentlich nur als bedingt fronttauglich anzusehen sind.«

»Ich bin ganz Ihrer Meinung, meine Herren. Der Weg durch den Kanal nach Deutschland bleibt uns verständlicherweise verschlossen. Mithin bleibt uns nur die eine Möglichkeit, auf Norwegen Kurs zu nehmen.«

Ich breitete die Großraumkarte, den sogenannten Übersegler, auf der Back aus. »Der kürzeste, aber zugleich auch gefährlichste Weg führt durch die Irish Sea und den Pentland Firth nach Bergen. Bei einem Schnitt von zehn Knoten brauchen wir dazu circa viereinhalb Tage. Westlich um Irland herum und durch den Pentland sind es zwei Tage mehr. Die holen wir aber möglicherweise auf, wenn wir im freien Atlantik auf Höchstfahrt gehen können. Außerdem läßt der uns auch gegenüber U-Jagdgruppen einen größeren Spielraum, oder wir könnten vor ihnen in die irischen Hoheitsgewässer flüchten.«

Ich ließ ihnen Zeit, meine Angaben mit Zirkel und Kursdreieck nachzuprüfen, weil ich in einem solchen Fall kein Freund von einsamen alleinigen Beschlüssen war. Wie schon früher, war es der I WO, unser versierter Navigator, der meine beiden Vorschläge gegeneinander abwog.

»Zwei Tage mehr könnten beim Zustand Kaleu Kruses eine wichtige Rolle spielen. Wenn wir Kurs auf Rosslare nehmen und uns dann an der irischen Ostküste entlang der Drei-Meilen-Zone durch die Irish Sea schleichen, wird es erst wieder im North Channel zwischen Antrim und Kintyre gefährlich.« Er griente. »Aber das ist doch in unserem Geschäft eigentlich ganz normal. Ich finde, im Interesse des Kaleus sollten wir den Weg durch die Irish Sea nehmen, Herr Kapitän. Wir sind ja nicht gänzlich wehrlos, wie die Vernichtung der beiden Korvetten gerade bewiesen hat.«

Er traf damit den Nagel auf den Kopf, und ich tendierte ebenfalls in diese Richtung.

Ehe ich mich jedoch dazu äußern konnte, meldete sich das Horcherschapp.

»Achtung! Schraubengeräusche aus eins-sieben-zwo, schnell aufkommend. Mehrere Einheiten, Entfernung etwa sechsundzwanzig Seemeilen.«

»Aha, der Chor der Rache ist auf dem Weg zu uns!« spottete ich und beugte mich über die Seekarte, um mit dem Kursdreieck den zu steuernden Kurs festzulegen. »Ihr Vorschlag gefällt mir, Herr Werda. Nehmen wir die Beine in die Hand und Kurs auf die irische Ostküste. Die Tommies werden uns eher auf dem Weg zur Kanalküste als zur Irish Sea vermuten, denke ich. Sobald wir den Leuchtturm der Ile d'Ouessant querab haben, gehen wir deshalb zunächst auf Kurs drei-drei-sieben, um möglichst weit von der britischen Küste freizukommen, ehe wir auf die Irish Sea einschwenken.«

*

Ich hatte richtig getippt. Die mit schäumenden Bugwellen heranjagenden Briten, eine Fregatte und zwei dieser amerikanischen Korvetten, kamen offensichtlich gar nicht auf den Gedanken, wir könnten einen anderen Kurs als den auf die britische Kanalküste genommen haben. Als sie achteraus die Ile d'Ouessant passierten, riskierte ich noch einen Blick durch das Sehrohr und ließ, zu Tode erschrocken, den Spargel im selben Augenblick gleich wieder in seinen Schacht gleiten. Du Idiot, fluchte ich still in mich hinein, das hättest du dir doch an fünf Fingern abzählen können!

Meine Neugier wäre uns beinahe zum Verhängnis geworden. Die *hunting group* hatte nämlich Verstärkung bekommen. Es wimmelte über der Insel von Jagdbombern, die, ungeachtet des Flakfeuers, das Küstenvorfeld und das Seegebiet weiträumig im Tiefflug nach uns absuchten. Das Periskop wäre bei dem klaren Wetter und der langen Dünung vermutlich nicht unentdeckt geblieben.

»Puhh!« atmete ich tief durch. »Ein Glück, daß wir den Schnorchel noch nicht ausgefahren haben, Herr Werda! Die halbe Royal Air Force ist auf dem Kriegspfad! Müssen die einen Rochus auf uns haben! Gehen Sie auf sechzig Meter runter. Am Ende schießt ein Krückstock, und die sehen unseren Schatten in der klaren See.«

Der I WO nickte und kam meinem Befehl sofort wortlos nach.

Vermutlich stand mir der Schreck noch ins Gesicht geschrieben, und er machte sich jetzt seinen Reim darauf. Was er nicht ahnte, war die bittere Selbsterkenntnis, zu der mir dieses Intermezzo verholfen hatte. Der Seekrieg war in den zwei vergangenen Jahren viel, viel härter geworden, das wußte ich aus den Berichten und Kriegstagebüchern meiner Kommandanten.

Allein das Wissen um diese Verschärfung und die Praxis waren zwei verschiedene Stiefel. Ich war mit meinen Erfahrungen als Kommandant nicht mehr auf dem neuesten Stand und das wahrscheinlich in vielerlei Hinsicht. Das fing bei den neuesten technischen Einrichtungen des Bootes an und endete bei der Taktik. Dem wollte ich sofort abhelfen.

»Ich möchte nach Wachwechsel mit Ihnen und dem Smadding die übliche Kommandantenrunde durch alle

Abteilungen des Bootes machen, zu der ich bisher noch nicht gekommen bin. Sagen wir sechzehn Uhr?«

»Jawohl, Herr Kapitän! Ich werde den Wörle wahrschauen.«

*

Wir kamen erst am Ende unseres Rundgangs zu Klaus in das Kommandantenkabuff. Klaus, den weißen Verband wie einen Turban um den Kopf geschlungen, war bei Bewußtsein, hatte ganz müde Augen und stand oder besser, lag geistig irgendwie neben sich.

»Du machst ja Geschichten, Klaus! Wie fühlst du dich?«

»Du stellst Fragen, Arne!« Seine Stimme klang völlig fremd, sie zunzelte, hatte Schwierigkeiten mit den Zischlauten. »Mir brummt die Birne wie eine Baßgeige, ich bin eine zahnlose Kuchentante, der Quacksalber da hat mir die Stirnhaut mit Schiemannsgarn zusammengepopelt, und mein Brustkorb schmerzt bei jedem Atemzug, da fragst du, wie es mir geht? Beschissen, das ist noch milde ausgedrückt.«

»Na, immerhin kannste schon wieder ganz gut motzen. Du mußt so schnell wie möglich in den Schlunz. Was hältst du von Brest?«

Er sah mich schief von der Seite an, versuchte wohl herauszufinden, ob ich das erst meinte. Aus den Augenwinkeln bekam ich mit, daß der Smadding grinsend den Kopf schüttelte.

»Erzähl keinen Scheiß, Arne. Wo der Oberst Heldenklau schon auf uns wartet? Ich tippe eher auf Bergen, da willst du doch sowieso hin, oder?«

»Wer hat dir das verraten?« Ich zeigte auf den Fähnrich. »Der Flunki da?«

»Aber neei', Herr Kapitän!« protestierte der sofort und hob die Hand zum Schwur. »Wo werd' ich denn? Schwör' ich, so wahr ich auf zweei Beeinen steh'!«

Der Flunki machte seinem Namen wieder einmal alle Ehre. Was von seinem Schwur allerdings zu halten war, zeigte sein linkes Bein, das den Boden überhaupt nicht berührte.

»So, Sie schwören, Fähnrich? Da siehste mal wieder, wie leichtfertig unser Offiziersnachwuchs mit dem Schwören umgeht. Es stimmt, wir sind auf dem Weg nach Bergen. Wir hoffen, daß wir es in vier Tagen schaffen. Und wenn sie dich dann dort im Schlunz wieder auf Vordermann gebracht haben, steht dir – wie es aussieht – das Verwundetenabzeichen zu und ein schöner langer Genesungsurlaub bevor.«

»Na, dann klopf man schön an Holz, mein Lieber. Ich hoffe, du hast inzwischen nichts verlernt und bringst uns gut hin.«

»Ich werde mir Mühe geben. Und du tust gefälligst auch alles, um wieder auf die Beine zu kommen, damit du mich vorzeitig ablösen kannst.« Das war ein unerfüllbarer Wunsch. Aber was hätte ich auch sonst sagen sollen.

Der Bordlautsprecher über uns knisterte. »Der Kommandant bitte in die Zentrale! Ich wiederhole: Der Kommandant bitte in die Zentrale!«

*

»Was ist los, Herr Schulte?« fragte ich. »Irgendwelche Probleme?«

»Probleme weniger, Herr Kapitän. Der Greinert hat da etwas im GHG, was ihm Rätsel aufgibt. Und ich habe, ehrlich gesagt, noch nicht die Erfahrung, um ihm helfen zu können. Da dachte ich ...«

»Sehr vernünftig, II WO.« Es imponierte mir gewaltig, daß er das so offen eingestand. »Muß ja dann wirklich ein seltsames Geräusch sein, wenn der Greinert es nicht identifizieren kann. Schauen wir mal.«

Bevor ich durch das Mannloch jumpte, warf ich noch einen Blick auf die Seekarte. Wir passierten gerade 6° 20' West, da war es eigentlich unwahrscheinlich, daß dort so weit draußen irgendwer auf leichte Beute lauerte und sich durch seine Bordgeräusche verriet. Aber wußte man's?

Greinerts ganze Aufmerksamkeit war so auf das GHG konzentriert, daß er mich erst bemerkte, als ich ihm die Hand auf die Schulter legte.

»Was ist draußen los, Greinert?«

»Wenn ich das wüßte, Herr Kapitän. Keine Schraubengeräusche, keine summenden Entlüfter, nur ein Geräusch, als dümple in eins-eins-zwo irgend etwas herum. Aber was?« Er reichte mir den zweiten Kopfhörer und bewegte den entsprechenden Schalter. »So etwas ist mir in den fünf Kriegsjahren noch nie untergekommen. Hören Sie selbst.«

Es war in der Tat ein merkwürdiges Geräusch, was unser GHG auffing. Keine typischen Bordgeräusche, durch die sich normalerweise gestoppt liegende Zerstörer oder Fregatten verrieten. Ohne Zweifel wurden dort metallene Gegenstände bewegt, aber keine Wabos, das hörte sich anders an. Es klang eher, als schepperten dort leere Milchkannen oder Blechkanister, stießen im Rhythmus der Dünung aneinander, allerdings viel dumpfer.

Aber leere Milchkannen so weit draußen auf See? Im Krieg war vieles möglich, doch was sollten ausgerechnet Milchkannen hier draußen? Ich schüttelte unwillkürlich den Kopf, und das lenkte meine Gedanken plötzlich in eine andere Richtung. Ich erinnerte mich auf einmal an das, was Störmer über irgendwelche an Fallschirmen herabpendelnde Geräte berichtet hatte, die möglicherweise zur U-Bootbekämpfung benutzt wurden. Am Ende war das so ein uns bisher unbekanntes Ortungsgerät?

»Mensch, das wäre ja ein Ding!« rutschte es mir ungewollt heraus. Im selben Augenblick wurde mir die Konsequenz bewußt. »Verdammt, wenn das ein Ortungsgerät ist, dann haben wir ja in Kürze die Tommies auf dem Hals!«

Greinert starrte mich einen Augenblick sprachlos an. »Aber ... Aber dann müßten wir die doch hören, Herr Kapitän! Wir haben jedoch nichts dergleichen im GHG!«

»Stimmt, Greinert, die müßten wir ja hören«, gab ich zu. »Wenn's Schiffe sind. Vielleicht ...«

Den Rest verschluckte ich lieber, um nicht die Pferde scheu zu machen. Das fehlte noch, daß Greinert quatschte und die Besatzung anfing, überall herabpendelnde Fallschirme mit geheimnisvollen Ortungsgeräten zu vermuten.

Ich streifte den Hörer vom Kopf und gab ihn Greinert zurück. »Der Sache muß ich auf den Grund gehen. Vielleicht finde ich mit dem Sehrohr heraus, was es ist. Bleiben Sie dran, Horchmaat!«

Nachdenklich ging ich in die Zentrale zurück. Was machte ich richtig? Sollte ich auf Sehrohrtiefe anblasen lassen und nachsehen oder sollte ich nicht? War es ein von Flugzeugen abgeworfenes Ortungsgerät, dann kreisten die möglicherweise dort oben, warteten nur darauf, daß ich neugierig die Nase raussteckte, und dann regnete es Bomben.

Unsinn, verwarf ich diesen Gedanken. Dann hätte es

doch schon längst Bomben gehagelt. Keine Bomben und keine Schraubengeräusche, also vielleicht auch kein Ortungsgerät? Und wenn doch? Ich kam zu einem Entschluß, die Neugier siegte.

»Auf Sehrohrtiefe anblasen!«

Während das Boot sanft nach oben schwebte, ließ ich das Luftzielsehrohr aus seinem Schacht steigen. Zuerst einmal einen Blick in die Runde, ob die Luft rein ist, nahm ich mir vor. Vorsicht war schließlich die Mutter der Porzellankiste.

»Sehrohrtiefe ist erreicht, Boot pendelt auf Sehrohrtiefe ein!«

Vorsichtig fuhr ich den Spargel aus und riskierte einen schnellen Rundblick. Nichts – kein Flugzeug, keine Möwe – nichts! Ich atmete erleichtert auf. Jetzt würde sich zeigen, was dort wirklich dümpelte. Ich wechselte zum Angriffssehrohr und drehte es in Greinerts Peilung. Der Anblick, der sich mir bot, war so unerwartet, daß ich zuerst meinen Augen nicht traute.

Keine hundertfünfzig Meter von uns entfernt dümpelte eine Barkasse oder das, was von ihr noch übrig war, in der langen Dünung. Unzählige Einschüsse verschiedenen Kalibers hatten ihre Beplankung zerhackt, sie lag tief im Wasser und wurde nur durch den einen oder anderen noch intakten Luftkasten unter den Duchten am Sinken gehindert. Wenn sie in der Dünung überholte, schwappte in ihr das Wasser von der einen Seite auf die andere und nahm dabei die beidseits nur lose angelaschten Riemen mit. Nicht eingesteckte eiserne Dollen an kurzen Stropps machten die Bewegungen mit und schlugen dabei vermutlich gegen die blechernen Luftkästen. Da hatte ich also meine scheppernden Milchkannen, die Greinert und mir Rätsel aufgegeben hatten!

»Eine zusammengeschossene leere Barkasse, blaugrau angepönt«, sagte ich in die erwartungsvolle Stille hinein. »Die Riemen sind nur lose an den Duchten festgelascht und die Dollen nicht eingepickt. Ist also nicht bemannt gewesen.

»Und?« fragte der II WO. »Kein Hinweis auf die Herkunft?«

»Keinen, Herr Schulte. Aber ihrer Größe und ihrem Bau nach kann sie eigentlich nur von einem alliierten Truppentransporter stammen.« Ich ließ den Spargel in den Schacht gleiten. »Nehmen Sie Kurs auf Rosslare, Marschgeschwindigkeit vier Knoten. Sobald es dunkel geworden ist, tauchen wir auf und gehen auf achtzehn Knoten.«

*

Ich war überrascht. Obwohl unser FuMB vereinzelte RADAR-Kontakte auffing und wir wiederholt Schraubengeräusche im GHG hatten, darunter sogar ein stark gesichertes Geleit, das aus dem Atlantik kam und dem Kurs nach die Häfen in Südwestengland ansteuerte, verlief die Nacht ohne Zwischenfälle. Zum Schlafen kam ich allerdings nicht.

Ich hatte mich zwar mit dem Boot und allen seinen Neuerungen inzwischen vertraut gemacht und ganz schnell festgestellt, daß ich nichts verlernt hatte, was Schiffsführung, Navigation und Seemannschaft anbelangte. Zwei Jahre an Land waren jedoch eine lange Zäsur, ich mußte darum erst wieder das Gefühl für U 112 bekommen. Deshalb verbrachte ich die Nacht auf dem Turm, sobald wir aufgetaucht fuhren. Ich genoß das prickelnde Gefühl, das mich immer auf See überkam, spürte mit jeder Reaktion des Bootes auf meine Befehle, wie von Minute zu Minute die Sicherheit wieder in mir wuchs.

Als wir am Morgen Tuskar Rock passiert hatten und der Leuchtturm von Rosslare durch den dichten Regen blinzelte, lagen 265 Seemeilen hinter uns, und meine alte Frechheit war zurückgekehrt, wie der I WO grienend festgestellt hatte. Wir hatten nämlich den größten Teil der Strecke nicht nur mit 18,5 Knoten aufgetaucht zurückgelegt, sondern 15 Seemeilen vor der irischen Küste sogar Positionslichter gesetzt, um für Fischer gehalten zu werden, falls uns jemand trotz der Regenflagen sichtete.

»Das ist ja wie in alten Zeiten, was, Nummer Eins?« hatte Werda leise zum Smadding gesagt und ihm einen freundschaftlichen Knuff in die Rippen verpaßt. »Seine alte Frechheit ist zurückgekehrt. Ist das nicht ein schönes Gefühl, wir alten Irokesen wieder gemeinsam auf dem Kriegspfad? Schade, daß Kaleu Kruse das nicht mit auf der Brücke erleben kann.«

Wir Irokesen! Das Wort, das Klaus damals als mein I WO geprägt hatte, als wir den gleichen Trick vor Kanada angewandt hatten. Werda ahnte gar nicht, wie wohl mir seine Worte in der Erinnerung daran taten und wie sie mein Selbstwertgefühl stärkten.

Durch den Regendunst drang wie klagend der ferne Heulton der Ansteuerungstonne von Rosslare, er holte mich aus meinen Erinnerungen in die Gegenwart zurück. Auch der I WO reagierte sofort.

»Das klingt aber verdammt nahe! BÜ, neuer Kurs null-eins-null! Boot klar zum Alarmtauchen! Vorfluten! Obersteuermann Weiß, was hat die Funkpeilung ergeben? Wie weit stehen wir von Land ab?«

Ich grinste in mich hinein. Der I WO reagierte nahezu klassisch, obwohl die Tonne laut Seekarte weit draußen vor Rosslare Harbour lag. Außerdem blinkte der Leuchtturm von Rosslare nur verhältnismäßig flach über das Wasser, dabei stand er hoch auf dem Küstenhang über dem kleinen Fischerhafen. Da seine Höhe über Normalnull bekannt war, ließ sich daraus leicht ableiten, daß der Abstand von Land mehr als drei Seemeilen betragen mußte. Aber der I WO wollte es eben genau wissen.

»Abstand zur Küste beträgt laut Funkpeilung acht Seemeilen«, kam die Meldung aus der Zentrale. »Kurs null-eins-null liegt an. Keine Horch- oder FuMB-Kontakte.«

»Das wird wahrscheinlich die vierundsechzig Seemeilen bis Dublin Harbour so bleiben, Herr Werda«, sagte ich leise. »Die lange Ausgleichsküste hat ja keine Naturhäfen, außerdem liegt dahinter ein rein landwirtschaftlich genutztes Gebiet.«

Der I WO horchte überrascht auf. »Das klingt ja beinah' so, als kennen Sie sich in Irland aus, Herr Kapitän.«

Ich lachte auf. »Nicht mehr als Sie, I WO. Alles nur angelesen. Aber kennenlernen würde ich Irland schon mal ganz gerne. Soll eine sehr schöne grüne Insel sein.«

»Ist das bei diesem Regen ein Wunder? Irland kennenzulernen, das läßt sich doch leicht bewerkstelligen. Wir brauchen doch bloß Rosslar Harbour anzulaufen und uns internieren zu lassen.« Er kicherte bei diesem Gedanken in sich hinein. »Deutschfreundlich wie die Iren sind, werden sie uns bestimmt Gelegenheit geben, ihr Land näher kennenzulernen, meinen Sie nicht?«

»Du lieber Himmel, I WO, das lassen Sie bloß keinen hören! Bei der Hexenjagd, die man jetzt in der Heimat betreibt, bringt Sie dieser Vorschlag glatt vor den Kadi!«

Werda wurde sofort ernst. »Ja, ist das nicht furchtbar, was sich da abspielt? Ich hab' vor Wachwechsel mal in

Radio Dublin reingehört. Die berichten, der Führer habe nicht nur die Sippenhaftung für die Familien befohlen, deren Familienmitglieder Verrat an Deutschland begehen. Er habe außerdem angeordnet, daß vor dem Reichskriegsgericht gegen zwanzig Generäle der Heeresgruppe Mitte Klage wegen militärischen Verrats erhoben werde. Zwanzig Generäle, kann man das glauben? Und wo haben die Iren das her? Der Deutschlandsender hat doch lediglich eine kurze Meldung über die Sippenhaftung gebracht.«

»Die Iren haben noch immer Korrespondenten in Berlin, Herr Werda, und die haben ihre Informanten. Vielleicht ist das aber auch an die gezielt weitergegeben worden, was weiß ich«, würgte ich das Gespräch über dieses Thema ab, schließlich hatte der Ausguck auch Ohren. Ich klappte das Turmluk auf. »Alle Viertelstunde eine Horchpause, I WO, damit wir nicht einer Fähre von Holyhead nach Dublin vor den Bug zu laufen. Bei mir meldet sich jetzt der Magen. Wahrschau! Ein Mann von Brücke in die Zentrale!«

*

Ich ließ mir das Frühstück zu Klaus in das Kommandantenkabuff bringen, um ihm Gesellschaft zu leisten. Er frühstückte nämlich ebenfalls, das heißt, er mümmelte auf eingeweichtem Brot herum, das er in seinen Kaffee getunkt hatte. War es das Licht oder sah er tatsächlich besser aus? Er wirkte jedenfalls erheblich munterer als am Vortag.

»Ich fühle mich auch besser«, sagte er, als ich ihm das Kompliment machte. »Aber sonst? Schwamm drüber! Wir haben die irische Küste erreicht, hat mir der Flunki berichtet.«

Ich nickte. »Bin froh, daß wir noch rechtzeitig aus Brest rausgekommen sind. Die Amis haben von uns gelernt, die führen jetzt in der Bretagne einen Blitzkrieg. Rennes, Le Mans, Chartres und Orleans sind schon von ihnen eingenommen worden. Wird nicht lange dauern, dann stehen sie vor Paris.«

»Und du glaubst, wir kommen ungeschoren durch die Irische See und den Nordkanal zwischen Irland und Schottland?«

»Ich hoffe es zumindest. Du kennst doch den Wahlspruch meiner Frau: Glück hat nur, wer kein Pech hat. Und damit das auch auf uns zutrifft, werden wir alles vermeiden, was den Tommies signalisiert, daß sich ein deutsches U-Boot in der Irish Sea herumtreibt. Waffengebrauch nur im äußersten Notfall, mein Lieber.«

Ich horchte auf. Das vertraute Rumpeln der Diesel hatte aufgehört.

»Aha, der I WO macht 'ne Horchpause, Klaus!«

Herzhaft biß ich in mein Brot mit französischem Weichkäse, der schon überreif war. Genußvoll ließ ich ihn auf der Zunge zergehen. Als ich schlucken wollte, blieb mir der Bissen im Hals stecken.

»Achtung! Schraubengeräusche in null-sieben-sieben! Entfernung etwa zwo Seemeilen!« tönte der Alarmschrei aus dem Horcherschapp. Die Alarmklingel schrillte durch das Boot.

»Alarmtauchen! Alle Mann auf Tauchstation!« quäkte der Lautsprecher über uns.

Wildes Gerenne setzte ein.

Ich sprang auf und schmiß dabei beinahe die Kaffeekanne um. »Entschuldige, Klaus! Ich muß in die Zentrale!«

Raus war ich. Männer rannten an mir vorbei auf ihre

Tauchstationen. Gurgelnd ergoß sich das Wasser in die aufgerissenen Tauchzellen. Fauchend entwich daraus die Luft. Das Deck unter meinen Füßen begann sich bereits bugwärts zu neigen, als ich durch das Mannloch in die Zentrale jumpte.

»Mensch!« hörte ich den I WO sagen. »Taucht doch da genau in dem Moment so ein Wachhund auf, wo wir Horchpause machen! Ein Glück, daß wir vorgeflutet hatten! Gesehen hat der uns bei dem Schietwetter garantiert noch nicht, wir haben ja seine Konturen auch nur schattenhaft ausgemacht.«

»Ein Wachhund, Herr Werda?« Ich trat zu ihm an den Kartentisch. »Was heißt das? Ein Tommy?«

Er schüttelte den Kopf. »So dicht vor der irischen Drei-Meilen-Zone? Glaube ich nicht, Herr Kapitän. Der Größe nach eher ein Zollkreuzer oder Küstenwachboot, jedenfalls den vom Regen verwaschenen Konturen nach ein kleineres Kriegsschiff. Kann eigentlich nur ein Ire auf Patrouille sein.«

»Vierzig Meter gehen durch!« sang der Zentralemaat aus. »Boot fällt schnell weiter!«

Ich lauschte nach oben. Den sirrenden Schraubengeräuschen nach war es tatsächlich ein Kriegsschiff, das dort durch die Gegend zockelte. Ein Schiff also, das durchaus in der Lage war, uns mit seinem Horchgerät zu orten und Wabos zu werfen. ASDIC hatte es nicht, das hätte uns längst erfaßt, oder die Macker im ASDIC-Schapp schoben einen faulen Lenz, weil sie hier kein U-Boot vermuteten. Das sei wiederum typisch irisch, wie ich mal von Kennern der irischen Mentalität gehört hatte.

»Stopp Tiefe! E-Maschinen auf Schleichfahrt umkuppeln! Absolute Ruhe im Boot! Schleichfahrt!« befahl ich trotzdem. »Ich weiß nicht, ob die Iren überhaupt 'ne richtige Marine haben, Herr Werda. Schlagen Sie doch mal im Flottenhandbuch nach, Obersteuermann.«

Der hatte es schon in der Hand und blätterte es durch. »Sie haben eine Marine, Herr Kapitän. Keine Schlachtschiffe, Kreuzer oder Zerstörer, nur ein paar kleinere schnelle Schiffe, so eine Art Kanonenboot. Das da oben könnte also durchaus eins davon sein.«

Er hielt dem I WO das aufgeschlagene Buch hin. Der warf nur einen schnellen Blick darauf und nickte. »Genau, das könnte hinkommen.«

»Horchraum, was erzählen die Fische?«

»Schraubengeräusche wandern von null-sieben-sieben nach null-acht-vier, Entfernung gleichbleibend, Herr Kapitän!«

Ich beugte mich über die Karte und verglich die Peilung mit unserem Kurs. Das unbekannte Kriegsschiff passierte uns an Steuerbord, wenn es seinen Kurs beibehielt, und es sah ganz danach aus. Mein Blick ging die irische Ostküste entlang. An Backbord blieb Wexford Harbour achteraus zurück. Vermutlich wollte der Zollkreuzer oder was das war dorthin, also tatsächlich ein Ire.

Erleichtert legte ich den Bleistift, den ich spielerisch ergriffen hatte, wieder zurück. Doch dann stutzte ich. Wenn das ein Ire war, warum hielt der noch weiter als wir von der irischen Drei-Meilen-Zone Abstand? Das war schon gar nicht normal, wenn der nach Wexford wollte. Bei dem Sauwetter mit einer Sichtweite von vielleicht drei Seemeilen oder weniger nutzte doch jeder Seemann die Leuchtfeuer als Navigationshilfe, selbst wenn er nicht nach Wexford, sondern nach Rosslare wollte. Warum der nicht?

Die Antwort lag eigentlich auf der Hand. »Wenn das ein Ire ist, fress' ich 'nen Besen, I WO. Warum? Fragen

Sie mal so: Wohin will der? Nach Wexford, nach Rosslare, nach Waterford? Können Sie mir verraten, warum der dann noch einen größeren Abstand als wir von der Küste hält, obwohl er doch die Leuchtfeuer bei diesem Schietwetter als bequeme Navigationshilfe benutzen könnte?«

Werda schaute mich völlig perplex an. »Das ist ja ’n Ding! Darauf bin ich noch gar nicht gekommen! Na klar, das ist mehr als seltsam! Aber was will der Tommy hier vor den neutralen Häfen? Von uns kann er doch unmöglich Kenntnis haben!«

»Der Meinung bin auch ich. Es juckt mich zwar, den Spargel auszufahren und ihn mir anzusehen. Aber ist er dieses Risiko wert? Schleichen wir schön brav außer Hörweite und spielen scheues Kaninchen. Wir wollen unentdeckt durch die Irische See kommen. Frage Tiefe?«

»Boot ist auf fünfundvierzig Meter eingependelt, Kurs null-eins-null mit Schleichfahrt, Herr Kapitän!«

»Gut! Vielleicht sind wir übervorsichtig, und es ist gar kein Tommy, Herr Werda? Darum ... Alarm beendet! Wenn er außer Hörweite und die Luft oben rein ist, können Sie wieder auftauchen und auf Voll voraus gehen. Ich möchte jetzt zu Ende frühstücken und mich ein bißchen aufs Ohr hauen. Alles klar?«

»Alles klar, Herr Kapitän!«

»Siehste, det is’ wieder janz der olle Thomsen, den bringt nischt aus de’ Ruhe, wa?« hörte ich den Tiefenrudergänger Schröder, einen aus der alten Garde, flüstern.

Ich müßte lügen, wollte ich behaupten, das sei mir nicht wie Öl runter gegangen.

*

Eine Hand berührte mich leicht an der Schulter. Unwillig brummte ich und drehte mich auf die Seite. Doch die Hand ließ sich nicht abschütteln.

»Rise, rise, Herr Kapitän!« drang eine leise Stimme in mein Bewußtsein. Die Hand gab keine Ruhe. »Stiller Alarm! Alle Mann auf Station!«

Stiller Alarm, das Wort elektrisierte mich. Es bedeutete, daß Gefahr bestand, von anderen gehört zu werden, wenn die Alarmklingel losschrillte. Ich war mit einmal hellwach und fuhr herum.

Fähnrich Kastner, der Flunki, nahm militärische Haltung an. »Bedauere, Herrn Kapitän auf Befehl vom I WO wecken zu müssen! Wir haben stillen Alarm.«

»Stillen Alarm?« Ich schwenkte die Beine aus der Koje und angelte mit den Füßen nach meinen Bordschuhen. »Warum das, haben wir jemand im Nacken?«

Kastner grinste. »Im Nacken nicht, Herr Kapitän! Wir haben Dublin Habour querab, und da trampeln 'ne Menge Leute auf unserem Kopf herum. Es jeht zu wie auf dem Königsberjer Ferkelmarkt kurz vor Ostern.«

»Königsberjer Ferkelmarkt?« Unwillkürlich mußte ich über seinen ostpreußischen Vergleich lächeln. »Ich weiß nicht, wie es da zugeht, aber Sie scheinen ja einschlägige Erfahrungen zu haben.«

Ich lauschte nach oben. Dort war tatsächlich allerlei los, Schraubengeräusch unterschiedlichster Art. Aber keine, die auf Kriegsschiffe hindeuteten, und das war ungemein beruhigend. Ich sah auf die Uhr. Junge, Junge, fünf Stunden Schlaf, da hatte ich ja tüchtig aufgeholt! Und so fühlte ich mich auch.

»Dann man los, Fähnrich, hör'n wir uns mal an, wie's auf dem Königsberjer Ferkelmarkt zugeht.«

In der Zentrale herrschte gespannte Ruhe. Der I WO

trat vor mich hin und meldete: »Boot in vierzig Meter Tiefe auf Schleichfahrt und passiert mit Kurs drei-fünf-fünf Dublin Harbour in einer Entfernung von circa vier Seemeilen, keine besonderen Vorkommnisse.«

»Danke, Herr Werda!« Ich deutete nach oben. »Seit wann geht das so?«

»Seit wir Dakey passiert haben. Zuerst waren es Fischerboote mit den typischen Glühkopfmotoren, jetzt sind Frachter und Hafenfähren hinzugekommen, Herr Kapitän.« Er deutete auf die Karte. »Querab Bray sind wir getaucht, weil der Regen nachließ und wir Fischerboote im GHG hatten.«

»Bedrohlich hört sich das da oben nicht an, aber das ist bestimmt nur die Ruhe vor dem Sturm. Es wird sicher anders, wenn wir Dundalk passiert haben. Bin überzeugt davon, daß wir dann schon bald auf britische Patrouillen stoßen werden, die die Fährverbindungen zwischen dem britischen Nordirland und Schottland schützen sollen.«

Werda verzog zweifelnd das Gesicht. »Ich glaube eher, daß das erst an der nördlichen Einfahrt in die Irische See, im Nordkanal, der Fall sein wird. Das ist für die Tommys ein ganz neuralgischer Punkt. Zu viele Transporter liegen dort auf dem Meeresgrund, die aus den Nordatlantik-Geleiten herausgeschossen und zu den Fischen geschickt worden sind, bevor sie in die Sicherheit der Häfen an der britischen Westküste gelangen konnten.«

»Hmmm, kann natürlich auch sein, denn meines Wissens ist von Süden her tatsächlich noch kein deutsches U-Boot durch die Irische See bis an den Nordkanal vorgestoßen.« Ich nahm die Entfernungen in den Zirkel und setzte sie auf dem Kartenrand ab. »Grob hundertsechsunddreißig Seemeilen bis in die Ausfahrt zwischen Malin Head und Islay. Das wären rund zwanzig Stunden bei sieben Knoten, mit weniger dürften wir kaum rechnen können, es sei denn, Sie behielten recht mit Ihrer Prognose.« Ich legte den Zirkel auf den Kartentisch zurück. »Eine kitzlige Partie wird das sowieso. Wir werden nicht genug tiefes Wasser unter dem Kiel haben. Aber was soll's? Nur dem Mutigen gehört die See, und so haben wir es doch bisher immer gehalten, oder?«

*

Wir kamen gut nach Norden voran. Darüber hätte ich eigentlich froh sein müssen, doch das genaue Gegenteil trat ein. Mit jeder Seemeile, die wir unbehelligt blieben, wuchs meine innere Unruhe. Das ging alles zu glatt. Keine Wachhunde vor der Insel Man und auch nicht vor der Einfahrt in den Belfast Lough, in dem trotz der nächtlichen Stunde noch immer ein reger Schiffsverkehr herrschte. Vergeblich versuchte unser GHG jedoch, aus dem Lärmgemisch des Hafens sirrende Kriegsschiffsschrauben herauszufiltern.

Belfast, fernab vom kriegerischen Geschehen gelegen, war mit seinen Werften nicht nur ein überaus wichtiger Flottenstützpunkt, sondern zugleich auch eine nicht minder wichtige Nachschubbasis für Verpflegung, Truppen, Waffen und Munition. Die ließ man nicht ohne einen gewissen Schutz. Darum traute ich diesem vermeintlichen Frieden nicht, und von den Gesichtern des LI und des II WO las ich das gleiche Mißtrauen ab.

Am Ende lagen dort vor der langgestreckten Einfahrt in den Hafen von Belfast doch irgendwelche Wachhunde gestoppt auf der Lauer und warteten nur darauf, daß sich irgend etwas Verdächtiges regte, um sich darauf zu stürzen? Da gab es nur eins, ich mußte mir Gewißheit verschaffen.

»Auf Sehrohrtiefe anblasen!« Kaum pendelte das Boot auf Sehrohrtiefe ein, fuhr ich den Spargel aus und tat einen vorsichtigen Rundblick. Ich wurde in zweierlei Hinsicht überrascht. Es war nicht nur unerwartet hell, es war auch ein Anblick wie im tiefsten Frieden. »Soll man's für möglich halten? Die kutschieren doch dort glatt mit Positionslichtern herum!« stellte ich verblüfft fest. »Und der Pott, der da in null-neun-null aufkommt, hat sie ebenfalls gesetzt. Scheint 'ne Eisenbahnfähre von Liverpool oder Glasgow zu sein, ein ganz schöner Brokken. Da juckt's mich direkt in den Fingern.«

»Mit Positionslichtern aus Glasgow oder Liverpool quer über die Irische See?« fragte der LI ungläubig nach. »Steht es so schlecht um uns, daß die hier überhaupt nicht mehr mit deutschen U-Booten oder gar einem Angriff unserer Luftwaffe rechnen?«

»Gibt's denn Hermann Meiers Flieger überhaupt noch?« fragte der II WO ironisch. »Vermutlich schont der Fettsack sie für den glorreichen Endsieg. Viel von seinem Spielzeug haben ihm die Alliierten ja ohnehin nicht mehr gelassen.«

»Sachte, Herr Schulte, was sind denn das für despektierliche Reden?« herrschte ich ihn leise an, denn die Männer in der Zentrale hatten schließlich Ohren. Zugegeben, Göring hatte in der Kriegsmarine keine Freunde, aber angesichts der Prozesse gegen die Verschwörer des 20.Juli und der Verhaftungswelle, die durch Deutschland tobte, waren solche Äußerungen geradezu lebensgefährlich. »Wollen Sie etwa auch vor dem Volksgerichtshof in Berlin landen?«

Der II WO zuckte erschrocken zusammen und bekam einen knallroten Kopf, denn wir wußten inzwischen aus den Nachrichten, daß die Generäle von Witzleben,

Hoepner und Olbrecht zum Tod durch Erhängen verurteilt worden waren.

»Entschuldigung, Herr Kapitän. Sollte ein Witz sein, war aber wohl keiner.«

Die Antwort nahm mir das Horcherschapp ab. »Schraubengeräusche aus eins-eins-fünf aufkommend, mehrere Schiffe, dem Klang nach Frachter. Entfernung etwa sechsundzwanzig Seemeilen.«

»Aus eins-eins-fünf aufkommend«, wiederholte ich und verglich die Peilung mit unserem Kurs. »Sieht aus, als wollten die nach Belfast. Fehlt bloß noch, daß sich dort ein Geleit nach Amerika sammelt. Dann hätten die den gleichen Weg wie wir. Schleichfahrt aufgehoben, Herr Wagner. Kuppeln Sie voll auf die E-Maschinen um, Marschgeschwindigkeit sieben Knoten! Sobald wir Larne passiert haben, steigen wir auf die Diesel um und schnorcheln.«

Larne, ein kleiner Fischerei- und Fährhafen, lag von unserem gegenwärtigen Standort nur etwa 13,5 Seemeilen entfernt. Von hier verkehrten Fähren nach Cairnryan und Stranraer in Schottland, wie mir die irische Seekarte verriet. Ich war inzwischen optimistischer geworden.

Begegneten uns hier ebenfalls Fähren, Frachter oder auch nur Fischer, die Positionslichter gesetzt hatten, konnte ich davon ausgehen, daß die Briten nicht mit deutschen Angriffen rechneten und deshalb eine flächendeckende Überwachung des Seegebietes vor dem Nordkanal nicht mehr als notwendig ansahen. Ein Gedanke, der mich ganz kribbelig machte. Hieß das doch, daß wir möglicherweise aufgetaucht und mit 18,5 Knoten Zeit schinden konnten, bis uns die Morgendämmerung dazu zwang, von der Wasseroberfläche zu verschwinden.

*

Alles kam so, wie ich es gehofft hatte. Die Schiffe, deren Schraubengeräusche das GHG auffing, waren keine Kriegsschiffe, und sie führten tatsächlich Positionslichter. Darum tauchten wir auf und griffen zu unserem bewährten Trick. Wir setzten ebenfalls Positionslichter und gingen mit der Geschwindigkeit rauf. Dennoch hatte ich die Rechnung ohne den Wirt gemacht.

Kaum tourten nämlich die Diesel hoch, kreischte unter Deck das FuMB-Gerät los und zeigte damit an, daß seine Antenne RADAR-Ortungen auffing. Nicht nur eine, sondern gleich mehrere aus unterschiedlichen Richtungen, wie der BÜ meldete. Das gab uns Rätsel auf, denn das GHG meldete lediglich die Schraubengeräusche der Frachter, die achteraus aufkamen und ganz offensichtlich den Nordkanal ansteuerten.

»Du lieber Himmel, haben die Frachter und Fischer jetzt auch schon RADAR an Bord?« rutschte es dem I WO heraus. »Dann gute Nacht, Marie!«

»Glaube ich nicht! Und die Logger vor Glenarm schon gar nicht, die dort vor ihren Netzen treiben«, widersprach ich. »Merkwürdig ist das aber schon, daß wir zwar RADAR-Kontakte auffangen, jedoch keine Kriegsschiffe orten, von denen sie ausgehen könnten.«

»Können's eventuell Flugzeuge sein, Herr Oberleutnant?« fragte Obersteuermann Weiß.

»Ausgeschlossen! Wenn's hell wäre, wär's möglich. Aber es dämmert ja noch nicht einmal.«

»Für so unmöglich halte ich das nun auch wieder nicht, Herr Werda. Die fliegen doch auch Nachtangriffe auf die deutschen Städte, warum soll das dann nicht auch auf See möglich sein? Aber Sie haben recht. Wenn's Flugzeuge wären, die uns orten, dann wären die schon längst ran und griffen an«, gab ich zu. »Also ...« In diesem Augenblick fiel bei mir der Groschen. Ich schlug mir mit der flachen Hand gegen die Stirn. Das war's! Warum kam ich Trottel erst jetzt darauf? »Die überwachen das Seegebiet südlich des Nordkanals mit ortsfesten RADAR-Stationen von Schottland und Nordirland aus, I WO! Die orten uns zwar, aber vorgeflutet sind wir für die nur ein winziger Punkt! Ein so winziges, harmlos wirkendes Echo, daß die dahinter niemals ein U-Boot vermuten, schon gar nicht in diesem Teil der Irischen See! Deshalb sind hier bisher noch keine Flugzeuge und auch keine Kriegsschiffe aufgekreuzt!«

Werda schlug sich ebenfalls mit der Hand gegen die Stirn. »Klaro, anders kann es gar nicht sein, Herr Kapitän! Deshalb fahren die Frachter mit Positionslaternen und ohne Geleitschutz und fängt das GHG keine Kriegsschiffsschrauben auf!«

»Kein Grund also, die Ohren anzulegen und scheues Kaninchen zu spielen. Das wird unter Garantie anders, wenn wir den Nordkanal passiert haben.« Ich blickte nach achtern. »Die Frachter holen deutlich auf, die laufen offenbar in Ballast und sind schneller als wir. Gehen wir mit der Fahrt weiter runter und dichter unter Land, sonst ist es mit unserer Maskerade als Fischer ganz schnell vorbei. Wird sowieso nicht mehr lange dauern, bis die Dämmerung einsetzt, dann müssen wir tauchen.«

*

Meine Rechnung ging wieder nicht auf. Noch bevor sich der Himmel im Osten zu färben begann, alarmierte uns Greinert aus dem Horcherschapp, und das FuMB kreischte noch lauter los.

»Schraubengeräusche aus drei-drei-sieben, eine Fregatte oder Korvette, schnell näher kommend. Entfernung etwa zwölf Seemeilen!«

»RADAR-Kontakt aus drei-drei-sieben!« bestätigte der BÜ.

Entfernung zwölf Seemeilen? Dann wurde es für uns knapp. Für eine Fregatte oder Korvette war das ein Katzensprung, denn die liefen gut und gerne ihre zweiunddreißig Knoten.

»Alarm! Auf Tauchstation! Klar zum Alarmtauchen!«

Die Männer der Brückenwache ließen sich in das Turmluk fallen und sausten an den Leiterholmen hinunter in die Zentrale. Als letzte folgten der I WO und ich. Ich knallte das Turmluk über mir zu und trieb die Vorreiber vor.

»Turmluk ist dicht! Fluuuten!«

Die Diesel verstummten. Die E-Maschinen sprangen an. Wasser schoß in die aufgerissenen Tauchzellen. Über dem Turm schlug die Irische See zusammen, denn unter dem Druck der Schrauben und der maximal gelegten Tiefenruder kippte das Boot bugwärts ab und schor in die Tiefe.

»Verdammte Tat, warum hat der Greinert den nicht früher gehört?« schimpfte der I WO.

»Weil der vermutlich in der Bucht von Cushendall gelegen hat, Herr Werda. Es gibt drei Möglichkeiten, warum der plötzlich Dampf aufgemacht hat. Irgendwer in den RADAR-Stationen hat Verdacht geschöpft und den Wachhund alarmiert. Möglicherweise meint der uns aber auch gar nicht und fährt jetzt nur eine routinemäßige Runde? Das soll's ja auch bei uns geben.« Ich zuckte die Schultern. »Vielleicht wird der aber auch bloß nach Larne oder Belfast gerufen, um den Geleitführer für die Frachter an Bord zu nehmen, die sich offenbar zwischen Kintyre und Rathlin Island zur Atlantiküberquerung sammeln. Doch egal, warum auch immer, er kommt uns höchst ungelegen, und das nehme ich ihm übel.«

In den Ohren der Männer in der Zentrale klang das sicher so, als nähme ich diesen heranrauschenden Tommy auf die leichte Schulter. Dem war aber ganz und gar nicht so. Wenn der uns meinte, dann erwischte er uns so dicht unter Land glatt auf dem falschen Fuß. Wir hatten nicht genügend Wasser unter dem Kiel, um uns mit ihm auf ein Katz- und Mausspiel einlassen zu können. Dem mußte ich abhelfen, bevor er uns mit seinem ASDIC ortete.

Wir konnten uns natürlich auf den Grund legen und hoffen, daß er uns für eines der vielen Wracks hielt, von denen der I WO gesprochen hatte. Aber ich hatte keine Ahnung, ob er aus seinem ASDIC-Echo nicht mehr herauslesen konnte, als uns lieb war. Darum verwarf ich diesen Gedanken.

»Rudergänger, Ruder hart Steuerbord!« Ich wartete, bis unser Achterschiff herumkam und auf den die Küste entlang laufenden Tommy wies. »Recht so, Ruder komm auf! Achterer Torpedoraum Achtung! Rohr fünf klar zum Minenwurf! Rohr sechs klar zum Unterwasserschuß! Klar bei Boldgerät!«

Der I WO sah mich überrascht an, ich hatte jedoch anderes zu tun, als ihm jetzt meine Absichten lang und breit zu erklären. Die Zeit drängte. Ich mußte das Boot hinaus in die tiefere Fahrrinne steuern, um besser manövrieren zu können. Fuhr der Tommy ohne Rabatzboje, dann wußte ich, daß seine Horcher auf der Suche nach verdächtigen Schraubengeräuschen waren. Hören konnten sie uns nicht, selbst wenn wir schnorchelten. Inzwischen waren die Frachter nämlich so weit aufgekommen, daß sich unsere Schraubengeräusche mit deren vermischten.

Stöberten sie uns trotzdem auf, durfte ich mich auf keinen Fall auf einen langen Kampf mit dem Tommy einlassen, sonst alarmierte der die anderen Wachhunde vor dem Nordkanal und hetzte sie uns auf den Hals. Fuhr er mit der Boje, hing alles von seinem weiteren Verhalten ab.

Die Boje selbst war dann überhaupt kein Problem. Die konnte ich ihm wegschießen und ihm dann ein Teufelsei und einen Bold vor den heranstürmenden Bug legen. Es mußte nur schnell gehen. Wir waren bisher unbehelligt durch die Irische See gekommen, so daß ich uns nicht um diesen Erfolg bringen lassen wollte. Darum war ich wild entschlossen, ihn sofort mit dem LUT zu erledigen.

»Achtung! In drei-zwo-fünf machen Frachter Dampf auf und gehen anscheinend ankerauf!« unterbrach Greinert meinen Gedankengang. »Dazwischen Schraubengeräusche von Zerstörern und Fregatten. Der Horchkontakt aus drei-drei-sieben wandert nach drei-eins-fünf aus und fährt ohne Rabatzboje. Entfernung etwa sieben Seemeilen!«

Ich trug Greinerts Peilung an unseren Kurs an. »Tatsächlich ein Geleit, daß sich vor Torr Head sammelt. Das erklärt alles, Herr Werda. Da hat also jemand Lunte gerochen und diesen Wachhund alarmiert. Der fährt ohne Rabatzboje und sucht. Entdeckt der uns, werden wir ihm sofort den LUT vor den Latz knallen, bevor er uns eine ganze Meute auf den Hals hetzen kann.«

»Vielleicht hat der es aber auch gar nicht auf uns abgesehen, Herr Kapitän? Wenn sich dort draußen vor

Torr Head jetzt ein Geleit sammelt, holt der möglicherweise wirklich nur den Geleitführer aus Larne oder Belfast ab«, meinte Werda optimistisch. »Dafür spricht doch eigentlich auch, daß es die vier Frachter in null-sieben-fünf so eilig haben. Die wollen den Anschluß nicht verpassen.«

»Kann sein, kann nicht sein, I WO«, bremste ich seine Hoffnungen und schaute auf die Borduhr. »Oben ist es inzwischen so hell geworden, daß ich mir diesen forschen Tommy mal ansehen möchte, der so herausfordernd leichtsinnig ohne Rabatzboje durch die Gegend zockelt. Auf Sehrohrtiefe anblasen! Paßt mir ja auf, daß der Turm nicht durchbricht!«

Das Boot schwebte nach oben. Vorsichtig fuhr ich das Sehrohr aus und drehte es auf den Tommy ein, der inzwischen bis auf etwa drei Seemeilen herangekommen war. Die Sicht war so klar, daß ich selbst die Männer erkennen konnte, die auf seiner Back geschäftig herumwerkelten.

»Sieht so aus, als beginne der Tag auch bei der Royal Navy mit dem Reinschiff. Das ist übrigens keine Fregatte, sondern ein ganz moderner Geleitzerstörer mit einem wahren Antennenwald auf seinem Signaldeck. Ein sehr ...«

Das widerlich nachhallende Prasseln eines ASDIC-Strahls traf unsere Außenhaut und ließ mich augenblicklich verstummen. Es wanderte weiter, kam aber sofort zurück und ließ uns nicht mehr los. Das friedliche Bild in meinem Fadenkreuz verwandelte sich, mit schäumender Bugwelle drehte der Zerstörer zum Angriff auf uns ein. Rasend schnell schmolz die Entfernung zwischen uns zusammen.

»Beide E-Maschinen dreimal AK voraus! Kurs halten!

Achterer Torpedoraum ... Achtung! Rohr sechs klar zum Unterwasserschuß! ... Rohr sechs los!«

Kaum spürbar flutschte der LUT in unser Kielwasser. Der Tommy würde jetzt unsere mit Höchstfahrt wirbelnden Schrauben hören und auch den Schaumstreifen sichten können, den das ausgefahrene Periskop bei diesem Tempo nachzog. Das war beabsichtigt, sollte es ihn doch nur noch sicherer machen, daß er uns jetzt in Sehrohrtiefe voll erwischen konnte.

»Rohr sechs ist los! Torpedo läuft!«

Ich verfolgte den Zeiger der laut tickenden Stoppuhr, der mir die Vorgabe anzeigte, wann der LUT scharf wurde und seinen Suchlauf begann. Bis dahin mußte ich die Fahrt beibehalten, um den mit AK heranjagenden Geleitzerstörer vollends auf den Leim und damit in sein Verderben zu locken. Der Zeiger sprang auf die rote Warnmarke.

»Achterer Torpedoraum Achtung! Klar bei Mine! ... Rohr fünf ... Mine ... Wurf!«

»Mine ist raus!« kam die Rückmeldung von Rohr fünf.

Ich ließ den Spargel in seinen Schacht gleiten. Wieder begann das Warten. Wir mußten mehr Abstand von der Mine bekommen, damit wir nicht selbst etwas abbekamen, wenn sie detonierte. Die Mine war zwar nur für den Fall gedacht, daß der LUT sich nicht rechtzeitig auf den Zerstörer einsteuerte und ihn verfehlte. Das war zwar bei der Geschwindigkeit mehr als unwahrscheinlich, mit der der LUT und sein Opfer aufeinander zu rasten, aber doppelt genäht hielt bekanntlich besser.

Gefährlich laut dröhnten die sirrenden Zerstörerschrauben in meinen Ohren, sägten sich näher und näher in meinen Kopf und versetzten mich in Unruhe.

Zweifel kamen in mir auf. Eine Horrorvision formte sich in meinem Schädel. Nicht auszudenken, wenn mein Plan nicht aufging, ich mich verkalkuliert hatte, weil mir die geruhsameren Jahre an Land das praktische Gespür für die Kampfsituationen auf See geraubt hatten!

Die uns verbleibende Zeit schmolz zusammen. Furcht überfiel mich. Nur noch wenige Minuten, dann konnte er mit seinem Salvengeschütz, dem *hedgehog*, wie es die Briten nannten, das Bombardement eröffnen. So dicht unter der Wasseroberfläche konnten wir den zahlreichen Wabos nicht entgehen, es war unser sicheres Ende.

»LI, beide E-Maschinen mit voller Kraft ab in die Tiefe!« rang ich mir ab, um diesem Ende in letzter Minute zu entgehen. »In achtzig Meter Tiefe auf Schleichfahrt umkuppeln!«

Unter meinen Füßen begann sich schon das Deck bugwärts zu neigen, als uns von achtern ein ohrenbetäubender Donnerschlag einholte. Die Mine, war mein erster Gedanke, doch der Detonationsschwell brauchte zu lange, ehe uns sein Druck erreichte und das Boot spürbar aus dem Kurs drückte.

Jubel brandete durch das Boot. Ich jubelte erleichtert laut mit, schrie mir die Zweifel von der Seele und gewann meine Selbstsicherheit zurück.

»Stopp Tiefe! Auf Sehrohrtiefe anblasen!« Ich mußte einfach rauf, mußte sehen, was der LUT aus dem flotten Geleitzerstörer gemacht hatte. »Beide Maschinen Umdrehungen für vier Knoten! Neuer Kurs null-zwo-zwo!«

Der Zerstörer hatte gefunkt, wo er uns entdeckt hatte, dessen war ich mir sicher. Deshalb mußten wir hier verschwinden, sobald ich meine Neugier befriedigt hatte, mußten rüber auf die schottische Seite der Irischen See. Rüber in den Firth of Clyde, an dem Glasgow lag.

Dort, in der Höhle des Löwen, waren sicher zahlreiche Kriegsschiffe stationiert, weil sich vor dem Firh of Clyde die meisten Amerika-Geleitzüge auflösten und ihre Bestimmungshäfen an der britischen Westküste anliefen.

Ob das auch jetzt noch der Fall war, da die deutschen Stützpunkte an der französischen Kanalküste ausgeschaltet waren, wußte ich nicht. Aber hier würde uns keiner vermuten.

»Boot pendelt auf Sehrohrtiefe ein, Kurs null-zwo-zwo liegt an, beide Maschinen machen Umdrehungen für vier Knoten!«

»Danke!« Ich fuhr das Sehrohr aus und drehte die Optik nach achtern. Offenen Mundes starrte ich auf das Bild, das sich meinen Augen bot. Der LUT hatte ganze Arbeit geleistet. Verschwunden war das Achterschiff des Zerstörers, nur das Vorschiff schwamm noch, ragte noch bis zur Brücke aus dem Wasser, stark nach Backbord krängend. Schwimmer und Rettungsflöße strebten von dem sinkenden Schiff weg, das jeden Augenblick zu kentern drohte.

Seenotraketen stiegen von den Flößen in den blassen Morgenhimmel, alarmierten die Orte an der nahen Küste, ehe ihr rotes Magnesiumlicht mit einem langen weißen Rauchschweif verglühend in die See herabstürzte. Ich hätte bei diesem Anblick Triumph empfinden müssen, allein, er kam nicht recht in mir auf. Es waren Seeleute wie wir, die jetzt um ihr Leben bangten. Und mir erging es nicht anders, wenn ich an das dachte, was uns noch bevorstand.

So dicht vor der nordirischen Küste würde die Hilfe nicht lange auf sich warten lassen, wir mußten weg.

»Aus, vorbei!« Ich ließ den Spargel in seinen Schacht gleiten und trat an den Kartentisch. »Der ist auf dem

Weg zu den Fischen. In Kürze wird es hier von Schiffen und Flugzeugen wimmeln. Die werden Himmel und Hölle in Bewegung setzen, um den *damned Jerry* zu erwischen. Wär' nicht schlecht, wenn dabei auch noch einer von denen über unsere Mine stolperte. Sie werden es für einen Torpedotreffer halten und dort nach uns noch verbissener suchen. Das ist unsere Chance. Wir werden uns indessen im Firth of Clyde auf Grund legen und warten, bis sich der Rummel hier legt. In der Nacht können wir dann versuchen, uns auf der schottischen Seite durch den Nordkanal hinaus in den Atlantik zu mogeln. Alarm beendet! LI, beide E-Maschinen voll voraus!«

*

Wachwechsel. Der II WO übernahm die Wache. Nachdem ich das Logbuch abgezeichnet hatte, ging ich zu Klaus in das Kommandantenkabuff. Assistiert von Flunki, wechselte der I WO gerade den Kopfverband.

Werda warf mir nur einen kurzen Blick zu. »Sieht gut aus, Herr Kapitän. Kein Fieber, nicht einmal überhöhte Temperatur. In fünf Tagen werde ich die Fäden ziehen können.« Er drehte sich wieder zu Klaus herum. »Aber nichts da, Herr Kaleu, von wegen durch das Schiff geistern! Erstens macht das Ihr Bein nicht mit und zweitens die Gehirnerschütterung schon gar nicht! Die liegen Sie man schön brav aus!«

»Nun hör dir das an! Eine Natter, die wir an unserem Busen großgezogen haben, Arne! Hat einen Kommandoton fast wie meine Frau drauf! Toni hat solche kategorischen Sprüche auch immer am Leibe! Darauf reagiere ich ausgesprochen allergisch!«

Der I WO lachte laut auf. »Eine Natter? Damit meinen Sie doch hoffentlich nicht mich, Herr Kaleu? Und

Busen? Haben Sie bei Herrn Kaleu Kruse je so etwas wie einen Busen bemerkt, Herr Kapitän?«

Ich grinste. »Als ich ihm vor zwei Jahren das Kommando über U 112 übergeben habe, hatte er noch keinen, Herr Werda, das weiß ich hundertprozentig. Aber inzwischen hat er geheiratet, und das könnte möglicherweise eine Geschlechtsumwandlung bewirkt haben. Ein biologisches Phänomen, möchte ich meinen. Muß für deine Frau ja 'ne böse Überraschung gewesen sein, Klaus. Hat Toni wenigstens die gleiche BH-Größe?«

In diesem Augenblick war es mit der Beherrschung des Fähnrichs vorbei. Er pruschte laut los und handelte sich dafür von Klaus einen strafenden Blick ein. »Lachen Sie nicht, Fähnrich! Das ist ein ganz ernstes Thema! Fragen Sie mal den I WO! Der muß gerade von Busen reden! Seine Frau hat nämlich ebenfalls eine Geschlechtsumwandlung erfahren. Kennengelernt hat er sie als Mann, geheiratet hat er ihn dann allerdings als Frau. So ist das nun mal bei U-Bootfahrern. Passen Sie bloß auf, daß Ihnen das nicht auch widerfährt!«

Der Fähnrich starrte uns der Reihe nach verblüfft in die lachenden Gesichter, wußte nicht, was er aus diesen Behauptungen machen sollte. Er konnte ja nicht wissen, daß wir tatsächlich Werdas spätere Frau als Robert Franchon an Bord genommen und als Agent an der amerikanischen Ostküste abgesetzt hatten. Als er seinen Auftrag erfüllt hatte und wir ihn wieder an Bord nahmen, entpuppte er sich auf einmal zu unserer größten Überraschung als Frau. Das war der Augenblick gewesen, als bei Roberta, wie wir sie dann nannten, und Werda der Funke übergesprungen war.

»Machen Sie nicht so ein ungläubiges Gesicht, Fähnrich! Das stimmt tatsächlich«, sagte der I WO. »Aber das ist eine so lange Geschichte, daß jetzt die Zeit zu einer Erklärung nicht reicht. Vielleicht ein andermal. Jetzt wollen wir uns mal den Knöchel des Kommandanten ansehen.«

*

Diesmal ging meine Rechnung auf. Den Schraubengeräuschen nach, die unser GHG auffing, erwies sich die Versenkung des Zerstörers vor der nordirischen Küste als Stich in ein Wespennest. Von allen Seiten eilten Zerstörer, Fregatten und Korvetten herbei und nahmen die Suche nach uns auf. Und wie üblich, holten sie zuvor leichtsinnigerweise die Rabatzbojen ein, um ihre Horchgeräte nicht zu blockieren. So kam es, wie es kommen mußte.

Während wir völlig ungehindert nach Nordosten abliefen, holte uns neben den hinter uns zurückbleibenden Schraubengeräuschen irgendwann auch der ferne Donner einer Detonation ein. Für mich gab es keinen Zweifel über die Ursache.

»Meine Hoffnung ist doch tatsächlich in Erfüllung gegangen, Herr Schulte«, sagte ich triumphierend zum II WO. »Irgendwer ist über unsere Mine gestolpert. Ein zweites Opfer der verdammten Hunnen, wie uns ihre Presse nennt, und das wird sie zu einer noch intensiveren Suche vor der nordirischen Küste veranlassen.«

Der II WO nickte lächelnd. »Weil sie den Minentreffer für den Treffer eines weiteren Torpedos halten werden. In der Wirkung sind die beiden ja voneinander nicht zu unterscheiden. Die sind uns Gott sei Dank noch nicht auf die Schliche gekommen.«

»Hoffentlich bleibt das so«, unkte der LI und holte sein Notizheft aus der Tasche. »Wir werden ...«

»Ich weiß, Herr Wagner! Die Kapazität unserer Batterien, das Klagelied aller LIs«, unterbrach ich ihn. »Sie möchten schnorcheln, stimmt's?«

»Wir werden es müssen, Herr Kapitän. Sonst lassen uns die Batterien in der Nacht in Stich, wenn wir den Durchbruch durch den Nordkanal in den Atlantik wagen wollen.«

»Das sehe ich ein. Wir werden schnorcheln, sobald das möglich ist. Noch sind wir nicht weit genug von dem aufgeregten Wespenschwarm entfernt. Haben Sie inzwischen mal die Tanks gepeilt?«

»Jawohl, Herr Kapitän, heute morgen. Wenn's nach unseren Dieselvorräten geht, kämen wir damit glatt bis an die Westküste der USA und fast wieder zurück.«

»Danach steht mir nun ganz und gar nicht der Sinn, LI. Mir reicht's vollkommen, wenn wir damit den Rest des Tages in der Irischen See umherkurven können und trotzdem noch nach Norwegen kommen.«

Der LI gab sich damit zufrieden. Dabei konnten wir nur schnorcheln, wenn keine Flugzeuge in der Luft waren, die die Suche nach uns auch auf die östliche Irische See ausdehnten.

*

Querab von Campbeltown auf Kintyre fuhr ich vorsichtig das Luftzielsehrohr aus, um den Himmel abzusuchen. Aber da gab es nichts zu suchen. Was der blasse Morgenhimmel schon angekündigt hatte, fand ich jetzt bestätigt. Der Himmel über der Irischen See war grau in grau, die Wolkenhöhe betrug höchstens vierhundert Meter, und es goß in Strömen. Entsprechend gering war die Sichtweite, sie mochte in dem Regendunst kaum mehr als vier Seemeilen betragen.

»Mein Gott, wenn ich das so sehe, frage ich mich,

warum die Iren und die Briten nicht schon längst Schwimmhäute zwischen den Fingern und Zehen haben! So ein Schietwetter kann man doch eigentlich nur im Suff ertragen«, sagte ich und ließ den Spargel in seinen Schacht gleiten. »Sichtweite kaum mehr als vier Seemeilen. Normalerweise könnten wir da glatt auftauchen, gäbe es nicht diese RADAR-Stationen an Land. Schnorcheln wir also, LI, und drehen unsere Runden, bis es dunkel wird. Das hier ist ein gefährliches Pflaster, so dicht vor Glasgow. Darum alle zwanzig Minuten 'ne Horchpause für das GHG.«

Der I WO feixte. »Ich hätte nichts gegen Irland im Regen, Herr Kapitän. Gäb's wenigstens 'nen triftigen Grund fürs Saufen. Finden Sie nicht? Hier muß man ja am Daumen lutschen, selbst wenn man zwei Tommies zu den Fischen geschickt hat.«

Ich lachte. »Nicht schlecht, Herr Werda! Aber *Besanschot* an! gibt's erst, wenn wir den Nordkanal glatt hinter uns gebracht haben, dann allerdings ein bißchen deftiger. Bis dahin können wir uns eine besoffene Besatzung nicht leisten.«

*

Meinen Plan, U 112 vor dem Firth of Clyde auf Grund zu legen und die Nacht abzuwarten, gab ich ganz schnell auf. Es ging dort zu wie auf der Kieler Woche. Alle naselang hatten wir Schraubengeräusche nach Glasgow einoder von dort auslaufender Schiffe im GHG. Seltsamerweise waren es nur Frachter, obwohl der Hafen von Glasgow nach meinen Informationen für die Royal Navy eine ganz wichtige Rolle spielte.

Das Kreuzen zwischen dem Firth of Clyde und dem Nordkanal, mit dem wir unsere Batterien für den Durchbruch in den Atlantik aufluden, machte mich jedoch um eine weitere Entdeckung reicher. Der Regen hatte an Kraft verloren, war zu dem geworden, was wir in Schleswig-Holstein einen Landregen nannten. Damit hatte sich die Sicht gebessert, so daß ich aus gebührendem Abstand den Verkehr auf dem Firth und der Irischen See beobachten konnte.

Die Frachter, ob ein- oder auslaufend, steuerten alle einen einheitlichen Kurs mit zahlreichen Kreuzschlägen, obwohl es ihnen die Wassertiefe nicht aufzwang und es keine Bojenreihe gab, die ihnen die Fahrrinne anzeigte. Dafür konnte es nur einen Grund geben.

»Minenfelder, Herr Werda. Unsere Karte stimmt nicht mehr. Die haben die Wachhunde abgezogen, weil sie bei der Invasion gebraucht wurden, und haben die Einfahrt nach Glasgow dafür mit Minenfeldern gesichert. Das wird am Nordkanal nicht anders sein. Die fürchten uns, die grauen Wölfe, zumindest hier in der Irischen See nicht mehr.«

Das sagte sich so leicht. Im stillen ging mir der Arsch jedoch auf Grundeis, wie es im Marinejargon so treffend hieß. Ich hatte gehofft, dicht unter der Küste Kintyres hinaus in den Atlantik schlüpfen zu können, das erschien mir jetzt nahezu unmöglich. Eine so wichtige Wasserstraße hatten die Tommies mit Sicherheit auf beiden Seiten mit einem Minengürtel gesichert. Gerieten wir da hinein, war unser Schicksal besiegelt.

Ich schlug mich mit diesem Problem noch immer herum, als ich zu Klaus in das Kommandantenkabuff ging, um ihm bei einem gemeinsamen Abendsessen Gesellschaft zu leisten.

»Was hast du heute nacht vor, Arne? Du hast doch längst einen festen Plan, stimmt's?«

»Dein Vertrauen ehrt mich, aber so fest ist der gar nicht.« Ich setzte ihm auseinander, welche neuen Aspekte sich inzwischen für mich ergeben hatten. »Getaucht erfaßt uns das ASDIC eventueller Wachhunde, aufgetaucht könnte es gehen, wenn da diese verdammten Minengürtel und das RADAR nicht wären.«

Klaus hatte noch immer Schwierigkeiten mit dem Essen. Sein Mund war zwar abgeschwollen, doch wenn er ihn aufmachte, sah er wie ein blutrünstiger Vampir aus. Ihm fehlten die oberen Schneidezähne, geblieben waren ihm nur die Eckzähne. Er zerschnitt darum seine Brotscheibe in mundgerechte Stücke und spießte eins davon mit der Gabel auf.

»Und wo siehst du da ein Problem? Denk doch mal daran, wie wir damals an Gibraltar vorbei ins Mittelmeer gelangt sind. Oder an Halifax, wo wir Werdas Roberta an Bord gehabt haben. Hast du damals auch diese Bedenken gehabt, dich einfach an einen der Frachter mitten im Geleit zu hängen? Mein lieber Mann, das war beide Male ein ganz dicker Hund, uns haben damals ganz schön die Hosen geflattert! Trick siebzehn haste das ganz nonchalant genannt, Frechheit siegt. Wir sind durchgekommen. Warum sollte das nicht auch diesmal klappen?«

Er schob sich das Brotstück in den Mund und grinste über mein verblüfftes Gesicht, denn ich war überrascht, daß er sich daran noch erinnerte. Natürlich erinnerte auch ich mich an diese Husarenstreiche, doch die Ausgangssituationen waren damals ganz andere gewesen.

»Du vergißt, daß wir in beiden Fällen mit dem Geleit geschwommen sind und so gegen das feindliche RADAR gedeckt waren, das damals sogar noch einen toten Winkel hatte. Hier aber müssen wir erst einmal durch den

Nordkanal hindurch, ehe wir möglicherweise auf ein Geleit stoßen. Das ist der Haken, mein Lieber!«

»Alles richtig, Arne. Aber hast du mir nicht eben noch erzählt, daß du Einzelfahrer beobachtet hast, die den Nordkanal angesteuert haben? Warum hängst du dich nicht aufgetaucht an so einen Einzelfahrer ran? Der deckt U 112 gegen das RADAR und das ASDIC ab. Außerdem regnet es doch, und nachts sind alle Katzen grau. Was willst du mehr?«

»Du hast recht, Klaus!« gab ich zu. »Ich werde eben alt.«

»Quatsch, du wirst nie alt, zumindest nicht, was U 112 anbelangt. Legt euch vor die Einfahrt in den Nordkanal auf die Lauer und schnappt euch so einen Einzelfahrer. Du wirst sehen, der Trick siebzehn klappt auch dann wieder.«

»Dein Wort in Gottes Ohr! Aber hoffentlich hört er es dann auch wirklich.«

*

Er hörte es tatsächlich. Es waren sogar zwei Einzelfahrer, die er uns kurz nach Mitternacht schickte. Sie fuhren in Kiellinie und hatten beide ihre Positionslichter gesetzt, denn es regnete noch immer und war stockduster. Das erleichterte uns das Navigieren ganz erheblich. Wir quetschten uns vorgeflutet zwischen die beiden und paßten uns ihrer Geschwindigkeit an.

Von diesem Augenblick an konnte man die Spannung, die auf der Brücke herrschte, buchstäblich mit den Händen greifen. Die stieg noch, als der BÜ RADAR-Kontakte meldete, und zwar so leise, als fürchte er, man könne ihn sonst auf den Frachtern hören. Dabei war das eigentlich eine ganz überflüssige Meldung, denn wir hatten inzwischen Ohren wie Rhabarberblätter bekommen und hörten selbst durch das angeklappte Turmluk das entnervende Kreischen unseres FuMBs.

»Hoffentlich geht jetzt nicht der Affentanz los, Herr Kapitän«, raunte mir der I WO ins Ohr. »Dann sehen wir verdammt blaß aus.«

»Wird schon nicht«, flüsterte ich ebenso leise zurück, denn der RADAR-Strahl wanderte immer wieder in Intervallen über uns hinweg und hielt uns nicht fest. »Der kommt vermutlich von Fair Head, und die bekommen uns zwischen den beiden Frachtern nur als unverdächtiges Pünktchen auf ihren Schirm.«

Werda kicherte fast lautlos in sich hinein. »Ein U-Boot aufgetaucht zwischen zwei feindlichen Frachtern! Wer rechnet denn auch schon mit einer solchen Frechheit, Herr Kapitän! Das glaubt uns doch kein Mensch. Seemannsgarn wird es heißen, wenn wir das erzählen.«

»Hoffen wir, daß wir dazu kommen, es zu erzählen, Sie Optimist!« machte ich meiner inneren Anspannung Luft und starrte nach Backbord in die Dunkelheit, wo ich die RADAR-Station vermutete.

Komisch, dachte ich, wir haben Torr Head längst passiert, wo Greinert ein sich sammelndes Geleit mit Zerstörern, Fregatten und Korvetten gehört haben wollte, und wir können davon keine Spur entdecken. Ich drehte mich zum I WO herum und stutzte. Die Heckleuchte vor uns war plötzlich weg.

»Die Heckleuchte ist weg, I WO«, flüsterte ich entgeistert. »Haben die uns entdeckt?«

»Der Frachter hinter uns hat die Positionsleuchten soeben ebenfalls weggenommen, Herr Kapitän«, gab er ebenso überrascht zurück. »Jetzt geht es hier bestimmt gleich rund!«

Ich war alarmiert. Der Schock war so groß, daß ich nicht einmal wahrnahm, daß der Turm unter meinen Füßen zu schwanken begann.

»BÜ, Frage an das Funker- und an das Horcherschapp: Haben die Frachter FT benutzt, und was erzählen die Fische?«

Die Antworten kamen postwendend: »Keine FT-Benutzung, Herr Kapitän! Das GHG meldet: Der Frachter in drei-fünf-neun wandert nach drei-fünf-null aus, der andere in eins-acht-null fällt nach eins-sieben-fünf ab! Keine weiteren Kontakte!«

In meinem Schädel ratterte die Sortiermaschine los, verglich die Peilungen mit dem Kartenbild, das ich mir eingeprägt hatte. Plötzlich fiel es mir wie Schuppen von den Augen, wurden mir auch die Bewegungen des Turms bewußt. Das Boot nahm den Rhythmus der Dünung auf, die zwischen Rathlin Island und Kintyre in den Nordkanal hineindrängte. Alles paßte auf einmal zusammen. Wir waren also schon viel weiter draußen, als wir angenommen hatten.

»Mensch, wir haben es geschafft! Wir sind durch, I WO! Der Frachter vor uns dreht nach Backbord ab, will vermutlich nach Colerain oder Derry, und der achtern will wohl nach Islay oder – was noch wahrscheinlicher ist – zu den Hebriden!«

Ich kam gar nicht mehr dazu, mich über den gelungenen Durchbruch in den Atlantik so richtig zu freuen. Das RADAR schlug auf einmal erneut zu, und zwar von zwei Seiten. Unmöglich zu erkennen, ob von See oder Land.

»Auf Tauchstation! Alarmtauchen!«

Unter Deck schrillte die Alarmklingel los. Im Nu leerte sich die Brücke.

Das Rumpeln der Diesel verstummte. Ich sprang noch vor dem I WO in das Turmluk und sauste hinunter in die Zentrale. Werda knallte das Luk zu und trieb die Vorreiber vor.

»Turmluk ist dicht! Fluuuten!«

Das Boot schor in die Tiefe.

Ich trat an den Kartentisch. »Woher kamen die RADAR-Kontakte, Obersteuermann?«

»Aus null-null-fünf und zwo-sechs-null, Herr Kapitän!« sagte Schneider. »Ich habe die Peilungen schon an unseren Kurs angetragen.«

Er deutete auf die beiden durchgezogenen roten Linien, wie sie für das Eintragen von RADAR-Kontakten üblich waren. Die eine Linie endete bei Port Ellen auf Islay, die andere stammte offenbar von Rathlin Island.

Ich nickte zufrieden. »Also von Land und nicht von einem Kriegsschiff. Die werden aber unter Garantie wieder einen Wachhund alarmieren, der allerdings niemals darauf kommen wird, daß wir raus in den Atlantik steuern, sondern das Gegenteil vermuten. Sehen wir daher zu, daß wir möglichst schnell von Land freikommen. Neuer Kurs drei-eins-fünf, beide E-Maschinen Umdrehungen für sieben Knoten. Auf vierzig Meter einpendeln!«

Noch während das Boot auf den neuen Kurs einschwenkte, meldete sich Greinert vom GHG. »Schraubengeräusche aus zwo-drei-sieben! Dem Klang nach wieder ein Zerstörer. Entfernung schlecht zu schätzen. Läuft Höchstfahrt!«

Schneider trug die Peilung bereits in die Seekarte ein. »Der hat offenbar in der Bucht vor Ballintoy gelegen, Herr Kapitän. Möchte wetten, der steuert jetzt mit Braßfahrt den Nordkanal an, um uns auf die Hörner zu nehmen.«

»Die Wette haben Sie schon jetzt gewonnen, Obersteuermann. Wo soll er uns denn auch sonst suchen?« Ich wandte mich an den I WO. »Ich meine, Sie können den Alarm jetzt aufheben, Herr Werda, damit die Freiwächter wenigstens noch etwas Schlaf kriegen, bevor sie wieder aus der Furzmulle raus müssen.«

*

Als wir 55°40' Nord, 07°30' West passierten, bekam die Besatzung ihr *Besanschot an!*, eine Flasche Becks Bier und einen Fingerhut Calvados. Wir fuhren aufgetaucht und hielten auf die *Sea of the Hebrides* zu. Es regnete noch immer, die dunkle Wolkendecke hing fast bis auf die See herab, und weit und breit waren keine Schraubengeräusche mehr zu hören. Auch das FuMB schwieg sich aus.

Der I WO und ich waren erleichtert, als wir zu Klaus in das Kommandantenkabuff gingen, der I WO mit einem Karton voller Verbandszeug unter dem Arm. Klaus empfing uns sichtlich aufgekratzt.

»Gratuliere, Arne! Hab' ich's nicht gesagt? Frechheit siegt! Eigentlich doch auch für mich ein Grund, sich mit *Besanschot an* die Nase zu begießen, findest du nicht auch?«

»Eine deftige Gehirnerschütterung und dann Alkohol? Das fehlte gerade noch, Herr Kaleu!« protestierte der I WO lautstark und stellte den Karton mit Verbandsmaterial auf die Back. »Wenn die abgeklungen ist, können Sie saufen, bis Ihr Blut nur noch aus Alkohol besteht. Aber jetzt sei Gott davor! Bitte ein Machtwort, Herr Kapitän!«

»Alles was recht ist, Klaus, aber unser Stabsarzt honoris causa hat recht! Keinen Tropfen Alkohol, bevor du nicht Ordnung in deine grauen Zellen gebracht hast!«

»Da sieht man es wieder einmal, keine Liebe mehr unter den Menschen!« Er verzog den Mund zu einer Schippe und musterte den I WO aufmüpfig. »Was wollen Sie denn überhaupt schon wieder hier in meinem Kabuff, Sie Quacksalber?«

»Quacksalber?« Werda sah sich suchend im Raum um. »Ich sehe keinen, und mich können Sie doch unmöglich damit meinen, Herr Kaleu. Darf ich gehorsamst um Ihr linkes Bein bitten? Ich möchte Ihnen jetzt einen festen Knöchelverband machen, denn die Schwellung ist abgeklungen. Da ist es besser, wenn ich den gebrochenen Knöchel absolut ruhigstelle.« Werda klappte das Bettdeck auf und trat sofort zurück, theatralisch nach Luft schnappend. »Pfui Deibel, dagegen ist ja 'n uralter Limburger geradezu das reinste Damenparfum! Wie kann man denn nur solche Käsefüße haben? Wann haben Sie denn Ihre Füße das letzte Mal gewaschen, Herr Kaleu? Vor Weihnachten letzten Jahres vermutlich. Da gehen ja selbst meine Elastikbinden angeekelt auf Distanz!«

»Das stimmt!« pflichtete ich dem I WO todernst bei. »Ein Kaleu mit Käsefüßen, die zum Himmel stinken! Ich bewundere Sie, Herr Werda, daß Sie dieses Martyrium auf sich nehmen wollen! Dieser Gestank ist ja wirklich unerträglich! Das beweist, daß Sie kein Quacksalber, sondern ein wahrer Samariter sind! Mir graust's, ich gehe!«

Klaus begriff, daß er gegen unseren Spott keine Chance hatte. Er setzte eine Trauermiene auf. »Was denn?« fragte er weinerlich. »Auch du, mein Sohn Brutus?«

Das wirkte so komisch, daß wir alle drei in so lautes Gelächter ausbrachen, daß es durch das ganze Boot zu hören war.

*

Vier Stunden später verging uns das Lachen. Völlig unerwartet, denn das FuMB schwieg noch immer, stieß plötzlich ein zweimotoriger Jagdbomber aus der dichten Wolkendecke auf die See herunter und drehte zielgenau auf uns ein.

»Fliegeralarm!«

Der Schrei kam zu spät. Rasend schnell jagte der Bomber auf uns zu und stanzte mit den Geschossen seiner Bordwaffen eine tödliche Naht in die aufspritzende See. Uns blieb keine andere Wahl, wir mußten den Kampf annehmen, zum Tauchen war es zu spät.

»Feuer frei für die Drei-Komma-sieben und die Zwo-Zentimeter! Laßt ihn nicht zum Bombenabwurf kommen! Auf die Triebwerke halten, Ihr Hirnis!«

Der Mahnruf galt allein der 2 cm-Flak auf dem Wintergarten, deren Leuchtspurgeschosse von der gepanzerten Pilotenkanzel wie harmlose Knallfrösche absprangen. Das Feuer der 3,7 cm-Schnellfeuerkanone war in der Schußfolge zwar etwas langsamer, aber es lag bereits deckend und fetzte mit den schwereren Geschossen Teile aus der Tragflächenverkleidung, unter der die Treibstofftanks untergebracht waren.

Unbeeindruckt von unserem Abwehrfeuer hielt der Pilot auf uns Kurs. Seine Geschosse prasselten sekundenlang gegen den Turm. Ich suchte blitzschnell hinter dem Schanzkleid Deckung, doch sie strichen über unsere Köpfe hinweg, ohne einen von uns zu treffen. Die Maschine war jetzt so nah, daß ich die Gesichter in der Pilotenkanzel zu erkennen glaubte. Sah, wie an der Unterseite der Maschine die Bombenschächte aufklappten und sich die Bomben lösten. Schrill pfeifend stürzten sie auf uns zu.

Aus, dachte ich entsetzt, der Hund hat die besseren

Karten! Ein Flächenwurf, dem wir nicht entgehen können. Um uns herum schlugen die Bomben auf und detonierten bei der ersten Berührung mit der Wasseroberfläche. Die See kochte. Ein gewaltiger Splitterregen fegte über das in den Druckwellen schwankenden Boot hinweg. Schmerzensschreie gingen in dem Donnern der Motoren unter, als die Maschine über uns hinwegschoß, eine schwarze Qualmwolke nachschleppend.

Sekundenbruchteile später brach der Motorenlärm des Bombers mit einem ohrenbetäubenden Knall jäh ab. Eine gewaltige Detonationswelle erfaßte U 112 und rollte schäumend über uns hinweg. Wie ein Bündel Lumpen wurde ich gegen die Sehrohrblöcke geschleudert, daß meine Rippen krachten. In den nachlaufenden Wellen schwankend, richtete sich U 112 wieder auf, verlief sich das übergekommene Wasser in den Speigatts.

Mein Gehör kehrte wieder zurück. Das Abwehrfeuer war mit der Detonation ebenfalls verstummt. Rings um mich herum krabbelte die Brückenwache wieder auf die Füße. Eine beängstigende Stille umgab das Boot, als ich mich benommen und mit schmerzenden Rippen ebenfalls aufrappelte und von der Gräting erhob, um über das Schanzkleid vorauszuspähen.

Gott sei Dank, sah man einmal von der weggefetzten Antennenverspannung und der von unzähligen Einschüssen und Geschoßsplittern durchsiebten Turmverkleidung ab, so schien das Boot weit weniger beschädigt zu sein, als ich befürchtet hatte. U 112 lag auf ebenem Kiel, sein Bug schnitt mit unverminderter Fahrt durch die lange Dünung und steuerte genau auf einen in den Wellen dümpelnden Trümmerhaufen zu, aus dem warnend wie eine Bake das Leitwerk mit dem britischen Pfauenauge ragte.

»Ruder hart Steuerbord! Backbordmaschine voll voraus, Steuerbordmaschine voll zurück!« schrie ich, um den Trümmern auszuweichen, damit sie uns nicht in die Tiefenruder gerieten.

Während das Boot backste, ging mein flüchtiger Blick nach achtern. Soviel mein Auge registrieren konnte, schien die Bedienung der Flak auf dem offenen Wintergarten vollzählig zu sein. Doch wo waren die Männer der 3,7 cm-Kanone auf dem ungeschützten Achterdeck geblieben? Verwaist ragte das Geschützrohr in den regnerischen Himmel. Ein niederschmetternder Anblick, der mich sofort handeln ließ.

»Mann über Bord! Leinenkommando an Deck!« Nur langsam, viel zu langsam, so schien es mir, kam der Bug herum. »Klar zum Mann-über-Bord-Manöver!«

Ich griff zu meinem Doppelglas und suchte unser Kielwasser ab. In dem sich in der Ferne verlaufenden Schaumstreifen dümpelten ein paar Köpfe, winkten ein paar Arme um Hilfe. Endlich war der Bug herum.

»Beide Maschinen stopp! Ruder, komm auf! Recht so! Beide Maschinen Kleine Fahrt voraus!« Aus dem vorderen und achteren Versorgungsluk krabbelten die Männer des Leinenkommandos, mit ihnen der Smadding. »I WO, lassen Sie feststellen, ob der Brite gefunkt hat. Ich möchte keine böse Überraschung erleben. BÜ, Meldung über Schäden und Verletzte an Brücke!«

Im leichten Fahrtwind wurde mein Kopf wieder klar. Ich beugte mich über die Turmbrüstung. »Nummer Eins, lassen Sie an Backbordbug eines der Transportnetze als Enternetz ausbringen. Möglich, daß die Schwimmer verletzt sind, darum stellen Sie Leute bereit, die ihnen über das Netz an Bord helfen.«

»Aye, aye, Sir!« schrie Stabsoberbootsmann Wörle

und knallte die Hacken militärisch zusammen. Prompt kam er ins Torkeln, denn U 112 holte in der Dünung über.

»Verdammt, können Sie diesen Unfug nicht lassen, Nummer Eins?« schimpfte der I WO. »Irgendwann katapultieren Sie sich damit noch selbst über Bord!«

Kommandos hallten über das Vorschiff. Das Leinenkommando zerrte eines der Netze aus dem vorderen Versorgungsluk und schleifte es auf die Back, um es an Backbord auszubringen.

»Der Bomber hat übrigens gefunkt, Herr Kapitän«, sagte Werda. »Auf der gleichen Welle ist geantwortet worden. Der Peilung nach steht die Station auf South Uist. Da er sich jetzt nicht mehr meldet, werden wir wohl bald Besuch bekommen.«

Ich hörte ihm nur mit halbem Ohr zu, wichtiger waren für mich die winkenden Männer im Wasser geworden. Fünf hätten es sein müssen, ich sah jedoch nur drei, die in ihren Schwimmwesten im Wasser dümpelten. »Lassen Sie das Vorschiff leicht vorfluten, Herr Werda, damit sie es leichter haben, an Bord zu kommen und es schneller geht!«

Jetzt konnte ich auch ihre Gesichter erkennen, es waren zwei der Ladekanoniere und der Geschützführer, der Fähnrich Kastner. Unweit von den dreien trieb ein vierter, er lag flach auf dem Wasser und rührte sich nicht. Von dem fünften Mann konnte ich keine Spur entdecken.

»Ruder, Steuerbord zehn! Recht so! Ruder, komm auf! Beide Maschinen stopp!« nahm ich die Fahrt aus dem Boot.

Langsam schor U 112 auf die Männer im Wasser zu. Wurfleinen flogen durch die Luft, holten die drei

Schwimmer an das Netz. Hilfreiche Arme hievten sie an Deck. Sie konnten sich jedoch nicht auf den Beinen halten, mußten zum Versorgungsluk getragen werden.

»Teufel, das sieht nicht gut aus! Die müssen gewaltig was abgekriegt haben!« meinte der I WO beunruhigt. »Ich muß unter Deck, Herr Kapitän. Ich werde den II WO bitten, meine Wache zu übernehmen.«

»Nicht nötig, Herr Werda. Ich übernehme Ihre Wache. Der II WO soll sich um die Beseitigung der Schäden unter Deck kümmern. Scheinen doch schlimmer als erwartet zu sein, denn ich hab' noch immer keine Meldung über die Schäden und auch nicht über die Verwundeten. Kümmern Sie sich dann bitte auch um die anderen Verletzten.«

Der I WO stand bereits im offenen Turmluk. »Jawohl, Herr Kapitän! Wahrschau! Ein Mann von Brücke in Zentrale!«

*

Vorsichtig lavierte ich den Bug an den leblos im Wasser treibenden Mann heran, so daß er vom Leinenkommando an Bord geholt werden konnte. Der Smadding beugte sich über ihn und fühlte seine Halsschlagader. Kopfschüttelnd richtete er sich auf und hob seine Faust in Richtung Brücke, den Daumen nach unten. Tot hieß das, dann gab er seinen Männern den Befehl, den Toten unter Deck zu bringen, das Netz einzuholen und wieder unter Deck zu verschwinden. Er selbst kam zu mir auf die Brücke.

»Es ist der Richtschütze der Drei-sieben, der Obergefreite Naumann. Tot, hat eine schwere Kopfverletzung durch einen Bombensplitter, der Hinterkopf ist zerschmettert. Ist nichts für zarte Gemüter, Herr Kapitän«, meldete er leise. »Ich werde ihn sofort in eine Hängematte einnähen und in die Vorpiek bringen lassen. Nehmen wir ihn mit nach Bergen?«

Ich kam nicht mehr dazu, ihm zu antworten. Überlaut drang das Kreischen des FuMB aus dem Turmluk zu uns auf die Brücke.

»Auf Tauchstation!«

Ich schlug auf den Alarmknopf. Unten schrillte die Alarmklingel los.

»Klar zum Alarmtauchen!«

Blitzartig leerte sich die Brücke. Sekunden später schor das Boot in die Tiefe.

*

Wir pendelten das Boot auf vierzig Meter ein und leckten unsere Wunden. Die Liste der Schäden und der Verletzungen durch den Detonationsdruck wirkte jedoch geradezu lächerlich im Vergleich zu den Verwundungen der von der Druckwelle über Bord gespülten Kanoniere. Der I WO hatte alle Hände voll zu tun, um sie medizinisch zu versorgen, während wir mit Höchstfahrt von den verräterischen Trümmern des Bombers abliefen.

Alle drei hatten Granatsplitter in den Beinen und viel Blut verloren. Unser ostpreußischer Flunki hatte sich darüber hinaus auch noch ein Geschoß eingehandelt, das in seinem rechten Schulterblatt steckte.

»Flunki ist am übelsten dran, Herr Kapitän«, flüsterte mir der I WO zu, während er seine Instrumente in einer Desinfektionsflüssigkeit reinigte. »Die Granatsplitter habe ich alle herausholen können, die saßen ja dicht unter der Haut, abgebremst durch die Lederschäfte der Seestiefel. Bei ihm sitzt das Geschoß jedoch im Knochen, und das ist übel. Das kann man nur operativ entfernen, aber da traue ich mich nun doch nicht ran. Ich habe den Geschoßkanal jedoch gründlich gereinigt und desinfiziert.«

»Das Gebrüll haben wir bis in die Zentrale gehört. Haben wir denn keine Betäubungsmittel in der Bordapotheke?«

»Leider nicht, nur Beruhigungs- und schmerzlindernde Mittel. Deshalb war das eine ziemlich schmerzhafte Viecherei.« Werda grinste. »Aber der Flunki hat sich schon wieder eingekriegt, die Ostpreußen sind ein starker Menschenschlag, die schmeißt so was nicht so schnell um. Wenig später hat der schon wieder seine Witze gerissen. Ich kann mir die ja nicht merken, aber diesen schweinischen Mikusch-Witz habe ich nun doch behalten.«

»Was hat der?« fragte ich verblüfft. »Der erzählt schon wieder Witze?«

»Nun ja, verwunderlich ist das nicht, Herr Kapitän.« Der I WO lächelte verschmitzt. »Der hat den Schock und die Schmerzen schon überwunden und schwebt im siebenten Himmel. Ich habe ihm nämlich einen ordentlichen Schuß Tenderal forte verpaßt und ein Wasserglas voll Calvados spendiert. Der Alkohol steigert die Wirkung des schmerzlindernden Mittels noch um ein Vielfaches. Das ist eine der angenehmsten Nebenwirkungen.«

»Mann, Sie haben ja Nerven, Herr Werda! Was meinen Sie, wird er bis Bergen durchhalten?«

Diese Frage gab mir die Erinnerung an unsere Amerikafeindfahrt ein, auf der er seine spätere Frau kennengelernt hatte. Ein Mann mit ähnlichen Verletzungen hatte seinerzeit nicht durchgehalten.

Der I WO sah mich von der Seite an. »Sie denken an

Broder Brodersen, der mir unter den Händen gestorben ist, Herr Kapitän? Das ist naheliegend, aber damals waren die Begleitumstände weniger günstig. Ich habe damals die Schußkanäle nicht vollständig reinigen können, das ist diesmal anders. Flunki wird durchhalten, wenn wir in unserer Zeitvorgabe bleiben können. Wollen Sie immer noch die kürzere Strecke durch den Minch nehmen?«

Ich schüttelte den Kopf. »Jetzt nicht mehr. Der Tommy hat gefunkt und vermutlich unseren Kurs gemeldet. Dadurch ist der Weg durch den Minch nur noch scheinbar kürzer, denn die werden uns jetzt dort abzufangen versuchen. Wir müßten selbst nachts getaucht fahren, und das kostet Zeit. Außen um die Hebriden herum können wir aufdrehen, so Gott will.«

»Er wird wollen, Herr Kapitän!« sagte er zuversichtlich. »Bis jetzt ist doch eigentlich alles besser als erwartet gelaufen.«

Nicht bei mir, dachte ich im stillen, du fühlst dich ja auch nicht für die Toten von U 115 verantwortlich. Zwei Tote, drei Verwundete und ein verletzter, dienstunfähiger Kommandant – zählte man die noch dazu, dann konnte man mein Bilanzkonto beim besten Willen nicht als gut bezeichnen.

*

Sobald es dunkel wurde, tauchten wir auf und gingen mit der Fahrt auf achtzehneinhalb Knoten herauf. Das fraß zwar eine Menge Treiböl, aber wir brauchten ja nicht zu sparen. Als die Morgendämmerung einsetzte, hatten wir eine ruhige Nacht hinter uns und standen querab vom Butt of Lewis. Keine *hunting group* hatte unseren Kurs gekreuzt, und die Schraubengeräusche, die sich in unser GHG verirrt hatten, ließen sich leicht zuordnen.

Sie gehörten zu Fischdampfern mit Kohlefeuerung, die man mit ein paar Geschützen aufgemöbelt hatte und als Vorpostenboote vor den Hebriden herumkrebsen ließ. Vor ihnen waren wir sicher, sie mochten unsere donnernden Diesel hören, die das Wasser ja meilenweit übertrug, aber sie hatten bestimmt kein RADAR an Bord, denn unser FuMB blieb stumm.

Mit den Flugzeugen war das anders. Kaum hatte sich der Dunst über der Kimm im Osten rötlich gefärbt, es hatte ja aufgehört zu regnen und der Himmel gab die ersten Wolkenlöcher frei, hatten wir die ersten Jagdbomber in unseren Ferngläsern. Wir legten schleunigst die Ohren an und verschwanden in der Tiefe.

Ich steckte in einer Zwickmühle, schwankte angesichts dieser Bedrohung aus der Luft zwischen zwei Möglichkeiten, nach Bergen zu gelangen. Entweder durch den Pentland Firth zwischen Schottland und den Orkneys hindurch oder weiter nördlich zwischen den Orkneys und den Shetlands. Entfernungsmäßig nahmen sich beide Möglichkeiten nichts, aber der Pentland Firth war ein Schlauch, auf beiden Seiten vermint. Wegen der damit verbundenen Gefahren würden die Briten dort ein deutsches U-Boot am allerwenigsten vermuten. Allerdings konnten wir ihn nur getaucht passieren und verloren dadurch kostbare Zeit.

Für die Passage zwischen den Orkneys und den Shetlands sprachen die Weite der See und die größere Wassertiefe. Dafür mußten wir hier mit einer stärkeren Überwachung durch Kriegsschiffe und Flugzeuge rechnen, und das hob die Vorteile zumindest teilweise wieder auf. Unschlüssig stelzte ich mit der Seekarte unter dem Arm zu Klaus in das Kabuff. Der hatte sich offenbar ebenfalls schon Gedanken über unseren weiteren Weg gemacht.

»Willst du nach wie vor wirklich durch diesen engen, verminten Schlauch, durch den Pentland Firth, Arne?« fragte Klaus nach einem Blick auf die zusammengerollte Seekarte unter meinem Arm mit einem kritischen Unterton in der Stimme. »Das ist aber eine reichlich riskante Kiste.«

»Deshalb komme ich ja zu dir, um deine Meinung zu hören, Klaus. Es ist schließlich dein Boot.« Ich breitete die Karte auf der Back aus und stellte das Für und Wider der beiden Möglichkeiten gegenüber. »So, zu welcher Möglichkeit tendierst du denn nun?«

»Zur Passage zwischen den Shetlands und den Orkneys«, kam es wie aus der Pistole geschossen. »Die Chancen sind ungleich größer, den wachsamen Augen der Briten zu entgehen und wertvolle Zeit zu gewinnen. Ich denke dabei nicht in erster Linie an mich, sondern an den Flunki, der muß so schnell wie möglich unters Messer, damit sich kein Wundbrand einstellt wie damals bei diesem Brodersen.«

»Das ist ein Wort.« Ich nahm die Entfernung zwischen dem Butt of Lewis und den Shetlands in den Zirkel und setzte sie auf dem Kartenrand ab. Es waren rund einhundertachtundsechzig Seemeilen, bei einem Schnitt von vierzehn Knoten brauchten wir dazu etwa zwölf Stunden. »Das paßt! Ich danke dir, Klaus!«

»Umgekehrt wird ein Schuh daraus! Ich danke dir, daß du mich in deine Entscheidungen mit einbeziehst. Auf denn, es wird schon schiefgehen!«

*

Es ging nicht schief. Wir mußten zwar ein paarmal vor Sunderland-Flugboten eine Verbeugung machen und zwischen Sumburgh Head und Fair Isle um Patroillenboote und fischende Logger einen Bogen schlagen, konnten jedoch die meiste Zeit und vor allen Dingen die Nacht durch mit 18,5 Knoten Meile um Meile hinter uns bringen.

Erleichtert sahen wir am nächsten Morgen im ersten Morgenlicht die Konturen Norwegens aus dem Dunst über der Kimm steigen.

»Mensch, ich kann es kaum fassen, die norwegische Küste!« brachte es der I WO auf den Punkt und klopfte mit seinen Fingerknöcheln an seinen Kopf. »Schnell an Holz klopfen, damit uns nicht noch so kurz vor der Haustür einer in die Quere kommt.«

Es kam uns keiner in die Quere. Den Grund dafür hatte Radio Dublin in der Nacht genannt. Briten und Amerikaner seien vollauf damit beschäftigt, den Nachschub über See für ihre in Frankreich unaufhaltsam vordringenden Truppen zu sichern und die zurückflutenden deutschen Verbände am Aufbau neuer Verteidigungslinien zu hindern. Außerdem zerschlügen ihre gewaltigen Bomberflotten mit Tag- und Nachtangriffen die deutschen Rüstungszentren und legten selbst die weit entferntesten Städte in Schutt und Asche. Da spielten die U-Bootbasen in Norwegen nur noch eine untergeordnete Rolle, wie der Kommentator behauptete.

Was ich angesichts dieser Nachrichten dachte, behielt ich selbst Klaus gegenüber für mich. Der Krieg war verloren, daran gab es keinen Zweifel, denn auch auf den andern Kriegsschauplätzen führten wir nur noch verlustreiche Rückzugsgefechte.

»Wir werden angeblinkt, Herr Kapitän!« riß mich der Signalgast aus meinen Gedanken. Aus dem Morgendunst lösten sich die Konturen eines M-Bocks, der die

Einfahrt nach Bergen bewachte. »Fordert unsere Kennung.«

»Ja und? Dann tun Sie ihm doch den Gefallen!« fuhr ihn der I WO an, verärgert über seine Lahmarschigkeit. »Oder brauchen Sie die Aufforderung schriftlich, Sie Napfsülze!«

Die Klappbuchs ratterte los, machte die geforderten Angaben. Von diesem Augenblick an ging alles ganz schnell. Wir meldeten uns bei der Signalstation und beim Hafenkapitän an und baten um Krankenwagen für unsere Verwundeten. Ein Hafenschlepper dampfte heran und lotste uns in den Kriegshafen. Von der nachdringenden Flut unterstützt, steuerten wir den uns zugewiesenen Liegeplatz an einem Kai an, an dem schon mehrere andere Boote festgemacht hatten. Wurfleinen flogen hinüber. Helfende Hände holten damit die Springs und die Festmacher an Land und warfen sie über die Poller.

U 112 glitt an den Kai und machte fest. Das Rumpeln der Diesel erstarb und mit ihm das vertraute Vibrieren der Gräting unter meinen Füßen. Der I WO trat vor mich hin und salutierte. »Melde gehorsamst, U 112 hat soeben in Bergen festgemacht.«

Ich grinste. »Was Sie nicht sagen, Herr Werda! Von allein wäre ich nie darauf gekommen.«

Wir brachen beide in ein erleichtertes Gelächter aus, das von den Hafengebäuden mit einem vielfachen Echo zurückgeworfen wurde. Eine Stelling wurde ausgebracht, die Hafenwache zog auf. Krankenwagen stoppten vor unserem Liegeplatz, bereit, unsere Verwundeten zu übernehmen.

Das war's dann wohl, dachte ich, jetzt bloß keinen großen Bahnhof. Als Badegast bist du gekommen, und als Badegast gehst du auch wieder. Ich verabschiedete mich von den Männern, mit denen mich die Erinnerung an die vielen gemeinsamen Jahre verband. Dann stieg ich zu Klaus hinunter, um mich von ihm zu verabschieden, bevor man ihn und die anderen Verwundeten in das Lazarett brachte.

Uns blieb nicht viel Zeit dazu, denn vor seinem Kabuff wartete bereits der Smadding mit seinen Männern, um ihn in einer Transporthängematte aus dem Boot zu hieven und zu den Krankenwagen an Land zu bringen. Wir machten es kurz.

»Mach's gut, Klaus! Ich drück' dir die Daumen, daß du möglichst schnell wieder auf die Beine kommst. Sobald ich kann, komm' ich dich und die anderen besuchen.«

Er grinste und versuchte damit wohl das Gefühl von Rührung zu überspielen. »Und wenn du das nicht tust, werde ich dich nachts als böser Geist in deinen Träumen besuchen! Vielen Dank, daß du U 112 glücklich in den Hafen gebracht hast. Mast und Schotbruch, Arne! Und paß gut auf dich auf!«

*

Nachdem ich das Logbuch abgezeichnet und den bei einer Kommandoübergabe unumgänglichen Papierwust bewältigt hatte, übergab ich dem I WO mit einem Anflug von Wehmut das Kommando über U 112 und wurde damit tatsächlich wieder zum Badegast.

»Leben Sie wohl, alter Irokese! Hab' mich hier im alten Kreis wieder richtig wohl gefühlt. Für Sie beginnt ja nun eine Werftliegezeit. Würde mich sehr freuen, wenn Sie mich dann mal besuchten. Bis dann!«

»Das mache ich bestimmt, Herr Kapitän. Bis dann!« Wir schüttelten uns die Hände, und das war es dann.

Wir stiegen an Deck, wo mich die beiden anderen Offiziere und die Deckoffiziere erwarteten. Das große Händeschütteln begann, bis eine Batteriepfeife schrillte.

»Front nach Steuerbord!«

Ich trat vor den wachhabenden II WO und salutierte. »Melde mich von Bord, Herr Schulte! Wünsche Ihnen und allen Männern von U 112 allzeit gute Fahrt und immer eine Handbreit Wasser unter dem Kiel!«

Ein letzter Händedruck. Unter dem Zwitschern der Bootsmannsmaatenpfeife verließ ich U 112, drehte mich zur Flagge herum, die vom Wintergarten wehte, und grüßte, wie es das militärische Zeremoniell vorschrieb. Dann trat ich zu meinem A 1, Kapitänleutnant Schrader, der zusammen mit meinem Adjutanten, Oberleutnant Jendren, trotz der frühen Stunde zu meinem Empfang erschienen war.

»Herzlich willkommen in Bergen, Herr Kapitän!« Schrader schüttelte mir beinahe die Hand aus dem Gelenk. »Ein Glück, daß Sie endlich wieder da sind! Wir dachten schon, Sie kämen überhaupt nicht mehr aus Brest raus!«

Jendrens Händedruck war schonungsvoller, aber auch er schien sich zu freuen.

»Warum ein Glück, Herr Schrader?« fragte ich, während wir zum Wagen gingen, der mich und mein Gepäck ins Flottillenquartier bringen sollte. »Ich bin sicher, die Leitung der Flottille lag bei Ihnen in guten Händen.«

»Es hat Ärger gegeben oder genauer, es gibt ihn noch.« Schrader warf einen Blick auf den Fahrer der Fahrbereitschaft, der die Tür aufriß, und schüttelte leicht den Kopf. »Das berichte ich Ihnen lieber unter vier Augen, Herr Kapitän, damit Sie wissen, was jetzt auf Sie zukommt.«

»So schlimm, Herr Schrader?«

»Noch viel schlimmer, Herr Kapitän. Es ist etwas, womit keiner von uns gerechnet hat, als wir Brest verlassen haben. So ein hinterfotziger Lumpenhund! Wir hätten ihn wegloben sollen, so aber ...« Er brach ab. »Wie gesagt, unter vier Augen, Herr Kapitän.«

»Sie machen mich neugierig. Das muß ja tatsächlich ein dicker Hund sein.«

*

Es war ein ganz dicker Hund, und ich fiel aus allen Wolken, als wir allein in meinem neuen Dienstzimmer saßen. »Was sagen Sie da, die Abwehr und die Gestapo gehen bei der Flottille ein und aus? Warum?«

»Es liegen Anzeigen gegen Herrn Kapitän Wildenow, Kaleu Possehl, Kaleu Störmer, Kaleu Lindner und Kaleu zur Mühlen wegen defätistischer Reden, Wehrkraftzersetzung, Verächtlichmachung der politischen Führung in der Öffentlichkeit und des Abhörens von Feindsendern vor. Sie werden dafür sogar als Zeuge genannt, und zwar mit dem Seitenhieb, daß Sie dagegen nicht eingeschritten sind.«

Mir fiel der Unterkiefer herunter. »Was ist denn das für ein Unfug? Wer brütet denn solch einen Scheiß aus?«

»Das ist kein Unfug, Herr Kapitän, sondern bitterböser Ernst. Seit dem Attentat auf den Führer rollen die Köpfe, geht man solchen Vorwürfen geradezu hysterisch und mit aller Härte nach, obwohl bisher keine Marineangehörigen unter den Verschwörern oder deren Mitwissern gewesen sind.«

Mir verschlug es einen Moment die Sprache. In meinem Kopf formte sich ein Verdacht. »Sie haben mir meine zweite Frage nicht beantwortet, Herr Schrader.

Auf wessen Mist sind diese Anschuldigungen gewachsen?«

»Auf dem Mist Ihres ehemaligen Adjutanten. Oberleutnant Wollenweber hat diese Anzeige verfaßt und bei der Gestapo und dem hiesigen SS-Kommando offene Ohren gefunden. Unsere Abwehr versucht jetzt herauszufinden, was an diesen Vorwürfen tatsächlich dran ist oder ob es sich nur um einen persönlichen Racheakt handelt.«

Der Wollenweber! Dieser vernagelte Napola-Absolvent revanchierte sich jetzt für alles, was er wegen seiner Propagandaphrasen hatte einstecken müssen, und lieferte jetzt diese Offiziere für den Spott und die Zurechtweisungen auf so heimtückische Art ans Messer. Das hatte ich befürchtet!

»Dieser Scheißkerl Wollenweber also! Wie weit ist diese Angelegenheit schon nach oben gedrungen?«

»Keine Ahnung, Herr Kapitän. Da aber die Abwehr damit befaßt ist, muß irgendwer beim BdU schon davon Wind bekommen haben, der jetzt um Schadensbegrenzung bemüht ist. Immerhin geht es ja um Anschuldigungen gegen hochdekorierte Frontoffiziere.«

Schadensbegrenzung – ein Wort, das in meinem Kopf sofort eine Assoziation auslöste. Das konnte nur Kapitän Roloff sein, der sich da um Schadensbegrenzung bemühte.

»Und was macht dieser Hundsfott jetzt, nachdem er die Lawine ins Rutschen gebracht und seinen eigenen Kommandanten angeschwärzt hat? Der kann doch unmöglich dessen II WO bleiben.«

Schrader lächelte. »Zwei Fragen auf einmal, Herr Kapitän. Der Wollenweber triumphiert, obwohl er von allen Offizieren geschnitten wird, denn seine Rolle hat sich natürlich im Kasino herumgesprochen. Ich glaube, der will gar nicht mehr an Bord zurück und sieht sich als eine Art Zuchtmeister für den Offiziersnachwuchs an. Sollte mich wundern, wenn der nicht eine Versetzung als Fähnrichsoffizier an die Marineschule Flensburg-Mürwik oder Glücksburg anstrebt. Die notwendigen Verbindungen nach oben hat er doch bestimmt.«

»Das fehlte gerade noch!« Ich tippte auf den Aktenstapel auf meinem Schreibtisch. »Gibt es darüber einen schriftlichen Vorgang, Herr Schrader, an dem ich mich sachkundig machen kann?«

»Aber ja, den Vorgang gibt es, Herr Kapitän. Er liegt dort irgendwo in dem Stapel.« Er schüttelte den Kopf, als er meine Miene sah. »Nein, nein, der Stapel sieht schlimmer aus, als er ist. Der Jendren hat alles schon sortiert, sie brauchen die meisten Aktendeckel nur abzuzeichnen, dann wandern die zu den entsprechenden Ressorts zur Veranlassung.«

»Das ist ja ein schöner Empfang. Ich komme gar nicht darüber hinweg. Und sogar den Störmer hat dieser Lump mit auf die Liste gesetzt? Dem kann er damit allerdings nicht mehr schaden. Störmer, seine junge Frau und U 115 sind dem Feuerüberfall eines britischen Dickschiffsverbandes auf den Hafen von Brest zum Opfer gefallen.«

Schrader blickte erschrocken auf. »U 115 auch, mit dem Sie eigentlich Brest verlassen wollten?«

»Eben, deshalb mache ich mir ja Vorwürfe. U 115 lag seeklar am Kai und wartete auf mich. Hätte ich mich auch nur einen Tag früher zum Verlassen Brests bereitgefunden, lebten alle noch!«

Schrader war sichtlich geschockt. »Kapitänleutnant Störmer und seine bildhübsche Frau so kurz nach der

Hochzeit! Nicht zu fassen! Er ist übrigens nicht der einzige, dem Wollenweber nicht mehr schaden kann. Kapitän Wildenow ist mit U 114 vor Lands End zum Auftauchen gezwungen worden und mit seiner Besatzung in britische Gefangenschaft geraten. BBC hat mit ihm sogar ein Interview gebracht und triumphierend verkündet, daß er Träger der höchsten deutschen Kriegsauszeichnung, des Ritterkreuzes, sei.«

»Kuddel Wildenow hat es also auch erwischt.« Gott sei Dank, hätte ich jetzt am liebsten gesagt, denn damit kam Kuddel aus der Schußlinie. Ich stand auf, ein Zeichen für ihn, daß ich die Besprechung als beendet ansah.

Schrader stand ebenfalls auf. »Ich sollte Sie wohl jetzt allein lassen, damit Sie den Stapel durchforsten und sich über die leidige Denunziation sachkundig machen können.«

»Ich danke Ihnen jedenfalls, daß Sie mich schon vorab informiert haben, Herr Schrader, und daß Sie mich in der Zwischenzeit hier vertreten haben.«

*

Ich machte mich natürlich nicht sachkundig, sondern arbeitete den Stapel durch, bis nur noch der Vorgang Wollenweber übrigblieb. Der hatte Zeit, und ich wollte erst einmal eine Nacht über das schlafen, was mir Schrader berichtet hatte. Ich griff zum Telefon und ließ mich mit dem ASTO I, dem 1. Admiralstabsoffizier beim BdU, Kapitän zur See Roloff, verbinden, um mich zurückzumelden und wegen Wollenweber auf den Busch zu klopfen.

Die Verbindung brauchte eine Weile, bis sie stand. Roloff nahm mich sofort auf die Hörner. Ich konnte ihm gar nicht schnell genug antworten. Hinter jeder Antwort kam sofort die nächste Frage.

»Na endlich, Herr Thomsen, mir fällt ein Stein vom Herzen! Ich sah Sie schon in amerikanischer Gefangenschaft. Wer hat Sie nach Bergen gebracht? Der Kruse mit Ihrem alten U 112? Und drei Tommies sind sicher versenkt, ein weiterer durch eine Mine vermutlich und ein Flugzeug abgeschossen? Das ist ja fabelhaft! Aber wollten Sie Brest nicht mit U 115 verlassen? Tot? Das tut mir leid, Herr Thomsen, nicht nur weil Störmer ein guter Kommandant war, sondern auch menschlich. Aber was ist das für eine Schweinerei, von der mich der juristische Berater des BdU unterrichtet hat? Ein Offizier als Denunziant der eigenen Kameraden? Was ist das für ein Schwein?«

Diesmal hörte er mir geduldig zu, als ich ihm die Hintergrundinformationen gab, und stellte keine Zwischenfragen.

»So, so, ein Napola-Absolvent, hätte ich mir eigentlich denken können. Ich habe auf einen ehemaligen HJ-Führer getippt, war natürlich blödsinnig, denn bei denen wird Kameradschaft ganz groß geschrieben, die machen so etwas nicht. Sie werden von ihm sogar als Zeuge genannt? Na, prima, dann hängen Sie man die Angelegenheit gleich vier Etagen tiefer! Der wird danach nicht mehr viel Freude an seinem Offiziersberuf haben, das garantiere ich Ihnen. Jedenfalls freue ich mich, daß Sie wieder an Bord sind. Wir hören voneinander.«

Zack, weg war er. Seine Drohung, der Wollenweber werde am Ende keine Freude mehr an seinem Offiziersberuf haben, sprach Bände und ersparte mir das Auf-den-Busch-Klopfen.

*

Mein nächster Anruf galt meiner Frau. Die lebte seit unserem letzten Telefonat in Ungewißheit und Sorge um mich, denn inzwischen gab der Wehrmachtsbericht verschlüsselt zu, daß sich der schnelle Vormarsch der Alliierten zu einem Desaster für alle deutschen Verbände in Frankreich auszuwachsen begann.

War es noch verhältnimäßig leicht gewesen, den ASTO I beim BdU zu erreichen, so stellte die private Verbindung nach Deutschland selbst Funkmeister Bergmann vor erhebliche Probleme. Sie lief über unzählige Vermittlungsstellen und wurde entsprechend oft immer wieder unterbrochen.

Als ich Anke dann endlich an der Strippe hatte, mußte ich ihre Freudenschreie rigoros abwürgen, um der nächsten Unterbrechung zuvorzukommen.

»Paß auf, Liebling, die Verbindung bricht alle naselang zusammen, darum müssen wir uns kurzfassen. Ich bin heil, gesund und unbeschädigt in Norwegen gelandet. Du brauchst dir um mich also keine Sorgen mehr zu machen. Ich schreib' dir umgehend. Wie geht es dir und den Kindern? Ist bei deinen Eltern alles in Ordnung?«

»Ach, Arne, ich bin ja so glücklich, deine Stimme zu hören. Den Kindern geht es gut und mir auch. Bei den Eltern gibt es Probleme, aber ... ich ... Kopf heiß ...«

Plötzlich brach die Verbindung gänzlich zusammen. Ich war trotzdem erleichtert, sie hatte mich und ich sie gehört. Das war doch wenigstens etwas. Würde ich ihr eben ausführlich schreiben. Das war jedoch ein schwacher Trost. Soviel ich noch aus meiner Zeit mit U 115 in norwegischen Gewässern wußte, brauchte die normale Feldpost aus Norwegen nicht Tage, bis sie die Empfänger erreichte, sondern meist zwei Wochen. Aber es gab einen Trick und den verriet mir Schrader, als ich kurz nach dem mehr oder weniger mißglückten Telefonat mit ihm darüber sprach.

»Was die Feldpost anbelangt, so läßt sich das Problem leicht lösen, Herr Kapitän. Wir geben unsere Briefe regelmäßig der Kurierpost mit. Dann erreichen die Briefe den Empfänger in wenigen Tagen. Bloß umgekehrt funktioniert das nicht, leider! Morgen gehen wieder die üblichen Meldungen mit der Kurierpost raus. Wär' das nicht auch für Sie die Lösung?«

Ich schrieb mir fast die Finger wund, darum kam ich erst am Nachmittag dazu, mich mit den Verhältnissen in der Flottille vertraut zu machen. Sie war zusammengeschmolzen, ich hatte nur noch zehn einsatzbereite Boote zur Verfügung. Doch das war nicht allein durch die Verluste auf See bedingt. Die übrigen Boote, dazu gehörten auch U 775, U 796 und U 797, kehrten meist beschädigt vom Einsatz zurück und mußten erst in der Werft wieder auf Vordermann gebracht werden. Das war zwar hier in Norwegen leichter als in Frankreich, aber auch hier rührte sich seit unseren vernichtenden Niederlagen an allen Fronten die Widerstandsbewegung.

Das war für mich noch am selben Tag eine ganz neue Erfahrung, die ich meinem Adjutanten, Oberleutnant Jendren, verdankte. Der legte mir nämlich eine Pistole, eine Sauer & Sohn 7,65mm, mit einer Schachtel Munition auf den Schreibtisch, als er die Akten abholte, und bat mich um meine Unterschrift unter die Quittung für die Waffenkammer.

»Menschenskind, was soll ich denn mit der Zimmerflak, Herr Jendren? Kommen die Russen oder ist ein Banküberfall des Flottillenstabes geplant?«

Jendren lachte. »Nein, Herr Kapitän! Ein Befehl des Standortkommandanten, seit sich die nächtlichen Überfälle auf Wehrmachtsangehörige häufen. Wer von den Kettenhunden ohne Waffe angetroffen wird, kommt wegen geplanter Selbstverstümmelung vors Kriegsgericht.«

Kettenhunde, so nannte man die Feldgendarmen wegen des Brustschildes, den sie an einer Kette um den Hals trugen. Ein rüder Haufen, der sich seiner Macht bewußt war. Um die Kriegsschiffsbesatzungen und besonders um U-Bootfahrer machten die Gendarmen allerdings lieber einen Bogen, weil die im allgemeinen immer als Trupp auftraten und sich von einer handgreiflichen Auseinandersetzung mit ihnen nicht immer abhalten ließen.

»Geplante Selbstverstümmelung wegen fehlender Waffe, wer hat denn das ausgebrütet, Herr Jendren? Bisher galt der Passus Selbstverstümmelung doch nur für die Soldaten, die von einer Geschlechtskrankheit befallen wurden und die vorgeschriebene Sanierung nicht nachweisen konnten.« Ich gab ihm den unterschriebenen Wisch zurück. »Gibt es für das Kasino etwa ähnliche Vorschriften?«

Er schüttelte lächelnd den Kopf. »Noch nicht, Herr Kapitän. Aber angesichts der allgemeinen Hysterie kommt das vielleicht auch noch.«

»Du lieber Himmel, Sie können einem ja Mut machen!«

*

Das Offizierskasino, ein ehemaliges Luxushotel, befand sich am Torget, dem Markt am Hafen in der Nähe des einstigen deutschen Viertels aus der Hansezeit Bergens. Es war kein langer Weg dorthin, doch nur, wenn man durch die engen Gassen ging. Das war jedoch wegen der kriegsbedingten Verdunkelung nicht ungefährlich, wie ich aus dem Verhalten der beiden Kommandanten Lindner und Possehl entnahm, denen ich mich anschloß.

»Man kann nie wissen, Herr Kapitän«, meinte Kaleu Possehl und lud seine Pistole durch. »Vorsicht ist gerade jetzt vor dem unmittelbar bevorstehenden Endsieg der bessere Teil der Tapferkeit. Den möchte ich nämlich unbedingt lebend mitfeiern. Deshalb wandern wir lieber am Kai entlang.«

Das war Hohn, purer Spott und Hohn, gefährlich wie eine Stange Dynamit, an der schon eine ganz kurze Lunte brannte, wenn das in die falschen Ohren kam. Kein Wunder, daß Wollenweber jetzt die Gunst der Stunde nutzte, um Kaleu Possehl zu diffamieren.

»Vorsicht, Herr Possehl, haben Sie sich nicht schon genug Ärger mit solchen leichtfertigen Reden eingehandelt?«

»Aber wieso denn, Herr Kapitän?« tat Lindner unschuldig und lud seine Knarre ebenfalls durch. »Der Kaleu Possehl wiederholt doch bloß, was uns von den führenden Politikern als leuchtende Fata Morgana am Horizont vorgeschwärmt wird. Und an deren Worten wagt doch heutzutage keiner von uns zu zweifeln, oder?«

»Natürlich nicht, Herr Lindner.« Ich steckte das Magazin in den Pistolengriff und lud durch. »Aber wenn dem so ist, dann klären Sie mich doch mal auf, warum man Ihnen beiden und auch Herrn zur Mühlen daraus einen Strick zu drehen versucht. Ich bin nämlich noch nicht dazu gekommen, mich anhand Ihrer Akte darüber zu informieren.«

Und das taten sie dann, während wir im weichen Abendlicht den Kai zum Torget entlangschlenderten, vorbei an der wuchtigen Festung und den alten Handelshäusern und Speichern von Tyske Briggen. Es kam jedoch nur das heraus, was mir Schrader schon berichtet hatte und ich ohnehin schon ahnte.

Nur Lindner setzte noch eins drauf. »Ein Racheakt, Herr Kapitän, aus seiner Sicht ein ganz verständlicher, das gebe ich zu. Ich bin nämlich mit diesem Rotzgickel gar nicht zimperlich umgegangen und habe ihm vor Augen geführt, was für ein Maulheld, Phrasendrescher und Weichei er in Wirklichkeit ist. Und warum? Weil sein Geschwätz meinen Offizieren und mir auf den Senkel gegangen ist. Mit seiner Sehnsucht, sein Leben für Führer, Volk und Vaterland zu opfern, ist es nämlich gar nicht weither. Als uns die Tommies vor dem Bristolkanal in der Mangel hatten, da ging dem der Arsch so auf Grundeis, daß es vor der Mannschaft mehr als peinlich war. Und deshalb werde ich ihn wegloben, wie er vermutlich schon vorher von seinen anderen Vorgesetzten weggelobt worden ist, wenn mir das nach der Verhandlung vor dem Kriegsgericht noch vergönnt sein sollte.«

»Kriegsgericht?« Ich blieb vor dem Torget stehen und hielt ihn am Ärmel fest. »Wie kommen Sie denn darauf? Meines Wissens befindet sich die Angelegenheit noch in der Voruntersuchung. Ich bin ja als Zeuge noch gar nicht einvernommen worden.«

»Weil er mir nach dem Attentat auf den Führer gedroht hat, von nun an ginge es einmal anders herum. Solche Untermenschen wie ich gehörten ausgemerzt, an die Wand gestellt und erschossen. Dafür würden er und seine Freunde jetzt sorgen! Und soll ich Ihnen mal was eingestehen, ohne daß Sie es mir übel anrechnen, Herr Kapitän? In diesem Augenblick hätte ich ihn am liebsten über den Haufen geschossen, wenn ich diese Waffe hier schon gehabt hätte.«

»Hat der wirklich Untermensch zu Ihnen gesagt?« Ich war völlig perplex.

Untermensch, mit dieser herabsetzenden Bezeichnung verfemte die offizielle Propaganda die Juden und Russen und stempelte sie damit zu »Menschen unwerten Lebens«. Und das hatte Wollenweber seinem Kommandanten auf Feindfahrt an den Kopf geworfen? Das war ungeheuerlich und kam einer Meuterei vor dem Feind gleich.

Solche Leute hätte man früher auf See glatt an der höchsten Rah aufgeknüpft oder gekielholt. Kein Mensch hätte dem Kapitän daraus einen Strick gedreht, denn er wäre, wie auch Lindner, im Recht gewesen. Normalerweise im Recht, aber auch unter den gegenwärtigen politischen Verhältnissen? Mir wurde bei dem Gedanken an die Konsequenzen für Lindner plötzlich speiübel.

»Ein Glück, daß Sie es nicht getan haben, Herr Lindner. Haben Sie Zeugen für den Vorfall? Ja? Den I WO und den LI? Sind die dazu schon gehört worden?«

Er schüttelte den Kopf. In meinem Schädel reifte ein Entschluß. Ich hätte mich zwar gern im Kreis meiner Offiziere im Kasino bei Schnaps und Bier ein bißchen entspannt, das war jedoch nach dieser Schilderung unmöglich. Lindner war einer meiner Offiziere, für die ich mich verantwortlich fühlte. Man würde mich möglicherweise schon morgen zu den Anschuldigungen vernehmen, dafür mußte ich gewappnet sein.

»Tut mir leid, meine Herren, ich muß zurück zur Flottille. Herr Schrader hat mir nur in groben Zügen von den Anschuldigungen gegen Sie berichtet. Ich wollte erst noch eine Nacht darüber schlafen und mir dann die Akte vornehmen. In Kenntnis dieser näheren Umstände halte ich es jetzt für besser, wenn ich das gleich tue.« Ich hob abwehrend die Hand, weil ich ahnte, was jetzt kam.

»Nein, nein, Herr Lindner, noch ist es hell genug und auch genügend Militär auf dem Kai. Ich gehe allein zurück. Schade, aber ich wünsche wenigstens Ihnen einen angenehmen Abend!«

*

Die Akte sagte mir nichts Neues. Sie bestand lediglich aus zwei Maschinenseiten mit den mir schon bekannten Anschuldigungen Wollenwebers gegen die fünf Offiziere, aber die beiden Seiten hatten es in sich. Wortwahl und Diktion ließen erkennen, daß dieses Pamphlet niemals von Wollenweber allein abgefaßt worden war. Dahinter steckte jemand, der sich auf diesem Gebiet auskannte und wußte, wie er jemanden ans Messer liefern konnte.

Die Kapitänleutnants zur Mühlen und Possehl kamen noch verhältnismäßig günstig dabei weg, und Störmer war tot, dem konnte Wollenweber nicht mehr schaden. Gegen Lindner und Wildenow waren die Anschuldigungen jedoch so massiv, daß die beiden darüber stolpern mußten. Sie würden vor einem Kriegsgericht landen, denn das Pamphlet stellte sie auf die gleiche Stufe wie die Verschwörer vom 20.Juli. Ihre Kriegsauszeichnungen würden sie vor der härtesten Strafe nicht retten können. Sie landeten unweigerlich vor einem Erschießungskommando, wenn das Gericht Wollenweber mehr als den beiden Angeschuldigten glaubte.

Für Kuddel Wildenow war es deshalb ein Glück, daß er in britische Kriegsgefangenschaft geraten war. Selbst wenn er nach dem verlorenen Krieg nach Deutschland zurückkehrte, brauchte er mit einem Prozeß nicht mehr zu rechnen. Dann gab es keine nationalsozialistische Regierung und keine deutsche Wehrmacht mehr.

Blieb noch Kapitänleutnant Lindner, und der hatte offensichtlich nicht erkannt, daß er den Spieß umdrehen und Wollenweber selbst vor ein Kriegsgericht und ein Ehrengericht für Offiziere bringen konnte. Auf Meuterei vor dem Feind stand die Todesstrafe, zumal Lindner Zeugen für die Meuterei hatte.

Ich wußte, welchen militärischen Weg Lindner einschlagen mußte, und war entschlossen, ihm dabei jede erdenkliche Hilfe zu leisten. Ich brauchte dazu nur einen entsprechenden Vorwand vor Zeugen, um nicht selbst in die Schußlinie zu geraten, bevor die Bombe platzte.

*

Nach dem gemeinsamen Frühstück in der Offiziersmesse wartete ich, bis ich mit Lindner allein war. Ich nahm ihn zur Seite, damit man uns in der Pantry nicht hören konnte.

»Hören Sie genau zu, Herr Lindner, kein Wort darüber zu irgendwem über das, was ich Ihnen jetzt sage. Das ist GKdos! Ich habe gestern abend die Akte gelesen und will Sie rausreißen. Deshalb lasse ich Sie nachher durch Oberleutnant Jendren holen und stelle Sie wegen der Anschuldigungen empört zur Rede. Und dann erzählen Sie mir vor Zeugen haarklein, wie es zu dem ›Untermenschen‹ gekommen ist, klar? Danach machen Sie genau das, was ich Ihnen befehle. Auch klar?«

Lindner war kein Idiot, er begriff ganz schnell, wohin der Hase lief.

Er nickte und knallte wortlos die Hacken zusammen. Dann trennten wir uns.

Die Gelegenheit dazu kam bei der üblichen Lagesprechung mit Schrader, von Bückwitz, Ahlert und Jendren. Kapitänleutnant von Bückwitz, der Flottilleningenieur, legte mir die Liste der auslaufbereiten Boote vor, darunter auch U 775 und U 796.

»Als nächstes wird U 797 aus der Werft kommen, es ging ja bei diesem Boot unter anderem nur um den achteren Torpedoraum. Aber da ist doch diese dämliche Geschichte«, sagte er und verzog mißbilligend das Gesicht. »Deshalb sagte mir Herr Schrader, ich sollte mit Ihnen darüber sprechen, ehe ich die drei Boote für den Fronteinsatz freigebe. Ich möchte ...«

»Ich weiß!« unterbrach ich ihn. »Ich habe die Akte über die leidige Angelegenheit gelesen, über die Sie mich gestern in groben Zügen unterrichtet haben, Herr Schrader. Ich möchte Herrn Lindner dazu hören und bitte Sie, als Zeugen hierzubleiben. Herr Jendren, bitten Sie Herrn Lindner her. Und Sie, Fischer, legen sich Papier und Bleistift zurecht und protokollieren das Gespräch.«

Fischer, der Schreibersmaat, beherrschte die Eilschrift, und so konnte ich sicher sein, daß er jedes Wort mitstenografierte. Das war für den weiteren Verlauf meines Planes wichtig.

Lindner mußte sich in der Nähe bereitgehalten haben, denn Jendren kam mit ihm schneller als erwartet zurück. Lindner baute Männchen.

»Nehmen Sie Platz, Herr Lindner. Es geht um die Anschuldigungen gegen Sie und die anderen vier Herren.« Ich klopfte demonstrativ auf den Aktendeckel. »Ich habe die Akte gestern abend gelesen und bin entsetzt. Sie kennen den Text? Gut! Der Text wirft eine Reihe von Fragen auf, darum möchte ich Ihre Darstellung zu den Vorgängen hören. Bitte!«

»Der gegen mich gerichtete Vorwurf spielte sich vor der britischen Küste bei einer Lagebesprechung im Offizierslogis ab. Wir hatten nach massiven Wabo-Angriffen

Schwierigkeiten mit der Technik des achteren Torpedoraumes. Rohr fünf und das Boldgerät waren ausgefallen. Ich habe den II WO, der ja als Waffenoffizier dafür zuständig war, aufgefordert, sich gefälligst um seine Aufgaben zu kümmern. Das sei für uns im Augenblick wichtiger als sein ständiges Gefasel über das Attentat auf den Führer und den Umsturzversuch vom Juli, Herr Kapitän.«

»In diesem Zusammenhang sei von Ihnen gesagt worden, ich zitiere: ›Ich habe nichts gegen ein vorzeitiges Kriegsende, das würde uns viele unnötige Opfer ersparen‹. Zitatende. Stimmt das?«

»Das stimmt, ist aber aus dem Zusammenhang gerissen. Ich habe vorher gesagt, der Anschlag auf den Führer sei ein Bruch des Fahneneides und daher ein Verbrechen. Gegen ein vorzeitiges Kriegsende hätte ich jedoch nichts, es erspare uns viele unnötige Opfer.«

»Das fehlt hier in Wollenwebers Anschuldigungen«, tat ich überrascht. »Und weiter?«

»Da ist Wollenweber völlig ausgerastet, hat mich einen Untermenschen genannt, den man ...«

»Moment mal, Herr Lindner!« fuhr ich hoch. »Was hat der? Der hat Sie einen Untermenschen genannt? Sie, seinen Kommandanten? Auf Feindfahrt, nachdem Sie ihn aufgefordert hatten, sich gefälligst um sein Ressort zu kümmern? Das ist ja ungeheuerlich! Schildern Sie uns die Szene bitte möglichst genau in allen Einzelheiten!«

Das tat Lindner. Ich schwieg, als Lindner endete, um seine Worte wirken zu lassen, und sie wirkten. Ich brauchte bloß in die Gesichter der Zuhörer zu blicken, in denen sich anfänglicher Unglauben in helle Empörung verwandelte.

»Soll man denn das für möglich halten?« brach Schrader empört das Schweigen. »Sie sind doch dazu vernommen worden, wenn ich richtig informiert bin. Haben Sie das auch zu Protokoll gegeben?«

»Selbstverständlich, aber es hat nicht interessiert, Herr Schrader. Der Beamte hat lediglich festgehalten, daß ich die mir zugeschriebenen Formulierungen zugegeben habe.«

»Was denn ...«, hakte ich nach, denn das war auch für mich neu, »den hat das nicht interessiert? Was sind denn das für seltsame Untersuchungsmethoden? Wer hat Sie vernommen?«

»Ein Gestapo-Beamter, der angeblich mit den Voruntersuchungen beauftragt worden war. Ich hab' den übrigens vorhin hier im Gebäude gesehen, Herr Kapitän.«

»Hat er gesagt, wer ihn beauftragt hat?« überging ich seine Information. Das hatte Zeit.

»Nein, ich habe auch nicht gefragt, Herr Kapitän, weil er eine Kopie der Anzeige gegen mich hatte. Er kam mit einem Protokollanten und hat mir nur seinen Ausweis unter die Nase gehalten.«

»Hmmm, das war vielleicht ein Fehler.« Ich sah Schrader an. »Wer führt die Voruntersuchungen? Die Gestapo? Das ist doch absolut unüblich.«

»Eigentlich ist der Marinekriegsgerichtsrat Mücke mit der Angelegenheit betraut, mit dem habe ich jedenfalls gesprochen. Der hat auch schon die Herren Possehl und zur Mühlen vernommen. Aber nun gehen hier die Gestapo und die Abwehr ein und aus. Da weiß man überhaupt nicht mehr in wessen Auftrag.«

»Das wird ja immer schöner! Aber zurück zu Ihnen, Herr Lindner. Sie sprachen von einer Lagebesprechung, dann haben Sie also Zeugen für Ihre Angaben?«

»Jawohl, Herr Kapitän. Den I WO, Oberleutnant zur

See Kohlhaas, und den LI, Oberleutnant Ing. Meiser. Die habe ich auch dem Gestapo-Mann genannt, die sind jedoch bisher noch nicht gehört worden.«

»Die sind nicht gehört worden?« wiederholte ich ungläubig, damit Fischer das im Protokoll ausdrücklich festhielt. »Dann will ich doch mal sehen, in wessen Auftrag diese ungewöhnlichen Untersuchungsmethoden eigentlich laufen. Wo finde ich den Marinekriegsgerichtsrat Mücke, Herr Schrader?«

In meinem Kopf verdichtete sich nämlich der Verdacht, daß Wollenweber zweigleisig fuhr, um seinen Kommandanten in die Pfanne zu hauen, und Leute eingeschaltet hatte, die in der allgemeinen Hysterie ihr eigenes Süppchen gegen die Marine kochen wollten. Dem mußte ich einen Riegel vorschieben.

»In der Standortkommandantur am Torget, Herr Kapitän. Das ist ein ganz umgänglicher Mann, mit dem man reden kann.«

»Na, dann reden wir doch mal mit dem Mann! Und Sie, Herr Lindner, setzen über den Vorfall an Bord einen ausführlichen Tatbericht gegen den Wollenweber auf, nennen Ihren I WO und Ihren LI als Zeugen und lassen von ihnen den Tatbericht ebenfalls unterschreiben. Sie haben sich doch sicher Notizen gemacht? Na großartig! Dann diktieren Sie den Tatbericht dem Fischer am besten gleich in die Maschine. Ich möchte Nägel mit Köpfen machen, deshalb brauche ich den Tatbericht so schnell wie möglich. Fischer, vier Durchschläge, klar?« Ich stand auf. »Das wär's dann wohl, meine Herren. Ich danke Ihnen!«

*

Als ich die Tür zu meinem Dienstzimmer öffnete, schlug mir dichter Zigarettenqualm entgegen. Mir schwoll der

Kamm, denn wenn ich eins nicht mochte, dann war es, daß in meinem Zimmer ohne meine ausdrückliche Erlaubnis geraucht wurde. Die Urheber dieses Tabakgestanks waren unschwer zu entdecken. Es waren zwei Männer in Zivil, die sich in die Sessel vor meinem Schreibtisch flegelten und gar nicht daran dachten, sich daraus bei meinem Eintritt zu erheben.

»Ach nee, darf ich mal erfahren, was Sie hier in meinem Dienstzimmer zu suchen haben?« fragte ich mit gedämpfter Lautstärke. Doch dann brüllte ich los: »Machen Sie sofort Ihre stinkenden Sargnägel aus und lüften Sie Ihre feisten Ärsche aus meinen Sesseln, sonst lass' ich Sie von meinen Leuten achtkantig rausschmeißen!«

Den Ton kannten sie, der fuhr ihnen in die Glieder. Sie schossen aus den Sesseln hoch und drückten ihre Kippen im Aschenbecher aus.

»Wer sind Sie? Und was wollen Sie von mir?«

»Mein Name ist Unger, Kriminalkommissar Unger, und das ist mein Mitarbeiter, Inspektor Kowalski«, sagte der ältere der beiden und fummelte einen Lichtbildausweis aus seiner Tasche. »Gestapo, Herr Kapitän. Wir sind mit den Ermittlungen gegen einige Ihrer Offiziere beauftragt, und Sie sind in der Akte als Zeuge aufgeführt. Wir hätten Sie gern dazu gehört.«

»Wer hat Sie mit den Ermittlungen beauftragt, Herr Kommissar?«

»Aber, aber, Herr Kapitän, habe ich mich falsch ausgedrückt? Wir sind Angehörige der Gestapo.« Unger hatte sich von dem ersten Schock schnell erholt und grinste mir frech ins Gesicht. »Uns fragt man nicht nach unseren Auftraggebern. Wir sind da und stellen die Fragen, ist das klar?«

Jetzt war ich meiner Sache sicher, die kamen, weil

Wollenweber sie eingeschaltet hatte. Ich grinste zurück. »So, so, Sie stellen die Fragen? Irrtum, ich auch! Und wenn Sie mir die nicht beantworten, fliegen Sie raus, ist das klar? Sie haben recht seltsame Vernehmungsmethoden, Herr Unger. Warum haben Sie die Zeugen nicht vernommen, die Ihnen Kapitänleutnant Lindner zu seiner Entlastung genannt hat?«

Unger drehte sich zu seinem Kollegen um. »Hat der uns Zeugen genannt?«

Der zuckte gleichgültig die Schultern. »Habe ich nicht gehört, und ich habe gute Ohren!«

Ich drückte auf den Klingelknopf auf meinem Schreibtisch. »Dann sperren Sie die man jetzt schön weit auf. Raus, aber dalli!«

»Aber hören Sie mal, Herr ...«, setzte Unger an.

Doch er wurde unterbrochen. Die Tür ging auf. Die Ordonnanz trat ein und salutierte. Schubert war ein Zwei-Meter-Mann.

»Die beiden Herren leiden an Gedächtnisschwund und finden nicht allein raus. Bringen Sie die bis vor die Haustür, Schubert, sonst verlaufen die sich noch.«

»Jawohl, Herr Kapitän!«

Widerstandslos folgten die beiden seiner auffordernden Pranke.

*

Als ich den Tatbericht und das Protokoll auf den Tisch bekam, war mein erster Gedanke, Wollenweber rufen zu lassen und zur Rede zu stellen. Doch dann zögerte ich, auch Schrader riet mir davon ab.

»Lieber nicht, Herr Kapitän. Der soll sich ruhig sicher fühlen, bis der Schuß nach hinten losgeht. Dann sitzt der Schlag wenigstens richtig.«

»Sie haben recht.« Ich blickte auf die Uhr und packte eine Kopie des Tatberichts und des Protokolls in meine Aktentasche. »Ich hab' mich bei dem Mücke anmelden lassen. Vielleicht kann ich erreichen, daß er den Spieß umdreht und sich Wollenweber zur Brust nimmt. Ich möchte Roloff sobald wie möglich über den Ausgang dieser unerfreulichen Geschichte Bericht erstatten.«

Auf dem Weg zum Torget legte ich mir zurecht, wie ich diese ziemlich eindeutige Sache angehen wollte. Es war ein Racheakt, und der mußte Konsequenzen für Wollenweber haben, mochte sich Lindner auf See auch noch so ungeschickt ausgedrückt haben. An dem Tatbericht, unterschrieben von Zeugen, kam Mücke nicht vorbei.

Der wollte auch gar nicht daran vorbei, wie sich ganz schnell herausstellte, als wir uns in seinem Zimmer gegenübersaßen. Schrader hatte nicht übertrieben. Mücke, ein Mann von etwa fünfzig Jahren, liebte offenbar französischen Rotwein. Jedenfalls bot er mir sofort ein Glas davon an und schenkte sich nach.

»Was halten Sie denn von der Angelegenheit, Herr Kapitän? Sie kennen doch Ihre Offiziere besser als ich.«

Ich holte die beiden Papiere aus der Aktentasche und legte sie vor mir auf den Tisch. »Ein offenes Wort, Herr Kriegsgerichtsrat?«

»Ich bitte darum! Aber zunächst mal, zum Wohl!«

Wir tranken uns zu.

»Alle Achtung, ein edler Tropfen!« Ich setzte mein Glas ab. »Ich halte das für einen persönlichen Racheakt Wollenwebers. Er will sich bei den Offizieren revanchieren, die ihm irgendwann auf die Füße getreten haben. Im Fall Korvettenkapitän Wildenows kommt hinzu, daß der auch noch politische Witze erzählt hat, die in den Ohren des Napola-Absolventen Wollenweber wie Blasphemie klingen mußten. Der Anschlag auf den Führer und die daraus resultierenden Verhaftungen haben ihn dann wohl auf den Gedanken einer Anzeige gebracht. Ein Parzifal, der den Gral vor solchen Elementen schützen muß.«

Mücke lächelte. »Parzifal, nicht schlecht! Was die Herren zur Mühlen und Possehl angeht, so sind das alberne Anschuldigungen. Wer von uns hat denn noch nie Kritik an der Politik geübt? Das ist mit einer Abmahnung abzutun. Bei Herrn Lindner sieht das anders aus, da ist es wohl mit einer Abmahnung nicht getan, schon gar nicht bei der gegenwärtigen Kriegslage, Herr Kapitän.«

»Das habe ich mir gedacht. Deshalb habe ich diese Schriftsätze mitgebracht. Einen Tatbericht und ein Protokoll, beides von Zeugen unterschrieben. Die dürften die Angelegenheit in einem ganz anderen Licht erscheinen lassen.«

Er las die Köpfe der beiden Schriftsätze. »Ein Tatbericht gegen Wollenweber? Das ist in der Tat eine Wendung, mit der ich nicht gerechnet habe. Und ein Protokoll über die Befragung Lindners zu den Vorwürfen, nicht übel, das erleichtert mir die Arbeit. Aber haben Sie Verständnis dafür, daß ich dazu erst Stellung nehmen kann, wenn ich beides durchgearbeitet habe. Von Herrn Schrader weiß ich, daß Sie unter Zeitdruck stehen. Ihre Boote sollen raus an den Feind. Ich werde Sie morgen früh informieren, wie ich in dieser Angelegenheit nunmehr zu verfahren gedenke.«

Wir plauderten noch ein wenig über alles Mögliche, dann schob ich mit dem Gefühl ab, zumindest alles getan zu haben, um die leidige Angelegenheit tatsächlich vier Etagen tiefer zu hängen, wie Kapitän Roloff sich ausgedrückt hatte.

*

Auf dem Rückweg stattete ich Klaus und den anderen Verwundeten im Lazarett meinen ersten Besuch ab. Es sollte mein letzter werden, aber das ahnte ich noch nicht. Die Oberschwester, so ein richtiger oller Dragoner, verzog zwar das Gesicht, weil gerade das Abendessen verteilt wurde, wagte aber angesichts meines Ranges keinen Protest. Es hätte ihr auch nichts genutzt.

Der Fähnrich schlief noch tief und fest. Es war auch kein Wunder. Das ganze Zimmer stank trotz der offenen Fenster so nach Äther, den er bei jedem Atemzug ausstieß, daß mir ganz blümerant wurde. Der war also operiert worden. Den beiden Ladekanonieren ging es gut, die hockten auf dem Bettrand und spielten mit einem Leidensgenossen Skat. Das Spiel interessierte sie mehr als mein Besuch.

Bei Klaus war das ganz anders. Der hatte einen neuen blendendweißen Kopfverband und strahlte ungebrochenen Optimismus aus. Er begrüßte mich nahezu enthusiastisch.

»Schön, daß du kommst, Arne!« Aus seinem Mund klang das noch verwaschener, als ich es in Erinnerung hatte. »Das ist heute ein Freudentag für mich!«

»Und warum? Hast du unter den Karbolmäuschen eine alte Jugendliebe entdeckt? Möglicherweise die Oberschwester?«

Er lachte laut auf, daß die Zahnstummel in seinem Mund wie eine antike Ruinenstätte wirkten. »Du mit deinen Scherzen! Der I WO hat mit mir alles richtig gemacht!« Er tippte dabei auf den Kopfverband. »Nur mit dem von ihm angenommenen Knöchelbruch und den gebrochenen Rippen lag er falsch. Das könne man unserem Quacksalber jedoch nicht übel vermerken, sagte der Oberstabsarzt, das sehe man eben nur auf dem Röntgenbild, und ein Röntgengerät gehöre ja wohl kaum zur Ausrüstung eines U-Bootes.«

»Und was heißt das?«

»Der Knöchel ist nur verstaucht, und zwischen den Rippen hätte ich auch nur Häma ... dingsdas oder wie die Dinger heißen. Die seien schmerzhafter als ein Bruch und dauerten länger. In vier Tagen könnte ich aufstehen und in Urlaub fahren, wenn sich das einrichten läßt. Ist das nicht 'ne Freudenbotschaft?«

»Schon, aber was ist mit deinen Zähnen?« dämpfte ich seine Begeisterung. »Deine Toni und die Kinder rennen glatt vor dir weg, wenn du dein Maul aufmachst.«

»Lästermaul! Aber das ist tatsächlich ein Problem. Die Stummel müssen alle raus, und dann braucht der Kiefer mindestens zwei Monate, ehe man eine Brücke einsetzen kann.« Er sah mich von der Seite an und grinste. »Dann ist dieser Scheißkrieg vielleicht endlich zu Ende, was?«

»Pst!« Ich legte den Finger auf meine Lippen. »Laß das bloß keinen hören, Klaus! Das grenzt schon an Vaterlandsverrat und bringt dir schweren Ärger ein. Ich kann ein Lied davon singen.«

Er sah mich ungläubig an. Da schilderte ich ihm, in welche Schwierigkeiten sich unser gemeinsamer Freund Kuddel Wildenow gebracht hätte, säße er jetzt nicht in einem britischen Gefangenenlager, und was dem Lindner drohte.

»Im Ernst?« Sein Blick wurde hart. »Dieses Schwein Wollenweber kenne ich nicht, aber den würde ich glatt umlegen!«

»Und dafür wegen Mordes vor einem Kriegsgericht landen!« Ich blickte auf die Uhr und stand auf. »Tut mir leid, ich muß gehen, Klaus.«

»Warum das denn? Du bist doch grade eben erst gekommen, Mensch!«

»Ich will mich heute abend mal mit Offizieren der Flottille im Kasino zusammensetzen und ein paar Biere zur Brust nehmen. Muß auch sein, damit die merken, daß ich wieder an Bord bin. Tschüß, Klaus! Mach weiter so gute Fortschritte. Vielleicht besuchst du mich mal, wenn du aufstehen darfst?«

»Versprochen, das mach' ich! Tschüß!«

*

Es wurde ein angenehmer Abend, der erste für mich, seit die Flottille Brest verlassen hatte. Die Zeit verging dabei wie im Fluge. Als wir um Mitternacht aufbrechen wollten, hielt uns ein Oberleutnant zur See auf, der gerade von der Straße hereinkam.

»Wir sollten lieber noch drin bleiben, bis von den Kettenhunden Entwarnung gegeben wird, Herr Kapitän, wenn ich mir diesen Hinweis erlauben darf. Da draußen ist der Teufel los. Eine üble Schießerei, wir könnten zwischen die Fronten geraten.«

»Danke für die Warnung!« Ich drehte mich zu meinen Offizieren um. »Auch nicht schlecht, nehmen wir noch einen Absacker auf meine Kosten zur Brust, meine Herren!«

Es wurden drei Absacker, ehe ein Feldgendarm hereinkam und die Straße für den Heimweg freigab. Er wurde natürlich mit Fragen bestürmt.

»Das übliche«, sagte er auf Lindners Frage, »ein Überfall auf vier Marineoffiziere, als die Agathas Bar verließen. Die sind zwar sofort in Deckung gesprungen und haben das Feuer erwidert, aber zwei von ihnen hat's doch erwischt. Einer soll tot sein, habe ich gehört. Wir sind natürlich zu spät gekommen, die Angreifer hatten längst Fersengeld gegeben. Aber so ist das ja in dieser Gasse immer. Ich weiß gar nicht, was die Marine dort hinzieht.«

Aber ich weiß es, mein Lieber, dachte ich. Tu bloß nicht so, als ob du nicht auch genau wüßtest, daß Agathas Bar ein ganz übler Puff ist. So war es schon gewesen, als ich seinerzeit hier in Bergen mein erstes Boot, nämlich U 115, als Kommandant übernahm. Das hatte sich sehr schnell bis zu mir herumgesprochen, weil während der Hafenliegezeit immer wieder Männer meiner damaligen Besatzung bei mir zum Rapport angestanden hatten, die zu spät von dort vom Landgang an Bord zurückgekehrt waren oder sich vor dem Haus mit anderen Wehrmachtsangehörigen geprügelt hatten.

»Gehen wir?« sagte ich und lud meine Pistole durch. Wir waren zwar zu einem Trupp angewachsen, der den gleichen Weg hatte, aber man konnte eben nie wissen.

*

Marinekriegsgerichtsrat Mücke hatte offenbar andere Zeitvorstellungen als ich, oder er wurde durch irgend etwas abgehalten, sein Versprechen einzulösen. Jedenfalls verstrich der Morgen, ohne daß er mir die Nachricht zukommen ließ, wie er nunmehr auf Grund des ihm vorliegenden Protokolls und des Tatberichtes zu verfahren gedachte. Ein wenig merkwürdig war das schon.

Noch merkwürdiger war jedoch noch etwas anderes in diesem Zusammenhang. Irgendwann meldete mir Lindner, daß Oberleutnant zur See Wollenweber nicht zum Dienst erschienen sei. Eine Krankmeldung liege nicht vor, und eine Rückfrage im Wohnheim sei negativ ausgegangen. Das gab mir Rätsel auf. Hatte Mücke noch am gestrigen Abend gehandelt und ihn festsetzen lassen? Blieb seine Nachricht deshalb aus?

Ich war im Laufe des Vormittags mehrfach versucht, ihn anzurufen, unterließ es aber dann doch. Es war ja immerhin möglich, daß er Zeit brauchte, um die Meinung anderer Kollegen einzuholen, wie sie in dieser diffizilen Angelegenheit entscheiden würden.

Zu meiner größten Überraschung platzte er dann genau in unser Mittagessen höchst persönlich hinein, und er kam nicht allein. Er brachte einen Protokollanten und zwei Kettenhunde mit, und das machte mich vollends ratlos.

»Tut mir leid, Herr Kapitän, ich bin aufgehalten worden«, entschuldigte er sich, ohne den Grund zu nennen. »Ich habe ein paar Fragen an die Herren, gegen die sich die Anschuldigungen richten. Darf ich dazu Ihr Dienstzimmer benutzen? Ich hätte Sie und Ihren Adjutanten gern dabei.«

»Selbstverständlich, Herr Kriegsgerichtsrat. Aber muß das gleich sein, oder dürfen wir aufessen?« Das klang nicht sehr höflich, mußte aber sein, wollte ich mich nicht unterbuttern lassen.

Meine Offiziere horchten auf.

Es wirkte. »Aber selbstverständlich, Herr Kapitän. Unentschuldbar von mir, im Eifer des Gefechts einfach so hereinzuschneien. Wir warten.«

Er mußte nicht lange warten, ich war viel zu gespannt darauf, warum er mit zwei Kettenhunden angerückt kam, wenn er doch bloß ein paar Fragen stellen wollte.

»Ich hätte zuerst gern Herr Kapitänleutnant Lindner gehört. Könnten Sie den mal hereinbitten, Herr Oberleutnant?« bat er meinen Adjutanten.

Der kam der Bitte sofort nach.

Aha, triumphierte ich, es läuft! Der nimmt sich den Lindner vor, weil er noch ein paar nähere Informationen über das Verhältnis zwischen Wollenweber und seinem Kommandanten haben will.

»Herr Kapitänleutnant, ich hätte gern gewußt, wo Sie sich gestern abend zwischen dreiundzwanzig Uhr dreißig und null Uhr dreißig aufgehalten haben«, eröffnete Mücke das Gespräch. »Möglichst genau bitte, vielleicht haben Sie auch Zeugen dafür?«

Die Überraschung war vollkommen. Ich hatte wohl nicht meinen besten Tag, oder mir hingen die Absacker noch an. Mit allem hatte ich gerechet, nur mit dieser Frage nicht, die alles noch rätselhafter machte. Dabei lag die Lösung des Rätsels auf der Hand.

Lindner grinste. »Im Kasino. Als Zeugen dafür kann ich Ihnen Herrn Kapitän Thomsen und mehrere Offiziere nennen. Genügt Ihnen das?«

»Es genügt mir, Herr Kaleu. Wenn ich dann mal ...«

»Moment mal, Herr Kriegsgerichtsrat!« unterbrach ich ihn. »Vielleicht läßt sich die Prozedur abkürzen, wenn ich Ihnen versichere, daß auch die beiden anderen Herren in unserer Runde im Kasino gesessen haben? Dafür gibt es noch mehr Zeugen. Aber was soll diese Befragung?«

»Hmmm«, zögerte er, »selbstverständlich glaube ich Ihnen, Herr Kapitän. Aber können Sie auch beschwören, daß keiner in der von mir genannten Zeit die Runde irgendwann verlassen hat?«

»Das kann ich, denn wir haben Rommee gespielt, da wäre mir das aufgefallen. Als wir dann den Rückweg antreten wollten, sind wir daran gehindert worden, weil draußen eine Schießerei stattfand.«

»Um diese Schießerei geht es. Dabei ist ein Marineangehöriger schwer verletzt worden, ein zweiter ist tot.

Und wissen Sie, wer der Tote ist? Ihr Oberleutnant zur See Wollenweber, darum diese Befragung.«

Endlich ging mir ein Licht auf. Wollenweber war erschossen worden, als er aus dem Puff gekommen war, und Mücke hatte geglaubt, einer der beschuldigten Offiziere könnte Selbstjustiz oder Rache verübt haben, um sich den Denunzianten vom Hals zu schaffen.

Mücke machte den beiden Kettenhunden und dem Protokollanten ein Zeichen. »Sie können gehen, meine Herren. Zu meiner Erleichterung hat sich mein Verdacht nicht bestätigt, Herr Kapitän. Aber Sie werden zugeben, daß der doch sehr nahe lag. Ich würde Sie zum Abschluß gern noch unter vier Augen sprechen, Herr Thomsen.«

Das war ein Rausschmiß für Jendren und Lindner, und so verstanden sie seine Worte auch.

Als sich die Tür hinter ihnen geschlossen hatte, sagte Mücke: »Wollenweber ist tot, das ist die beste Lösung für ihn. Ich kann die Akte guten Gewissens schließen. Seine Denunziation war ein Racheakt und der Versuch, einem Tatbericht zuvorzukommen, der ihn vor Gericht gebracht und ihn das Offizierspatent gekostet hätte. Ich bin sicher, Sie atmen jetzt auch auf, stimmt's?«

»In der Tat, Herr Mücke. Und nicht nur ich atme auf.«

»Davon bin ich überzeugt!« Er gab mir die Hand. »Eine Lehre sollten Sie und Ihre Offiziere aber daraus ziehen: Dummheit schützt vor Strafe nicht! Es ist dumm, wenn man sich in diesen schwierigen Zeiten durch solche leichtfertigen Reden völlig unnötig in Gefahr bringt. Ein Wort ins falsche Ohr, und schon klopft der Henker oder das Erschießungskommando an die Tür. Leben Sie wohl, Herr Kapitän, kommen Sie gut über den Krieg!«

»Danke gleichfalls, Herr Kriegsgerichtsrat!«

Schrader hatte Mücke richtig eingeschätzt, es war wirklich ein ganz umgänglicher Mann.

*

Kaum hatte sich die Tür hinter Mücke geschlossen, griff ich zum Telefon und verlangte eine Verbindung für ein Blitzgespräch mit dem ASTO I beim BdU, um Kapitän Roloff über den Ausgang dieser Affäre zu informieren. Klappern gehörte nun einmal zum Handwerk, und ich fand, ich hatte dabei eine gute Figur abgegeben.

Die Verbindung kam schneller als erwartet zustande. Doch ich bekam nur eine Ordonnanz an den Apparat. Kapitän Roloff sei zu einer Inspektion in Wilhelmshaven, er käme erst morgen zurück. Ob er etwas bestellen könne? Ich verneinte und legte auf, denn das wäre ja nur ein halber Triumph für mich geworden.

Mückes Abschiedsworte wirkten in mir nach. Ich trommelte den Flottillenstab und die drei Kommandanten, die es anging, zusammen und setzte die Offiziere vom Tod Wollenwebers in Kenntnis. Ich sah den Gesichtern an, daß der Bordfunk mir wieder einmal zuvorgekommen war, sie waren längst informiert.

Die drei Kommandanten nahm ich mir anschließend extra vor und knallte ihnen Mückes Abschiedsworte brutal an den Kopf.

»Wir haben Glück gehabt, daß Mücke die Angelegenheit mit Wollenwebers Tod unter den Tisch gekehrt hat. Wer weiß, was da noch alles hochgespült worden wäre, wenn das ein anderer Kriegsgerichtsrat in die Hände bekommen hätte. So aber ist das ein Grund für uns zu feiern.«

Und das taten wir vier dann auch.

*

Wollenwebers Beisetzung war zu regeln, und das warf Probleme auf. Es war Lindner nicht zuzumuten, als Kommandant eine tränenreiche Trauerrede zu halten und die Verdienste des Mannes zu rühmen, der ihn vor ein Kriegsgericht hatte zerren wollen. Ich sah mich schon in diese Rolle gedrängt, als ich ans Telefon gerufen wurde.

Es war Kapitän Roloff. »Sie haben mich gestern nicht erreicht, Herr Thomsen. Worum geht es denn? Um diesen Scheißkerl Wollenweber, der seinen Kommandanten über die Klinge springen lassen will?«

»Das Problem hat sich erledigt, Herr Kapitän.« Ich schilderte ihm, was sich ereignet hatte und wie der Spieß umgedreht worden war. »Und dann machte die norwegische Widerstandsbewegung mit ihm kurzen Prozeß. Wollenweber ist tot, erschossen worden, als er nächtens aus dem anrüchigsten Puff Bergens gekommen ist. Tot und aus, das sei für ihn die beste Lösung, sagte der recherchierende Marinekriegsgerichtsrat Mücke. Die Ermittlungen sind eingestellt und die Akte geschlossen worden. Jetzt müssen wir den Kerl nur noch in angemessener Form unter die Erde bringen, damit das nicht unerwünschtes Gerede gibt.«

»Und es erspart mir, den BdU von dieser scheußlichen Affäre in Kenntnis setzen zu müssen. Der hat jetzt genug andere Sorgen. Das haben Sie prima hingekriegt, mein lieber Thomsen.« Er nieste. »Sehen Sie, ich muß es beniesen. Jetzt bin ich an der Reihe. Ich weiß, wie Sie an Ihrer erfolgreichen Flottille hängen, auf die werden Sie trotzdem verzichten müssen. Unser 2. ASTO ist einem Fliegerangriff zum Opfer gefallen, die Stelle ist neu zu besetzen. Ich habe Sie für diesen Posten vorgeschlagen, und der Löwe hat zugestimmt. Was sagen Sie dazu?«

»Nichts, Herr Kapitän, ich bin sprachlos, denn in meinem Kopf herrscht ein totales Chaos.« Und so war es tatsächlich. Es überrollte mich, ich war keines vernünftigen Gedankens fähig.

Er lachte. »Das ist immerhin besser als ein Protest. Mit dem habe ich auch nicht gerechnet, denn der hätte nicht die geringste Aussicht auf Erfolg. Der Marschbefehl für Fregattenkapitän Thomsen ist bereits mit der Kuriermaschine nach Bergen unterwegs. Packen Sie Ihre Rapeiken zusammen und übergeben Sie die Flottille an Schrader, der wird Korvettenkapitän. Die Maschine landet in Hamburg zwischen, um Kurierpost abzuholen. Die kann Sie bis dorthin mitnehmen. Heee, sind wir getrennt?«

»Wir sind nicht getrennt, Herr Kapitän. Ich habe nur meine Schwierigkeiten, das zu verarbeiten. Das mit dem Fregattenkapitän ist ein Irr ...«

»Ist es nicht, mein Lieber! Ich habe mir Ihre Personalakte kommen lassen. Aus der habe ich entnommen, daß Sie längst zur Beförderung zum Fregattenkapitän anstehen, kapiert? Und ich habe noch mehr festgestellt. Ihr letzter Fronturlaub liegt eineinhalb Jahre zurück. Was meinen Sie wohl, warum ich Sie bis Hamburg mitfliegen lasse, ha?«

»Jetzt schnalle ich vollkommen ab, Herr Kapitän! Heißt das ...«

»Das heißt es! Sie treten heute in drei Wochen Ihren neuen Posten am Tirpitz-Ufer in Berlin an. Die entsprechenden Papiere bringt die Kuriermaschine mit. Es hängt jetzt allein von Ihrer Fixigkeit ab, ob Sie das alles bis zum Eintreffen der Maschine abwickeln können, dann nimmt die Sie mit nach Hamburg. Die wartet nämlich nicht. Wann sie in Hamburg landet, hängt davon ab, wie sie durchkommt. Alles klar?«

»Alles klar, Herr Kapitän!« brachte ich mühsam heraus, so überwältigt war ich von diesen Aussichten. »Und vielen Dank!«

»Nichts zu danken, Sie haben es verdient. Falls Sie nicht in Blankenese bleiben, lassen Sie mich wissen, wo ich Sie im Urlaub erreichen kann, klar?«

Er wartete meine Antwort nicht ab, sondern legte auf. Noch ganz durcheinander von dieser überraschenden Wendung, legte ich ebenfalls auf.

Schrader sah mich beunruhigt an, als ich zur Besprechung zurückkehrte. »Schlechte Nachrichten, Herr Kapitän?«

Mein Kopf wurde wieder klar. »Für Sie, Herr Schrader. Welche wollen Sie zuerst hören, die gute oder die schlechte?«

»Die schlechte, Herr Kapitän.«

»Tut mir leid, Sie werden dem Wollenweber den Weg in die Hölle erleichtern und seine Heldentaten für Führer, Volk und Vaterland rühmen müssen. Und nun die gute: Ich gratuliere! Sie werden Korvettenkapitän und übernehmen die Flottille, denn ich fliege morgen mit der Kuriermaschine nach Deutschland und gehe als 2. ASTO im Rang eines Fregattenkapitäns zum BdU nach Berlin. Wir werden die halbe Nacht mit den Übergabeverhandlungen zu tun haben, aber dann köpfen wir beide ganz allein eine schöne Flasche Champagner.«

Es erging ihm wie mir. Er brauchte eine ganze Weile, bis er diese Wendung begriff.

*

Beim Militär geschah immer alles am liebsten schon vorgestern. Ich hatte kaum Zeit, mich von meinem Stab und den Kommandanten zu verabschieden, und sie reichte noch weniger für einen Abschiedsbesuch im Lazarett. Die Motoren der Kuriermaschine, einer JU 52, liefen bereits wieder warm, als ich aus dem Auto der Fahrbereitschaft sprang und mit meinen paar Klamotten über das Flugfeld eilte.

»Na endlich!« moserte einer vom Bodenpersonal und knallte die Tür hinter mir zu.

Der Knall der Tür und das Aufbrüllen der Motoren hatten auf mich eine seltsame Wirkung. Die Zeit spulte sich in meinem Schädel um vier Jahre zurück und ließ die Erinnerung an die gleiche Situation in mir aufsteigen. Auch damals hatte ich die Maschine im letzten Augenblick erwischt.

Ich schaute aus dem Fenster, sah erst die vertraute Landschaft und dann die dichten Wolken vorüberflitzen. Freude kam in mir auf, Freude wie damals. Ich legte mich in den Segeltuchsitz zurück und ließ die angenehme Erinnerung an meinem geistigen Auge vorübergleiten.

Darüber schlief ich ein, verschlief den ganzen Flug und wachte erst auf, als mich die Hand des Co-Piloten schüttelte. »Aufwachen, Herr Kapitän! Oder soll ich ›*Rise, rise!*‹ sagen? Wir landen gleich in Hamburg. Ich hoffe, Ihre Uniform ist wetterfest, es regnet nämlich in Strömen!«

»Wetterfest oder nicht – das ist mir völlig wurscht! Drei Wochen Fronturlaub nach eineinhalb Jahren, da kann es von mir aus junge Hunde regnen. Meine Familie wird überrascht sein. Bin gespannt, ob mich meine beiden Kinder überhaupt wiedererkennen werden.«

Glossar

Aal	Torpedo
AK	Äußerste (Maschinen-)Kraft
ASDIC	Ortungsgerät (Sonar) deutsche Version: USG , S-Gerät
Atlantikwall	Befestigungswerke an der franz. Küste gegen eine brit. Invasion
Bach	Meer
Back	1. vorderer Teil des Oberdecks 2. Tisch an Bord, davon abgeleitet: Backskiste = Sitztruhe am Tisch Backen und Banken = Aufruf zum Essen Backschafter = Essenholer aufbacken = auftischen
backsen	beide Schrauben laufen gegeneinander, um auf Gegenkurs zu kommen
BdW	Bootsmaat der Wache
B-Dienst	hört feindliche und neutrale Sender und den Funkverkehr ab
belegen	1. Leine festmachen 2. Befehl oder Meldung widerrufen
Besanschot an!	Schnaps- oder Bierausgabe

Besteck	Schiffsortbestimmung
Bilge	unterster Teil des Schiffsinneren
BdU	Befehlshaber der U-Boote
Bold	Hilfsmittel, um ASDIC-Ortung irrezuführen = Kalziumhydrit wird ausgestoßen, erzeugt sich schnell ausbreitende Gasblasen, die den Ortungsstrahl reflektieren und ein U-Boot vortäuschen, wo keins mehr ist
Bordfunk	hier: Gerüchte, Klatsch
Brücke	hier: Turmplattform des U-Bootes
BÜ	Befehlsübermittlung(-sgerät), auch Befehlsübermittler (Posten)
Bucht	Schlaufe im Tau, Seilschlinge
Charly	Spottname für brit. Aufklärer
Crew	1. Mannschaft (engl.) 2. Offiziersjahrgang
Deckoffiziere	Feldwebel, Oberfeldwebel, Fähnriche
Dickschiff	Kreuzer, Schlachtschiff
dwars	querab
Einbaum	Spottname für die kleinen U-Boote laut Versailler Vertrag
ENIGMA	Marineschlüsselmaschine = FT-Codiermaschine
E.S.	Erkennungs-Signal
Etmal	in 24 Std. zurückgelegte Strecke, von Mittag zu Mittag gemessen
FdU	Führer der U-Boote (z. B. West = im Westen)

Feudel	Scheuerlappen
Feuerlee	dem Beschuß abgekehrte Seite
Freund Hein	der Tod
FuMB	Funkmeßbeobachtungsgerät, erkennt RADAR-Ortung
FuMO	Funkmeßortungsgerät = deutsches RADAR
FT	Funkspruch
Gatt, Gatjen, Gattchen, Gat	Öse, kleines Loch, hier: After
Geisterecho	entsteht durch unterschiedlich dichte Salzwasserschichten, die den Ortungsstrahl (ASDIC) vom Objekt ablenken
GHG	Gruppen-Horch-Gerät
GKdos	Geheime Kommandosache = Geheimhaltungsstufe
Gestapo	Geheime Staatspolizei, jagte sogenannte Verräter, Staatsfeinde etc.
Hermann Meier	Spottname für Göring
HJ	Hitler-Jugend
Hundewache	Wache von 0.00 Uhr bis 4.00 Uhr
Hundemarke	scherzhaft für Erkennungsmarke
Hunting group	spezielle U-Jagdgruppe aus Zerstörern, Fregatten, Korvetten
I WO [II WO/III WO]	1.(2./3.) Wachoffizier
Jerry, Jerries, Fritz	brit. Spottname für Deutsche
K an K!	Anruf: Kommandant an Kommandant
Kardeele	Hanf-, Sisalstränge, aus denen Tauwerk zusammengedreht ist

KdF-Schiff	Kraft-durch-Freude-Schiff = Schiff der sogenannten Deutschen Arbeitsfront (NS-Organisation) für Urlaubsfahrten ihrer Mitglieder
Kimm	Horizont
Kinken	Seilschlinge, auch: gefährliche Lage
Klappbuchs	Signal-/Morselampe
Klempnerladen	Spottname für Orden und Ehrenzeichen
Knoten	hier: Schiffsgeschwindigkeit in Seemeilen
Kolcher	herabsetzende Bezeichnung für Schiffe im schlechten Zustand
Kolbenringe	goldene Ärmelstreifen = Offiziersrangabzeichen
krängen	Schiff legt sich auf die Seite
Kriegswache	Bereitschaftswache auf den Gefechtsstationen
Läufer	Bote
Legerwall	Land auf der Leeseite eines Seglers, schränkt Manövrierfähigkeit ein
lenzen	1. auspumpen (Lenzpumpe) 2. vor dem Wind lenzen = kreuzen 3. einen Lenz schieben = faulenzen
LI	Leitender Ingenieur, techn. Offizier
LM	Leitender Maschinist, Feldwebelrang
Männchen bauen	militärische Haltung annehmen

Mahalla	großer Schiffsverband
Maling	Anstrich
Marketenderware	Sonderzuteilung von Genuß-/ Lebensmitteln bei oder nach Fronteinsatz
M-Bock/M-Boot	Minensucher
Meridian	Mittagslinie = Längenkreis vom Nord- zum Südpol, über dem die Sonne um 12 Uhr MOZ ihren höchsten Punkt erreicht (kulminiert), wichtig für die astronomische Standortbestimmung am Tage (=Mittags- oder Meridianbreite), die sich aus dem Höhenwinkel der Sonne (Kulminationspunkt) über dem Horizont und der Uhrzeit (12 Uhr MOZ) errechnen läßt
MGZ (GMT)	**M**ittlere **G**reenwich **Z**eit = auf den 0° Meridian bezogene Zeit (**G**reenwich **M**ean **T**ime), für alle astronomischen Standortbestimmungen maßgebend, da sich die nautischen Tafeln etc. darauf beziehen
MOZ	**M**ittlere **O**rts **Z**eit = auf den jeweiligen Meridian (= Ort) bezogene Zeit
Menage	Bordverpflegung allgemein
Miefrolle	Hängematte
Mittelwächter	Imbiß/Getränk für die Wache ab 00.00 Uhr
Mixer	Mechaniker, z. B. Torpedomixer

Morgenmusterung	Antreten der Besatzung zum Befehlsempfang etc.
Muck	hohe Kaffeetasse aus Keramik
Napalo	Nationalpolitische Erziehungsanstalt
Nummer Eins	Kriegsmarine = Seemännische Nr. 1 = Oberbootsmann, der für den gesamten seemännischen Bereich an Bord verantwortlich ist = Smadding. Royal Navy = Erster Offizier (First Lieutenant – Number One)
Nock	äußerster Teil der Brücke, einer Rah etc.
O-Messe	Offiziersmesse
OF-Raum	(Ober-)Feldwebelraum
Päckchen	1. Bordkleidung, z. B. Lederpäckchen 2. Boote liegen Bord an Bord
Papenberg	Anzeige für Sehrohrtiefensteuerung
peilen	sichten, messen
Peilung	Kompaßpeilung: Winkel zwischen 0° (Nord) und dem Objekt, z. B. Boje, Landmarke etc. Schiffspeilung: Winkel zwischen Schiffslängsachse (Bug = 0°) und Objekt
Pfeifen und Lunten aus!	»Zapfenstreich« bei der Marine, oft Zusatz: Geister auf Station!
Pütz	Eimer, Schlagpütz = Eimer an einem Tau, um Wasser an Bord zu holen

pönen	anstreichen, bemalen
purren	wecken
Raid	engl. Flottenunternehmen gegen eine feindliche Flottenbasis,
Rapport	zur (härteren) Bestrafung dem Kommandanten vorführen
Schapp	kleiner Raum, auch Fach, Schrank
Schlunz	Krankenrevier, Lazarett, Krankenhaus
Spargel	Periskop, Sehrohr
Schott	Tür, Tor
Schotten	wasserdichte Abteilungen im Schiff (s.u. Verschlußzustand)
Schwell	Welle ohne Brecher
Spring	vordere/achtere leichte Trosse zum Kai
Stahlseele	Verstärkung in stark belastetem Tauwerk
Stelling	auch Gangway, Steg vom Schiff zum Kai
Stoker	Heizer, allgemein: Maschinenpersonal
Stoppelhopser	Spottname für Angehörige der Landstreitkräfte
Tampen	Leine, Seil, Tau
Tanks peilen	Verbrauch feststellen
torfen	schlafen
trimmen	hier: die Gewichtsverteilung im getauchten U-Boot entsprechend ausgleichen, damit es auf ebenen Kiel kommt
ULD	U-Bootlehrdivision (= U-Bootschule)

USG (S-Gerät)	Unterwassersuchgerät, Sonar = deutsches ASDIC
V-Boot	Verkehrsboot (Motorboot, Barkasse)
verholen	1. Schiff an einen anderen Platz verlegen 2. sich verdrücken
VP-Boot	Vorpostenboot
Verschlußzustand	Schließen der wasserdichten Türen (= Schotten) im Schiff bei Gefahr
Wabos	Wasserbomben
Wache	Besatzung ist in Steuer- und Backbordwache eingeteilt, wechseln alle vier Stunden. Ausnahme: von 12 bis 16 Uhr Wechsel im Zwei-Stunden-Rhythmus
wahrer Standort	astronomisch oder durch Peilung bestimmter, tatsächlicher Standort
gegißter Standort	gekoppelter, nicht genauer Standort
Wahrschau	Warnruf, bedeutet: Achtung, aufgepaßt!
wahrschauen	warnen, aber auch: wecken, melden, herbeirufen
Werftgrandie(s)	Werftarbeiter
Wintergarten	hinterer (offener) Teil des U-Bootturms, dient als Geschützplattform für die Flak
Wooling (Wuling)	Durcheinander (insbes. von Tauwerk)

Zentrale	Kommandoraum des U-Bootes, durch Kugelschott, letzte Zuflucht bei Havarien etc.
zwo (zwozehn)	zwei (zwölf), um Verwechslungen mit drei (oder elf) auszuschließen